中文版

AutoCAD 2015

电气设计实例教程

麓山文化　主编

机械工业出版社

本书是一本 AutoCAD 2015 电气绘图实例教程。主要针对电气设计领域，以实际工程案例，系统地介绍了 AutoCAD 2015 在电气设计领域内的具体应用方法和技巧。

全书分两篇 14 章，上篇为基础篇，介绍了电气工程图相关的基本知识和 AutoCAD 基本操作，包括 AutoCAD 入门、辅助功能、二维绘图、图形编辑、块与设计中心、文字与表格、尺寸标注等；下篇为综合实例篇，通过 20 多个工程实例，分别介绍了电力工程图、电子线路图、控制电气工程图、通信工程图、机械电气图和建筑电气图的绘制方法和技巧。

本书附赠 DVD 多媒体学习光盘，配备了全书所有实例共 800 多分钟的高清语音教学视频，以成倍提高学习兴趣和效率，并同时赠送 7 小时的 AutoCAD 基础功能讲解视频，详细讲解了 AutoCAD 各个命令和功能的含义及用法。

本书内容丰富，讲解深入细致，范例典型实用，具有很强的指导性和操作性，适合作为高等院校、各类职业院校相关专业的教材，也可作为 AutoCAD 初学者的入门教材，还可以作为电气工程技术人员的参考用书。

图书在版编目（CIP）数据

AutoCAD2015 中文版电气设计实例教程 ／ 麓山文化编著. —3 版. —北京：机械工业出版社，2014.12

ISBN 978-7-111-41738-5

Ⅰ. ①A… Ⅱ. ①麓… Ⅲ. ①电气设备—计算机辅助设计—AutoCAD 软件—教材 Ⅳ. ①TM02-39

中国版本图书馆 CIP 数据核字（2015）第 041720 号

机械工业出版社（北京市百万庄大街 22 号 邮政编码：100037）
策划编辑：曲彩云 责任编辑：曲彩云 责任印制：乔 宇
北京铭成印刷有限公司印刷
2015 年 3 月第 3 版第 1 次印刷
184mm×260 mm ·22.25 印张 ·554 千字
0001—3000 册
标准书号：ISBN 978-7-111-41738-5
 ISBN 978-7-89405-640-5（光盘）
定价：58.00 元 （含 1DVD）

凡购本书，如有缺页、倒页、脱页，由本社发行部调换

电话服务 网络服务

服务咨询热线：010-88361066 机工官网：www.cmpbook.com

读者购书热线：010-68326294 机工官博：weibo.com/cmp1952

 010-88379203 金 书 网：www.golden-book.com

封面无防伪标均为盗版 教材服务网：www.cmpedu.com

前言

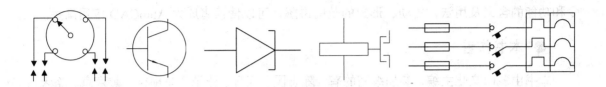

● 关于电气图

电气图又称为电气图样，是电气工程图的简称。电气图是按照统一的规范绘制的、采用标准图形和文字符号表示的实际电气工程的安装、接线、功能、原理及供配电关系等的简图。在电气图中，可以说明电气设备的构成和功能，阐述其工作原理，用来指导工程人员对其进行安装接线、维护和管理。设计者通过电气图体现其设计思想。

电气图渗透在生活的每一个角落。从小家电到大型的工程项目，我们能接触到各式各样的电气工程图，具体包括内线工程、外线工程、动力、照明和电热工程、变配电工程、发电设备、弱电工程（主要指电话、广播、闭路电视、安全报警系统等弱电信号线路和设备）、防雷工程、电气接地工程等。

● AutoCAD 2015 简介

AutoCAD 是美国 Autodesk 公司开发的专门用于计算机绘图和设计工作的软件。自 20 世纪 80 年代 Autodesk 公司推出 AutoCAD R1.0 以来，由于其具有简便易学、精确高效等优点，一直深受广大工程设计人员的青睐。迄今为止，AutoCAD 历经了十余次的扩充与完善，如今它已经在航空航天、造船、建筑、机械、电子、化工、美工、轻纺等很多领域得到了广泛应用。

最新的 AutoCAD 2015 中文版极大地提高了二维制图功能的易用性，套索选择、注释缩放等新功能的增加可以使设计人员更加高效地创作、处理和设计。

● 本书特色

本书具有以下特色：

◇ **案例教学**：86 个课堂实例和 40 多套电气工程图样，基础与实例完美结合。
◇ **项目实战**：6 大电气图样类型、20 多个综合设计实例，实战才是硬道理。
◇ **超值赠送**：免费赠送 7 小时 AutoCAD 基础教学视频，物超所值。
◇ **视频演示**：长达 800 分钟的高清语音教学视频，学习效率翻倍。
◇ **网络互动**：网络在线答疑，沟通零距离。

● 关于光盘

为了使广大读者更好、更高效地学习，本书附有一张 DVD 光盘，提供了书中所有实例的源文件和共 800 多分钟的语音教学视频。

此外，还随盘赠送 7 个小时的 AutoCAD 基础教学视频，逐个讲解了 AutoCAD 各个命令和功能的含义及用法，生动、形象的范例讲解，可以使读者成为 AutoCAD 应用高手。

● 本书作者

本书由麓山文化主编，参加编写的有：陈志民、江凡、张洁、马梅桂、戴京京、骆天、胡丹、陈运炳、申玉秀、李红萍、李红艺、李红术、陈云香、陈文香、陈军云、彭斌全、林小群、刘清平、钟睦、刘里锋、朱海涛、廖博、喻文明、易盛、陈晶、张绍华、黄柯、何凯、黄华、陈文轶、杨少波、杨芳、刘有良、刘珊、赵祖欣、齐慧明、梅文、彭蔓、毛琼健、江涛、袁圣超等。

由于编者水平有限，书中错误、疏漏之处在所难免。在感谢您选择本书的同时，也希望您能够把对本书的意见和建议告诉我们。

编者联系邮箱：lushanbook@qq.com

读 者 QQ 群：327209040

麓山文化

下篇 综合实例篇

第 1 章 电气工程图基础

电气工程图是一类示意性图样，主要用来表示电气系统、装置和设备各组成部分的相互关系和连接关系，用以表达其功能、用途、原理、装接和使用信息。在国家颁布的工程制图标准中，对电气工程图的制图规则做了详细的规定。本章将对电气工程图的特点和制图规则进行初步的介绍。通过本章的学习，读者可对电气工程和电气工程图有一个初步的了解。

- AutoCAD 2015 界面组成
- AutoCAD 使用命令的方法
- 绘图环境的基本设置
- 图形文件的管理
- AutoCAD 基本操作
- 控制图形显示
- 图层的创建和管理

1.1 电气工程图概述

　　电气工程图（简称电气图）是沟通电气设计人员、安装人员、操作人员的工程语言。了解和掌握电气制图的基本知识，有助于快速、准确地识图。电气图的制图者必须遵守制图的规则和表示方法，读图者掌握了这些规则和表示方法，就能读懂制图者所表达的设计内容。例如，图 1-1 为 CM6132 车床电气原理图，从图中可以看出电气图的类型和电气图各部分电路的功能。所以不管是制图者还是读图者都应当掌握基本的电气线路知识，才能更好地绘制和识读电气工程图。

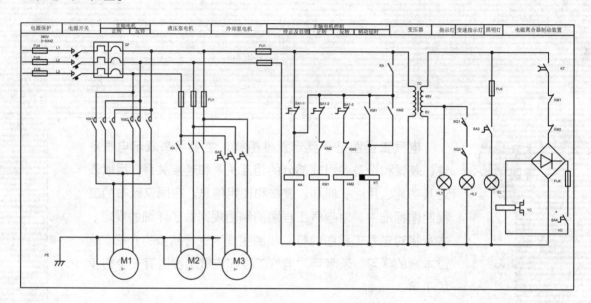

图 1-1　CM6132 车床电气原理图

1.1.1 电气图的特点

　　电气图是电气工程中各部门进行沟通、交流信息的载体。由于电气图所表达的对象不同，提供信息的类型及表达方式也不同，因此电气图通常具有以下特点：

- 简图是电气工程图的主要表现。简图是采用标准的图形符号和带注释的框或者简化外形表示系统或设备中各组成部分之间相互关系的一种图。
- 元件和连接线是电气工程图描述的主要内容。一种电气设备主要由电气元件和连接线组成。因此，无论电路图、系统图，还是接线图和平面图都是以电气元件和连接线作为描述的主要内容，也正因为对电气元件和连接线有多种不同的描述方式，从而构成了电气图的多样性。
- 图形、文字和项目代号是电气工程图的基本要素。一个电气系统或装置通常由许多部件、组件构成，这些部件、组件或者功能模块称为项目。项目一般由简单的符号表示，这些符号就是图形符号。通常每个图形符号都有相应的文字符号，在同一个图上，为了区别相同的设备，需要设备编号，设备编号和文字符号一起构成项目代号。

- 电气工程图在绘制过程中主要采用功能布局法和位置布局法。功能布局法指在绘图时，图中各元件的位置只考虑元件之间的功能关系，而不考虑元件的实际位置的一种布局方法。电气工程图中的系统图、电路图采用的是这种方法。位置布局法是指电气工程图中的元件位置对应于元件的实际位置的一种布局方法。电气工程中的接线图、设备布置图采用的就是这种方法。

- 电气工程图具有多样性。不同的描述方法，如能量流、逻辑流、信息流、功能流等，形成了不同的电气工程图。系统图、电路图、框图、接线图就是描述能量流和信息流的电气工程图；逻辑图是描述逻辑流的电气工程图；功能表图、程序框图描述的是功能流。

1.1.2 电气工程的分类

电气工程应用十分广泛，分类方法有很多种。电气工程图主要用来表现电气工程的构成和功能，描述各种电气设备的工作原理，提供安装接线和维护的依据。从这个角度来说，电气工程主要可以分为以下几类。

1. 电力工程

电力工程又分为发电工程、变电工程和输电工程3类。

发电工程：根据不同电源性质，发电工程主要可分为火电、水电、核电3类。发电工程中的电气工程指的是发电厂电气设备的布置、接线、控制及其他附属项目。

变电工程：升压变电站将发电站发出的电能进行升压，以减少远距离输电的电能损失；降压变电站将电网中的高电压降为各级用户能使用的低电压。

输电工程：用于连接发电厂、变电站和各级电力用户的输电线路，包括内线工程和外线工程。内线工程指室内动力、照明电气线路及其他线路。外线工程指室外电源供电线路，包括架空电力线路、电缆电力线路等。

2. 电子工程

电子工程主要是指应用于家用电器、广播通信、计算机等众多领域的弱电信号设备和线路。

3. 工业电气

工业电气主要是指应用于机械、工业生产及其他控制领域的电气设备，包括机床电器、工厂电器、汽车电器和其他控制电器。

4. 建筑电气

建筑电气工程主要是指应用于工业和民用建筑领域的动力照明、电气设备、防雷接地等电气工程图，包括各种动力设备、照明灯具、电器以及各种电气装置的保护接地、工作接地、防静电接地等内容。

1.1.3 电气图的组成

一张完整的电气图通常由以下几部分组成，但根据复杂程度的不同图样的类型可以增加或减少。

1. 目录和前言

目录是对某个电气工程的所有图样编出目录，以便检索、查阅，内容包括序号、图名、图样编号、张数、备注等；前言包括设计说明、图例、设备材料明细表、工程经费概算等。

2. 系统图

系统图就是用符号或带注释的框来表示系统或分系统的基本组成、相互关系及其主要特征的一种简图。它通常是电气设计系统图、电气设计装置图或成套电气设计图样中的第一张图样。系统图可分不同层次绘制，可参照绘图对象的逐级分解来划分层次。它还可作为工程技术人员参考、培训、操作和维修的基础文件，使查阅者对系统、装置、设备等有一个概略的了解，为进一步编制详细的技术文件以及绘制电路图、接线图和逻辑图等提供依据，也为进行有关计算、选择导线和电气设备等提供重要依据。

例如，在工业电气图中用一般符号表示的电动机控制系统图如图 1-2 所示，在建筑电气图中用一般符号表示的配电照明系统如图 1-3 所示。

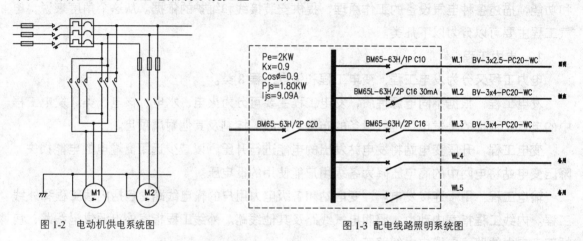

图 1-2 电动机供电系统图   图 1-3 配电线路照明系统图

由图 1-2 可以看出，三相交流电由自动释放负荷开关引入，自动释放负荷开关同时为主电动机提供过载、短路、欠电压保护。图 1-3 是建筑电气设计中的配电系统图，从配电系统图中可以得出导线型号、配电箱型号、总功率、计算电流、配电的分配情况等信息。

3. 电气原理图和电路图

电气原理图是指用图形符号详细表示系统、分系统、成套设备、装置、部件等各组成元件连接关系的实际电路简图。

电路图是表示电流从电源到负载的传送情况和电气元件的工作原理，而不考虑其实际位置的一种简图。电气原理图和电路图在绘制时应注意设备和元件的表示方法。

- 设备和元件采用符号表示；应以适当形式标注其代号、名称、型号、规格、数量等。
- 设备和元件的工作状态表示；设备和元件的可动部分通常应表示在非激励或不工作的状态或位置符号的布置。

4. 接线图

接线图是表示成套装置、设备、电气元件的连接关系，用以进行安装接线、检查、试验与维修的一种简图或表格，称为接线图或接线表。接线图主要用于表示电气装置内部元件之间及其外部其他装置之间的连接关系，以便于制作、安装及维修人员接线和检查的一种简图或表格。

　　图 1-4 是电动机控制线路的主电路接线图，它清楚地表示了各元件之间的实际位置和连接关系：电源(L1、L2、L3)由 BLX-3×6 的导线接至端子排 X 的 1、2、3 号，然后通过熔断器 FU1～FU3 接至交流接触器 KM 的主触点，再经过继电器的发热元件接到端子排的 4、5、6 号，最后用导线接入电动机的 U、V、W 端子。

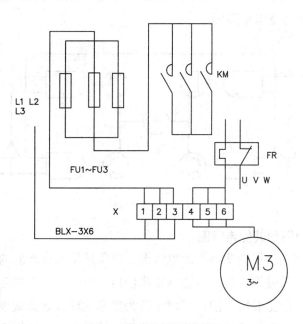

图 1-4　电动机控制线路接线图

5. 平面图

　　平面图是表示电气工程项目的电气设备、装置和线路的平面布置图，建筑电气平面设备布置图如图 1-5 所示。

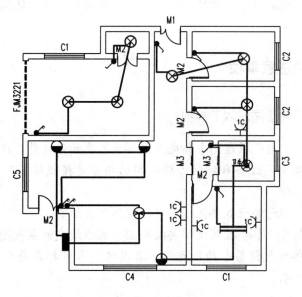

图 1-5　平面设备布置图

> **提示** 为了表示电源、控制设备的安装尺寸、安装方法、控制设备箱的加工尺寸等，还必须有其他一些图，这些图与一般按正投影法绘制的机械图没有多大区别，通常可不列入电气图。

6. 逻辑图

逻辑图是用二进制逻辑单元图 n 形符号绘制的，以实现一定逻辑功能的一种简图，可分为理论逻辑图(纯逻辑图)和工程逻辑图(详细逻辑图)两类。理论逻辑图只表示功能而不涉及实现方法，因此是一种功能图；工程逻辑图不仅表示功能，而且有具体的实现方法，因此是一种电路图，图 1-6 所示为逻辑电路图。

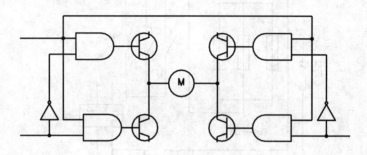

图 1-6　逻辑电路图

7. 产品电气说明图和其他电气图

生产厂家往往随产品使用说明书附上电气图，供用户了解该产品的组成和工作过程及注意事项，以及一些电源极性端选择，以达到正确使用、维护和检修的目的。

上述电气图是常用的主要电气图，但对于较为复杂的成套装置或设备，为了便于制造，有局部的大样图、印刷电路板图等；而若为了装置的技术保密，往往只给出装置或系统的功能图、流程图、逻辑图等。所以，电气图种类很多，但这并不意味着所有的电气设备或装置都应具备这些图样。根据表达的对象、目的和用途不同，所需图的种类和数量也不一样，对于简单的装置，可把电路图和接线图二合一，对于复杂装置或设备应分解为几个系统，每个系统也以上各种类型图。总之，电气图作为一种工程语言，在表达清楚的前提下，越简单越好。

1.1.4　绘制电气图的注意事项

在绘制电气工程图时应注意以下事项：

● 电气图必须保证电气原理图中各电气设备和控制元件动作原理的实现。
● 电气图只标明电气设备和控制元件之间的相互连接线路而不标明电气设备和控制元件的动作原理。
● 电气图中的控制元件位置要依据它所在实际位置绘制。
● 电气图中各电气设备和控制元件要按照国家标准规定的电气图形符号绘制。
● 电气图中的各电气设备和控制元件，其具体型号可标在每个控制元件图形旁边，或者画表格说明。

1.2　电气工程图的制图规则

1.2.1　图样幅面

在电气工程图中规定了电气图样幅面及图框尺寸，见表1-1。

表1-1　幅面及图框格式

幅面代号	A0	A1	A2	A3	A4
宽度 b × 长度 d	841×1189	594×841	420×594	297×420	210×297
图框边距 c	10	10	10	5	5
图框边距 a	25	25	25	25	25

电气工程图样都由边框线、图框线、标题栏、会签栏组成，如图1-7所示。

A0以及A1图框允许加长，但必须按基本幅面的长边（L）成1/4倍增加，不可随意加长。其余图幅图样均不允许加长。每个工程图样目录和修改通知单采用A4，其余应尽量采用A1图幅。每项工程图幅应统一，如采用一种图幅确有困难，一个子项工程图幅不得超过两种。

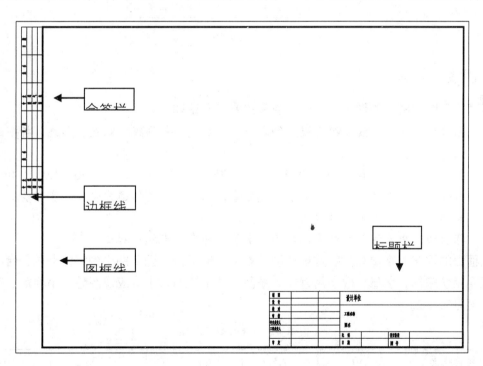

图1-7　图样规格

1.2.2　图幅的分区

电气图上的内容有时是很多的，特别是对于一些幅面大而内容复杂的图，需要进行分区，以便于在读图或更改图的过程中，能迅速找到相应的部分。

图幅分区的方法是将图样相互垂直的两边各自加以等分。分区的数目视图的复杂程度而定，但要求每边必须为偶数。每一分区的长度一般不小于 15mm，不大于 75mm，分区代号，竖边方向用大写拉丁字母从上到下编号，横边方向用阿拉伯数字从左往右编号。分区代号用字母和数字表示，字母在前，数字在后。

例如图 1-8 中熔断器 FU1 在 A5 区。

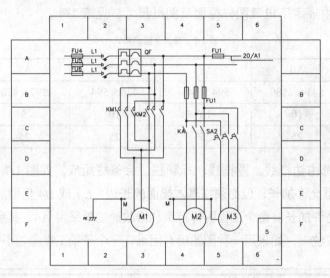

图 1-8　图幅分区

1.2.3　图线和字体

电气施工图中图线的形式、宽度、箭头的要求介绍如下：

- 图线的形式：实线（粗实线、细实线）、虚线、点画线、双点长画线、折断线、波浪线组成。
- 图线的宽度：有 0.18 mm、0.25 mm、0.35 mm、0.5 mm、0.7 mm、1.0、1.4mm。
- 箭头：有开口箭头（主要用于电气能量、电气信号的传递方向）和实心箭头（主要表示力、运动或可变性方向）。
- 指引线：用于注释的对象，应为细实线，并在其末端加标记。

图面上的汉字、字母和数字是电气图的重要组成部分，因此图中的字体必须符合标准。一般汉字用仿宋体，字母、数字用直体。图面上的字体的大小，应视图幅大小而定。字体的最小高度见表 1-2。

表 1-2　字体的最小高度

基本图样幅面	A0	A1	A2	A3	A4
字体最小高度/mm	5	3.5	2.2	2.5	2.5

1.2.4　尺寸、比例和注释详图

在 AutoCAD 制图中完整的设计图通常包括尺寸、比例和注释详图等。各部分具体的特点如下：

1．比例

通常大部分电气图都是不按比例绘制的，但位置平面图等一般按比例绘制或部分按比例绘制，其好处是在平面图上测出两点距离就可按比例值计算出两者的距离，为导线的放线、设备安装等提供便利。

电气图常用的比例有：1:10、1:20、1:100、1:200、1:500 等。

2．尺寸标注

尺寸标注由尺寸线、尺寸界限、尺寸起止符号、尺寸数字四要素组成。通常尺寸标注主要有以下几个规则。

● 物件真实大小以图样上标注的尺寸数字为主。
● 图样上的尺寸数字，如没有明确说明，一律以 mm 为单位。
● 图样中标注的尺寸，为该图样所示机件的最后完工尺寸。
● 物件的每一尺寸，只标注一次，标注在反映该结构最清晰的图形上。
● 一些特定的尺寸必须标注符号。例如，直径用 Φ、半径用 R。

3．注释详图

注释：用来表达图形符号不便表达或表达不清楚的含义。一般直接放在要说明的对象附近，在所要说明的对象附近加标记，而将注释放在图中其他位置或另一页。

详图：即用图形来注释，具体说就是把电气装置中某些零部件和连接点等结构、做法及安装工艺要求放大并详细表示出来。

1.2.5 电气图布局的方法

电气图布局是用图形符号、带注释的围框或简化外型表示电气系统或设备的组成及其连接关系的一种图。电气图布局是电气图的最主要表达形式，用以表达电气系统的原理、结构等。电气布局的方法主要有以下两种：

1．图线的布局

电气图的图线一般用于表示导线、信号通路、连接线等，要求用直线，即横平竖直，尽可能减少交叉和弯折。图线的布局通常有：水平布局（图 1-9）、垂直布局（图 1-10）和交叉布局三种形式。

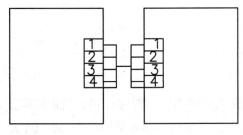

图 1-9　水平布局

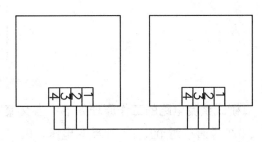

图 1-10　垂直布局

2．元件的布局

元件的布局主要有功能布局法和位置布置法两种。功能布局法是指元件或其部分在图样上的布置使得它们所表达的功能关系易于理解的布局方法。该表示方法常见方框图中，每个块表示一个功能。位置布置法是指元件在图上的位置反映其实际相对位置的布局方法。

1.2.6 电气图识图的一般要求

识读电气图时，要弄清识读电气图的基本要求，在掌握电气图的基本知识和国家标准，熟悉电气图中常用的图形符号、文字符号、项目代号和回路标号以及电气图的基本构成、分类、主要特点的基础上，才能识图电气图。识读电气图一般要求如下：

1. 从简单到复杂

初学者识读电气图要本着从易到难、从简单到复杂的原则。一般来讲，照明电路比电气控制电路简单，单项控制电路比系列控制电路简单。复杂的电路都是简单电路的组合，从识读简单的电路图开始，弄清每一电气符号的含义，明确每一电气元件的作用，理解电路的工作原理，为识读复杂电气图打下基础。弄懂每部分后，再从局部到整体识读整个电气图。

2. 掌握基本的理论知识

在实际生产的各个领域中，所有电路如输变配电、建筑电气、电气控制、照明、电子电路、逻辑电路等，都是建立在电工电子技术理论基础之上的。电路图通常有几十乃至几百个元器件，它们的连线纵横交叉，形式变化多端，初学者往往不知道该从什么地方开始，怎样才能读懂它。其实电子电路本身有很强的规律性，不管多复杂的电路，经过分析可以发现，它是由少数几个单元电路组成的。因此，要想准确、迅速地读懂电气图，必须具备一定的电工电子技术基础知识，这样才能运用这些知识，分析电路，理解图样所含的内容。下面分析图 1-11 所示的桥式整流电路。

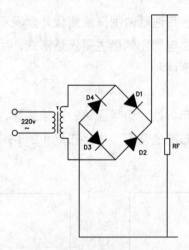

图 1-11 桥式整流电路

桥式整流电路的工作原理如下：当交流电的波长为正半周时，对 D1、D3 加正向电压，D1、D3 导通；对 D2、D4 加反向电压，D2、D4 截止。交流电压为负半周时，对 D2、D4 加正向电压，D2、D4 导通；对 D1、D3 加反向电压，D1、D3 截止。如此重复下去，结果在 RF 上便得到全波整流电压。其波形图和全波整流波形图是一样的。从图 1-11 中不难看出，桥式电路中每只二极管承受的反向电压等于变压器次级电压的最大值，比全波整流电路小一半。

3. 了解图形符号和文字代表的意义

电气图用图形符号和文字符号以及项目代号、电器接线端子标志等是电气图的知识，相当于看书识字、识词，还要懂得一些句法、语法。图形、文字符号很多，必须能熟记会用。可以根据个人所从事的工作和专业出发，识读各专业共用和本专业专用的电气图形符号，然后再逐步扩大。并且可通过多看，多画来加强大脑的印象和记忆。例如图1-12所示的高压隔离器QS、图1-13所示的高压断路器QF、图1-14所示的避雷器F等。

图1-12 高压隔离器　　　　　图1-13 高压断路器　　　　　图1-14 避雷器

4. 掌握典型的电路图及电气图绘制特点

典型电路一般是常见、常用的基本电路。如供配电系统中电气主电路图中最常见、常用的是单母线接线，由此典型电路可导出单母线不分段、单母线分段接线，而由单母线分段再区别是隔离开关分段还是断路器分段。再如，电力拖动中的起动、制动、正反转控制电路，联锁电路，行程限位控制电路。不管多么复杂的电路，总是由典型电路派生而来，或者由若干典型电路组合而成的。因此，熟练掌握各种典型电路，在识图时有利于对复杂电路的理解，能较快地分清主次环节及其他部分的相互联系，抓住主要矛盾，从而能读懂较复杂的电气图。

各类电气图都有各自的绘制方法和绘制特点。掌握了电气图的主要特点及绘制电气图的一般规则，如电气图的布局、图形符号及文字符号的含义、图线的粗细、主副电路的位置、电气触头的画法、电气网与其他专业技术图的关系等，并利用这些规律，就能提高识图效率，进而自己也能设计制图。由于电气图不像机械图、建筑图那样直观形象和比较集中，因而识图时应将各种有关的图样联系起来，对照阅读。如通过系统图、电路图找联系；通过接线图、布置图找位置，交错识读会收到事半功倍的效果。

1.3 了解电气图图形符号

电路图中的元器件、装置、线路及其他安装方法等，是按简图形式绘制的。在一般情况下都是借用图形符号、文字符号来表达。阅读电路图时，首先要了解和熟悉这些符号的形式、内容、含义，以及他们之间的相互关系。这对于掌握更多的新电路和电路图形符号是必不可少的，本节将简单了解一些常见的电气图形符号和文字符号。

1.3.1 电气工程图中常见的电路符号

在电气工程图中，各元件、设备、线路及其安装方法都是以图形符号、文字符号和项目符号的形式出现的。

常用的图形符号主要有11类：

● 导线和连接器件。例如：通电线路导线、连接片、插头和插座等。

- 无源元件。例如：电阻、电容、电感器、压电晶体等。
- 半导体管和电子管。例如：三极管、二极管、电子管、晶体闸流管等。
- 电能的发生和转换。例如：发电机、发动机、变压器、逆变器、整流器等。
- 开关控制和保护装置。例如：触点、压力开关、温度开关、热敏开关、光敏开关等。
- 测量仪表、灯和信号器件。例如：电压表、电流表、信号灯、指示灯等。
- 电信交换和外围设备。例如：程序转换机、交换机、接收机、发送机等。
- 电信传输。例如：电缆、光纤等。
- 电力、照明和电信布置。例如：信号接收器、线路故障指示灯等。
- 二进制逻辑单元。例如：与门、非门、或非门等
- 模拟单元符号。例如：模拟信号发生器、模拟卫星接收器等。

图形符号的使用规则主要有：符号的选择、大小、取向、组合、端子引出线等。

1.3.2 电气设备常用图形符号的特点

电气设备符号完全区别于电气图用图形符号，具有适用于各种类型的电气设备或电气设备部件，使操作人员了解其用途和操作方法的特点。此外电气设备用图形符号的用途有识别、限定、说明、命令、警告、指示。标志在设备上的图形符号，应告知使用者如下信息：

- 识别电气设备或其组成部分（如控制器或显示器）。
- 指示功能状态（如通、断、警告）。
- 标志连接（如端子、接头）。
- 提供包装信息（如内容识别、装卸说明）。
- 提供电气设备操作说明（如警告、使用限制）。

1.3.3 电气图中常用的文字符号

文字符号适用于电气技术领域中技术文件的编制，用以标明电子设备、装置和元器件的名称及电路的功能、状态和特征。根据我国公布的电气图用文字符号的国家标准规定，文字符号采用大写正体的拉丁字母，分为基本文字符号和辅助文字符号两类。其中基本文字符号分为单字母和双字母两种。

1. 单字母符号

单字母符号是按拉丁字母顺序将各种电子设备、装置和元器件分为 23 大类，每大类用一个专用单字母符号表示，如"R"表示电阻器类、"C"表示电容器类等，单字母符号应优先采用。

2. 双字母符号

双字母符号由一个表示种类的单字母符号与另一个字母组成，其组合形式应以单字母符号在前、另一个字母在后的次序列出。如"TG"表示电源变压器，"T"为变压器单字母符号。只有在单字母符号不能满足要求，需要将某大类进一步划分时，才采用双字母符号，以便较详细和具体地表达电子设备、装置和元器件等。

各类常用基本文字符号见表 1-3。

表 1-3 常用电路文字符号

AAT	电源自动投入装置	M	电动机
AC	交流电	HG	绿灯
DC	直流电	HR	红灯
FU	熔断器	HW	白灯
G	发电机	HP	光字牌
K	继电器	KA(NZ)	电流继电器(负序零序)
KD	差动继电器	KF	闪光继电器
KH	热继电器	KM	中间继电器
KOF	出口中间继电器	KS	信号继电器
KT	时间继电器	KP	极化继电器
KV(NZ)	电压继电器(负序零序)	KR	干簧继电器
KI	阻抗继电器	KW(NZ)	功率方向继电器(负序零序)
KM	接触器	KA	瞬时继电器；瞬时有或无继电器；交流继电器
KV	电压继电器	L	线路
QF	断路器	QS	隔离开关
T	变压器	TA	电流互感器
YC	合闸线圈	YT	跳闸线圈
TV	电压互感器	W	直流母线
PQS	有功无功视在功率	EUI	电动势电压电流
SE	实验按钮	SR	复归按钮
f	频率	Q	电路的开关器件
FU	熔断器	FR	热继电器
KM	接触器	KA	交流继电器
KT	延时 有或无继电器	SB	按钮开关
Q	电路的开关器件	FU	熔断器
KM	接触器	KA	瞬时接触继电器
SB	按钮开关	SA	转换开关
PJ	有功电度表	PJR	无功电度表
PF	频率表	PM	最大需量表
PPA	相位表	PPF	功率因数表
PW	有功功率表	PAR	无功电流表
PR	无功功率表	HA	声信号
HS	光信号	HL	指示灯
HR	红色灯	HG	绿色灯
HY	黄色灯	HB	蓝色灯
HW	白色灯	XB	连接片
XP	插头	XS	插座

XT	端子板	W	电线电缆母线
WB	直流母线	WIB	插接式(馈电)母线
WP	电力分支线	WL	照明分支线
WE	应急照明分支线	WPM	电力干线
WT	滑触线	WC	控制小母线
WCL	合闸小母线	WS	信号小母线
WLM	照明干线	WEM	应急照明干线
WF	闪光小母线	WFS	事故音响小母线
WPS	预报音响小母线	WV	电压小母线
WELM	事故照明小母线	F	避雷器
FU	熔断器	FTF	快速熔断器
FF	跌落式熔断器	FV	限压保护器件
C	电容器	CE	电力电容器
SBF	正转按钮	SBR	反转按钮
SBS	停止按钮	SBE	紧急按钮
SBT	试验按钮	SR	复位按钮
SQ	限位开关	SQP	接近开关
SH	手动控制开关	SK	时间控制开关
SL	液位控制开关	SM	湿度控制开关
SP	压力控制开关	SS	速度控制开关
ST	温度控制开关辅助开关	SV	电压表切换开关
SA	电流表切换开关	U	整流器
UR	可控硅整流器	VC	控制电路有电源的整流器
UF	变频器	UC	变流器
UI	逆变器	M	电动机
MA	异步电动机	MS	同步电动机
MD	直流电动机	MW	绕线转子异步电动机
MC	笼型电动机	YM	电动阀
YV	电磁阀	YF	防火阀
YS	排烟阀	YL	电磁锁
YT	跳闸线圈	YC	合闸线圈
YPAYA	气动执行器	YE	电动执行器
FH	发热器件(电加热)	EL	照明灯(发光器件)
EV	空气调节器	EE	电加热器加热元件
L	感应线圈电抗器	LF	励磁线圈
LA	消弧线圈	LL	滤波电容器
R	电阻器变阻器	RP	电位器
RT	热敏电阻	RL	光敏电阻
RPS	压敏电阻	RG	接地电阻

RD	放电电阻	RS	启动变阻器
RF	频敏变阻器	RC	限流电阻器
B	光电池热电传感器	BP	压力变换器
BT	温度变换器	BV	速度变换器
BT1BK	时间测量传感器	BL	液位测量传感器
BHBM	温度测量传感器		

1.3.4 标志用图形符号和标注用图形符号

某些电气图上，标志用图形符号和标注用图形符号也是构成电气图的重要组成部分。

1. 标志用图形符号

标志用图形符号主要包括：公共信息用标志符号；公共标志用符号；交通标志用符号；包装储运用符号等。安装标高和建筑朝向符号，电气位置图均采用相对标高，一般采用室外某一平面为起始标高，例如图 1-15 所示为某层楼一层平面作为零点而计算高度。电力、照明和电信布置图等图样一般按上北下南、左西右东表示电气设备或构筑物的位置和朝向。但在许多情况下需用方位标记表示其朝向，图 1-16 所示为方向标。

图 1-15　建筑标高

图 1-16　指北针

2. 标注用图形符号

标注用图形符号是表示产品的设计、制造、测量和质量保证整个过程中所涉及的几何特征和制造工艺等。例如建筑电气中常用的尺寸标注。图 1-17 所示为建筑图中的尺寸和轴线标注。

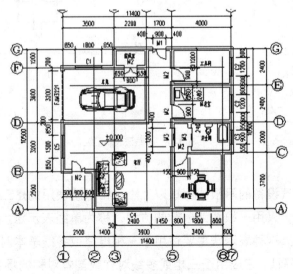

图 1-17　某建筑一层平面图

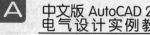
1.4 了解电气图的表示方法

1.4.1 电气线路的表示方法

实际中的电气工程是电气图上各种图形符号之间的相互连线，可能是传输能量流、信息流的导线，也可能是表示逻辑流、功能流的某种图线。一般来说按照电路图中图线的表达相数不同，连接线可分为多线表示法、单线表示法和综合表示法（混合表示法）三种。

1. 多线表示法

在电气图中，电气设备的每根连接线各用一条图线表示的方法，称为多线表示法。一般大型的设备用的都是三相交流电，接线大多是三线，图 1-18 所示为电动机控制主电路，多线表示法能比较清楚地看出电路工作原理，尤其是在各相或各线不对称的场合下宜采用这种表示法。但由于多线表示法图线太多，作图麻烦，特别是对于比较复杂的设备，交叉就多，反而使图形显得繁杂，难以看懂，不利于工程技术人员施工，因此，多线表示法一般用于表示各相或各线内容的不对称和要详细表示各相或各线的具体连接方法的场合。

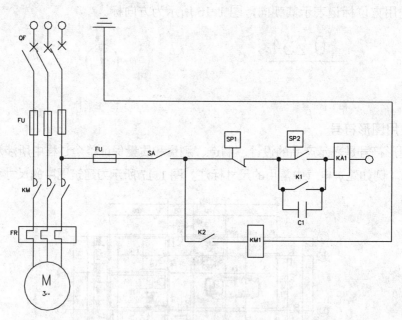

图 1-18　多线法表示图例

2. 单线表示法

在电气图中，电气设备的两根或两根以上（三相系统使用的是三相交流电使用的导线是三根）连接线或导线，只用一根图线表示的方法，称为单线表示法。图 1-19 是用单线表示的电动机控制电路图。这种表示法主要适用于三相电路或各线基本对称的电路图中。单线表示法易于绘制，清晰易读，它应用于三相或多线对称或基本对称的场合。凡是不对称的部分，例如三相三线、三相四线制供配电系统电路中的互感器、继电器接线部分，则应在图的局部画成多线的图形符号来标明，或另外用文字符号说明。

3. 综合表示法

在一个电气图中，一部分采用单线表示法，一部分采用多线表示法，称为综合表示法（也称混合表示法），如图 1-20 所示。为了表示三相绕组的连接情况，该图用了多线表示法；为了说明两相热继电器也用了多线表示法；其余的断路器 QF、熔断器 FU、接触器 KM1 都是三相对称，采用单线表示。这种表示法既有单线表示法简洁精练的优点，又有多线表示法描述精确、充分的优点。

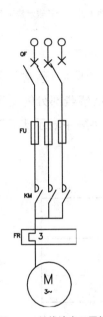

图 1-19 单线法表示图例

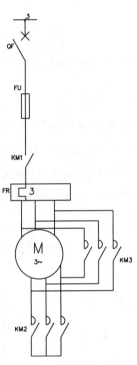

图 1-20 综合法表示图例

1.4.2 电气元件的表示方法

一般情况下电气元件、器件和设备的功能、特性、外形、结构、安装位置及其在电路中的连接，在不同电气图中有不同的表示方法。电气元件在电气图中完整图形符号的表示方法有：集中表示法、分开表示法和半集中表示法三种。下面分别介绍三种表示方法。

集中表示法

把设备或成套装置中的一个项目各组成部分的复合图形符号，在简图上绘制在一起的方法，称为集中表示法。在集中表示法中，各组成部分用机械连接线(虚线)互相连接起来，连接线必须是一条直线，图 1-21 所示为转换开关控制电路，可见这种表示法只适用于简单的电路图。

分开表示法

分开表示法又称展开表示法，它是把同一项目中的不同部分、有功能联系的元器件的图形符号在简图上按不同功能和不同回路分散在图上，并使用项目代号(文字符号)表示它们之间关系的表示方法。不同部分的图形符号用同一项目代号表示，分开表示法可使图中的点画线少，避免图线交叉，因而使图面更简洁清晰，而且给分析回路功能及标注回路标号也带来了方便，在实际施工、检修也便于工程技术人员辨认。图 1-22 所示为分开表示法示例。

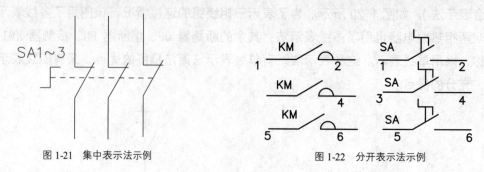

图 1-21   集中表示法示例   图 1-22   分开表示法示例

1．半集中表示法

为了使设备和装置的电路布局清晰，易于识别，把同一个项目(通常用于具有机械功能联系的元器件)中某些部分的图形符号在简图上集中表示，把某些部分的图形符号在简图中分开布置，并用机械连接符号(虚线)把它们连接起来，称为半集中表示法。在半集中表示法中，机械连接线可以弯折、分支和交叉，如图 1-23 所示。

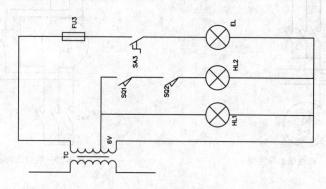

图 1-23   集中表示法示例

2．项目代号表示方法

采用集中表示法和半集中表示法绘制的元件，其项目代号只在图形符号旁标出并与机械连接线对齐，见图 1-21 中的"SA1~3"。采用分开表示法绘制的元件，其项目代号应在项目的每一部分自身符号旁标注。必要时，对同一项目的同类部件(如各辅助开关，各触点)可加注序号。标注项目代号时应注意:

- 项目代号的标注位置尽量靠近图形符号。
- 图线水平布局的图、项目代号应标注在符号上方。图线垂直布局的图、项目代号标注在符号的左方。
- 项目代号中的端子代号应标注在端子或端子位置的旁边。
- 对围框的项目代号应标注在其上方或右方。

1.4.3 元件端子及其表示方法

在电气工程图中有时为了能简化和便于识读电气图，通常采用元件端子表示方法来表示元件之间的连接关系。本节将对元件端子及其表示方法进行简单的介绍。

1. 端子和图形符号

在电气元器件中，用以连接外部导线的导电元器件，称为端子。端子分为固定端子和可拆卸端子两种，固定端子用图形符号"○"或"●"表示，可拆卸端子则用"∅"表示。装有多个互相绝缘并通常对地绝缘的端子的板、块或条，称为端子板或端子排。端子板常用加数字编号的方框表示，如图1-24所示。

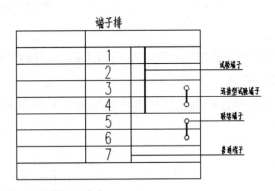

图1-24 端子排表示法

2. 以字母、数字符号标志接线端子的原则和方法

电气元器件接线端子标记由拉丁字母和阿拉伯数字组成，如KM1、FU1也可不用字母而简化成1、1.1的形式。接线端子的符号标志方法，通常应遵守以下原则：

❑ 单个元器件

单个元器件的两个端点用连续的两个数字表示，如图1-25所示的两个接线端子分别用1

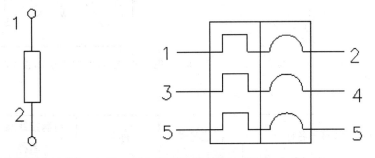

图1-25 单个接线端子标志示例

和2表示；单个元器件的中间各端子一般用自然递增数字表示，如图1-25所示的保护开关中间的接线端子用3和4表示。

❑ 相同元器件

如果电气图中多处出现几个相同的元器件组合成一个组，则各个元器件的接线端子可按下述方式标志：

● 在数字前冠以字母，例如标志三相交流系统设备进线端子的字母等，如图1-26所示。
● 若电气图中不需要区别不同相序时，或者容易区分时，可用数字标志，如图1-27所示。

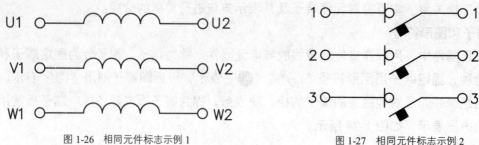

图 1-26　相同元件标志示例 1　　　　　图 1-27　相同元件标志示例 2

□　同类元器件组

同类元器件组用相同字母标志时，可在字母前（后）冠以数字来区别，如图 1-28 所示。

3. 电器接线端子的标志

电气图中与特定导线相连的电器接线端子标志用的字母符号见表 1-4，标志示例见图 1-29。

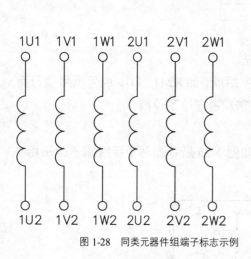

图 1-28　同类元器件组端子标志示例

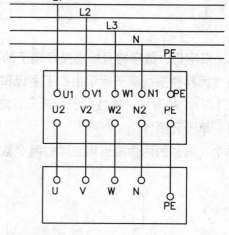

图 1-29　电器和特定导线相连接线端子的标志示例

表 1-4　接线端标志字母

序号	电器接线端子名称		标记符号	序号	电器接线端子名称	标记符号
1	交流系统	1 相	U	2	保护接地	PE
		2 相	V	3	接地	E
		3 相	W	4	无噪声接地	TE
		中线	N	5	机壳或机架	MM
				6	等电位	CC

4. 元件端子代号的表示方法

端子代号是完整的项目代号的一部分，当项目有接线端子标记时，端子代号必须与项目上端子的标记相一致；端子代号常采用数字或大写字母，特殊情况下也可用小写字母表示。

在许多电气图上，电气元件、器件和设备不但标注项目代号，还应标注端子代号。端子代号可按以下方式进行标注：

- 电阻器、继电器、模拟和数字硬件的端子代号应标在其图形符号的轮廓线外面。
- 符号轮廓线内的空隙留作标注有关元件的功能和注解，如关联符、加权系数等。

作为示例，以下列举了电阻器、求和模拟单元、与非功能模拟单元、编码器的端子代号的标注方法。如图 1-30~图 1-33 所示。

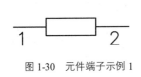

图 1-30　元件端子示例 1

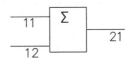

图 1-31　元件端子示例 2

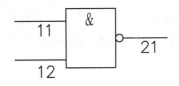

图 1-32　元件端子示例 3

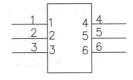

图 1-33　元件端子示例 4

对用于现场连接、试验和故障查找的连接器件(如端子、插头和插座等)的每一连接点都应标注端子代号。例如，多极插头插座的端子代号的标注方法，如图 1-34 所示。

在画有围框的功能单元或结构单元中，端子代号必须标注在围框内，以免被误解，如图1-35 所示。

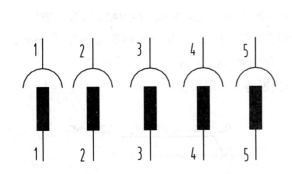

图 1-34　插座和插头的端子代号标注

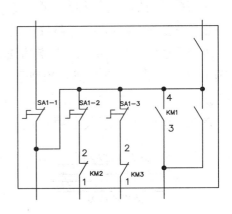

图 1-35　围框端子代号标志示例

1.4.4　连接线的一般表示方法

在电气线路图中，各元件之间都采用导线连接，起到传输电能、传递信息的作用，所以读图者对连接线的表示应掌握以下要点：

1. 导线的一般符号

一般的图线就可表示单根导线，如图 1-36 所示，它也可用于表示导线组、电线、母线、绞线、电缆、线路及各种电路(能量、信号的传输等),并可根据情况通过图线粗细、加图形符号及文字、数字来区分各种不同的导线,如图 1-37 所示的母线,图 1-38、图 1-39 所示的电缆等。

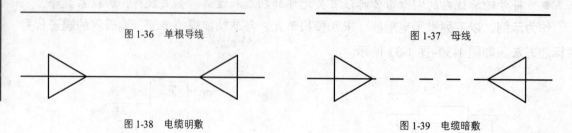

图 1-36　单根导线　　　　　　　　　　　　图 1-37　母线

图 1-38　电缆明敷　　　　　　　　　　　　图 1-39　电缆暗敷

2. 导线根数的表示方法

电气图中对于多根导线,可以分别画出如图 1-40 所示的形式,也可以只画一根图线,这样使图样更加美观,但需加标志。当用单线表示几根导线或导线组时,为表示导线实际根数,可在单线上加小短斜线(45°)表示;根数较少时(2~3 根),用短斜线数量代表导线根数;若多于四根,可在小短斜线旁加注数字表示,如图 1-41 所示。

图 1-40　导线多根画出法　　　　　　　　图 1-41　导线数字标注法

3. 导线特征标注法

电气图中表示导线特征的方法通常有以下几种:

在横线上面标出电流种类、配电系统、频率和电压等;在横线下面标出电路的导线数乘以每根导线截面积(mm^2),当导线的截面不同时,可用 "+" 将其分开,如图 1-42 所示。

表示导线的型号、截面、安装方法等,可采用短划指引线,加标导线属性和敷设方法,如图 1-43 所示。该图表示导线的型号为 BLV(铝芯塑料绝缘线);其中 3 根截面积为 35mm^2,1 根截面积为 16mm^2;敷设方法为穿焊接钢管,焊接管管径为 20mm,墙内暗敷。

表示电路相序的变换、极性的反向、导线的交换等,可采用交换号表示。如图 1-44 所示。

图 1-42　多导线标注　　　　　　　　　　图 1-43　导线集中标注

4. 图线粗细的表示方法

在电气图中,有时为了更加突出或区分电路、设备、元器件及电路功能,图形符号及连接线可用图线的粗细不同来表示。常见的有发电机、变压器、电动机的圆圈符号不仅在大小,而且在图线宽度上与电压互感器和电流互感器的符号应有明显区别。一般而言,电源主电路、一次回路、电流回路、主信号通路等采用粗实线;控制回路、二次回路、电压回路等则采用细实线,而母线通常比粗实线还宽一些。电路图、接线图中用于标明设备元器件型号规格的标注框线，及设备元器件明细表的分行、分列线，均用细实线。

5. 连接线的分组和标记

电气图中有时为了方便看图，对多根平行连接线，应按功能分组。若不能按功能分组，可任意分组，但每组不多于三条，组间距应大于线间距。有时为了看出连接线的功能或去向，可在连接线上方或连接线中断处作信号名标记或其他标记，如图 1-45 所示。

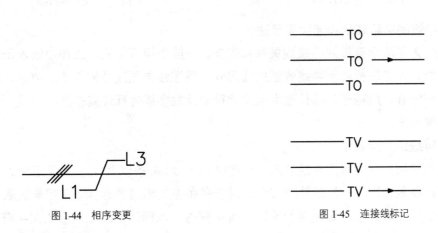

图 1-44　相序变更　　　　　　　　　　　　图 1-45　连接线标记

6. 导线连接点的标记

导线连接点有："T"形和多线的"十"形连接点。对"T"形连接点可不加实心圆点，如图 1-46 所示，也可加实心圆点如图 1-47 所示；对"＋"形连接点加实心圆点，如图 1-48 所示。导线综合连接必须加连接点，如图 1-49 所示。

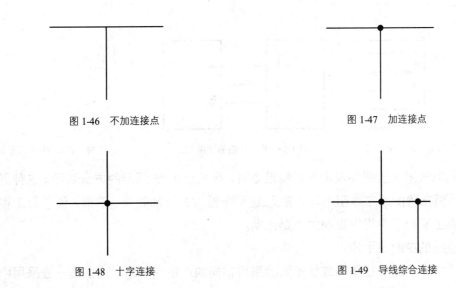

图 1-46　不加连接点　　　　　　　　　　　图 1-47　加连接点

图 1-48　十字连接　　　　　　　　　　　　图 1-49　导线综合连接

凡交叉而不连接的两条或两条以上连接线，在交叉处不得加实心圆点，并应避免在交叉处改变方向，也不得穿过其他连接线的连接点，如图 1-50、图 1-51 所示。

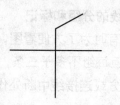

图 1-50　错误的连接方式　　　　　　　　　图 1-51　正确的连接方式

7.　连接线的中断表示和连续表示法

电气图中为了表示连接线的接线关系和去向，一般采用连续表示法和中断表示法两种表示方法。连续表示法是将表示导线的连接线用同一根图线首尾连通的方法。中断表示法则是将连接线中间断开，用符号，而且通常是文字符号及数字编号标注其去向的方法，以下是两种方法的简单介绍。

❏　**连接线的连续表示法**

连续线既可用多线也可用单线表示。当图线太多(如 4 条以上)时，为了避免线条太多，使图面清晰，易画易读，一般的处理方法是对于多条去向相同的连接线常用单线表示法，但单线的两端仍用多线表示，导线组的两端位置不同时，应标注两端相对应的文字符号，如图 1-52 所示。当多线导线组相互顺序连接时，可采用如图 1-53 所示的表示方式。

当导线汇入用单线表示的一组平行连接线时，在汇入处应折向导线走向，其方向应能易于识别连接线进入或离开汇总线的方向，而且每根导线两端应采用相同的标记号，如图 1-54 所示，即在每根连接线的末端注上相同的标记符号。

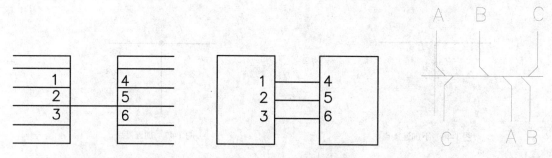

图 1-52　两端位置不同连接方式　　　　图 1-53　两端对应的连接方式　　　　图 1-54　汇入导线的表示法

在简单的电气图中当需要表示导线的根数时，可按图 1-55 所示的方法表示。这种形式在动力、照明平面布置图或布线图中较为常见,这种布置方式更加简单、清晰,便于为工程技术人员在实际施工和检修中提供直观的线路走向。

❏　**连接线的中断表示法**

在电气图中为了简化线路图或使多张图采用相同的连接线表示，连接线一般采用中断表示法。单去向相同的导线组一般在中断处的两端标以相应的文字符号或数字编号，如图 1-56 示。

图 1-55　导线简单布置表示法　　　　　图 1-56　相同导线组的中断表示法

两功能单元或设备、元器件之间的连接线，用文字符号及数字编号表示中断，中断表示法的标注采用相对标注法，即在本元件的出线端标注去连接的对方元件的端子号。如图 1-57 所示，A 元件的 1 号端子与 B 元件的 2 号端子相连接，而 A 元件的 2 号端子与 B 元件的 1 号端子相连接。

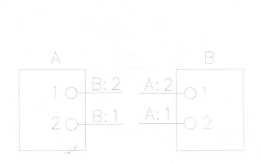

图 1-57　中断表示法的相对标注

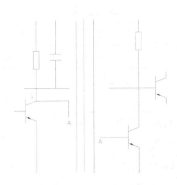

图 1-58　穿越图面连接线的表示法

另外在电气图中连接线穿越图线较多的区域时，将连接线中断，在中断处加相应的标记，如图 1-58 所示。

在同张图中断处的两端给出相同的标记号，并给出导线连接线去向的箭号，如图 1-59 中的 M 标记号。对于不同张的图，应在中断处采用相对标记法，即中断处标记名相同，并标注"图序号／图区位置"，如图 1-60 中断点 M 标记名，在第 5 号图样上标有"20／A1"，它表示中断处与第 20 号图样的 A 行 1 列处的断点连接；而在第 20 号图样上标有"5／A5"，它表示中断处与第 5 号图样的 A 行 5 列处的断点相连。

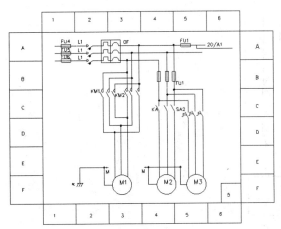

图 1-59 中断表示法示例 5 号图样

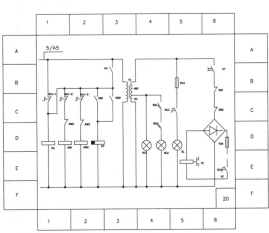

图 1-60 中断表示法示例 20 号图样

8. 电器接线端子和导线线端的识别

与特定导线直接或通过中间电器相连的电器接线端子，应按表 1-5 中的字母进行标记。

表 1-5　电器特定端子的标记和特定导线线端的识别

导体名称		标记符号			
		导线线端	旧符号	电器端子	旧符号
交流系统电源	导体 1 相	L1	A	U	Dl
	2 相	L2	B	V	D2
	3 相	L3	C	W	D3
	中性线	N	N	N	O
直流系统电源	导体正极	L+	+	C	
	导体负极	L--	–	D	
	中间线	M		M	
保护接地（保护导体)		PE		PE	
不接地保护导体		PU		PU	
保护中性导体(保护接地线和中性线共用)		PEN		—	
接地导体(接地线)		E		E	
低噪声(防干扰)接地导体		TE		TE	
接机壳或接机架		MM		MM	
等电位联结		CC		CC	

只有当这些接线端子或导体与保护导体或接地导体的电位不等时，才采用这些识别标记。例如，按照字母数字符号标记的电器端子和特定导线线端的相互连接可按图 1-61 所示的方式连接。

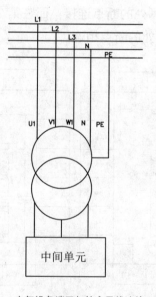

图 1-61　电气设备端子与特定导线连接示意图

9. 绝缘导线的标记

在电气图中对绝缘导线作标记的目的，是为了识别电路中的导线和已经从其连接的端子上拆下来的导线。我国国家标准对绝缘导线的标记作了规定，但电器(如旋转电机和变压器)端子的绝缘导线除外，其他设备(如电信电路或包括电信设备的电路)仅作参考。补充标记用于对主标记作补充，它是以每一导线或线束的电气功能为依据进行标记的系统。补充标记可以用字母或数字表示，也可采用颜色标记或有关符号表示。补充标记分为功能标记、相位标记、极性标记等。

❑ **功能标记**

功能标记是指分别考虑每一个导线的功能(例如，开关的闭合或断开位置的表示，电流或电压的测量等)的补充标记，或者一起考虑几种导线的功能(例如，电热、照明、信号、测量电路)的补充标记。

❑ **相位标记**

相位标记是指表明导线连接到交流系统中某一相的补充标记，相位标记采用大写字母或数字或两者兼用表示相序。交流系统中的中性线必须用字母 N 标明，同时，为了识别相序，以保证正常运行和有利于维护检修，导线标注颜色见表 1-6。

表 1-6 交流系统及直流系统中裸导线涂色

系统	交流三相系统						直流系统
母线	第1相 L1(A)	第2相 L2(B)	第3相 L3(C)	N 线及 PEN 线	PE 线	正极 L+	负极 L--
涂色	黄	绿	红	淡蓝	黄绿双色	褚	蓝

❑ **极性标记**

极性标记是表明导线连接到直流电路中某一极性的补充标记。用符号标明直流电路导线的极性时，正极用"+"标记，负极用"--"标记，直流系统的中间线用字母 M 标明。如可能发生混淆，则负极标记可用"--"表示。

❑ **保护导线和接地线的标记**

电气图中在任何情况下，字母符号或数字编号的排列应便于阅读。它们可以排成列，也可以排成行，并应从上到下、从左到右、靠近连接线或元器件图形符号排列。

10. 接线文件

在阅读电气图时，还需了解接线文件，接线图和接线表统称接线文件。接线文件提供了各个项目，如元件、器件、组件及装置之间实际连接的信息，可用于设备的装配、安装及维修。接线文件包含识别每一连接点及所用导线或电缆的信息。对端子接线图和端子接线表只示出一端。有些接线文件还包含以下内容：

● 导线或电缆种类的信息，如型号、牌号、材料、结构、规格、绝缘颜色、电压额定值、导线数及其他技术数据。

- 导线号、电缆号或项目代号。
- 连接点的标记或表示方法，如项目代号、端子代号、图形表示法及远端标记。
- 铺设、走向、端头处理、捆扎、绞合及屏蔽等说明或方法。
- 导线或电缆长度。
- 信号代号或信号的技术数据。
- 需补充说明的其他信息。

在工厂控制系统的电路图中，主电路的表示是为了便于研究主控系统的功能。通常，采用单线表示法表示主电路或其中的一部分，必要时也可采用多线表示法。例如，表示互感器的连接时，即应采用多线表示法。

1.4.5 电气元件触点位置和工作状态的表示方法

电气元器件和设备的触点按其操作方式分为两类：一类是靠电磁力或人工操作的触点（如接触器、继电器、开关、按钮等的触点）；一类是非电和非人工操作的触点(如非电继电器、行程开关等触点)。这两类触点在电气图上有不同的表示方法。

1. 电气元件触点位置的表示方法

❑ 电磁力或人工操作的触点

- 在同一电路中，在加电和受力后，各触点符号的动作方向应取向一致。
- 当元件受激时，水平连接的触点，动作向上；垂直连接的触点，动作向右。
- 在分开表示法表示的电路中，当触点排列复杂而没有保持功能时，在加电和受力后，触点符号的动作方向可不强调一致，触头位置可灵活运用。
- 用动合触点符号或动断触点符号表示的半导体开关应按其初始状态即辅助电源已合的时刻绘制。

❑ 对非电和非人工操作的触点

- 用图形表示。
- 用操作器件的符号表示。
- 用注释、标记和表格表示

2. 元器件工作状态的表示方法

元器件的工作状态是指元器件和设备的可动部分应表示非激励或不工作的状态或位置。主要有以下几种工作状态：

- 继电器和接触器在非激励的状态，其触头状态是非电下的状态。
- 断路器、负荷开关和隔离开关在断开位置。
- 温度继电器、压力继电器都处于常温和常压状态。
- 带零位的手动控制开关在零位置，不带零位的手动控制开关在图中规定的位置。
- 机械操作开关在非工作状态或位置时的情况及机械操作开关的工作位置的对应关系，一般表示在触点符号的附近或另附说明。
- 多重开闭器件的各组成部分必须表示在相互一致的位置上，不管电路的工作状态。

● 事故、备用、报警等开关或继电器的触点应该表示在设备正常使用的位置,如有
特定位置,应在图中另加说明。

在电气图中一般对于元器件工作状态的表示,还要将元器件技术数据、技术条件和说明
进行标注。元器件的技术数据(如型号、规格等)一般标注在图线符号的附近。当元件垂直
布置时,技术数据标在元件的左边;当元件水平布置时,技术数据标在元件的上方;符号外
边给出的技术数据应放在项目代号的下面。

对于继电器、仪表、集成块等矩形符号或简化外形符号,则可标在方框内。另外,技术
数据也可用表格的形式给出。"技术条件"或"说明"的内容应书写在图样的右侧,当注写
内容多于一次时,应按阿拉伯数字顺序编号,如图 1-62~图 1-69 所示。

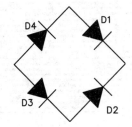

图 1-62 整流桥标注表示方法

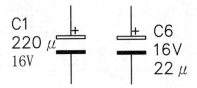

图 1-63 电容内容多于一处标注表示方法

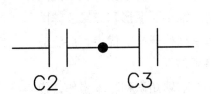

图 1-64 电容水平标注表示方法

图 1-65 电容垂直标注表示方法

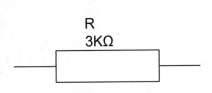

图 1-66 电阻水平标注表示方法

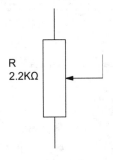

图 1-67 电阻垂直标注表示方法

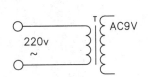

图 1-68 变压器标注表示方法

图 1-69 芯片块标注表示方法

第2章 初识 AutoCAD 2015

本章导读

　　AutoCAD 2015 是由美国 Autodesk 公司最新开发的通用计算机辅助设计软件，可以绘制二维平面图形和三维立体图形，具有易掌握、使用方便、体系结构开放等优点，广泛应用于机械、建筑、电子、航空等领域。

　　本章主要介绍 AutoCAD 2015 基础知识和基本操作，包括 AutoCAD 2015 功能特点、工作空间、界面组成及文件操作等，使读者对 AutoCAD 2015 有一个全面的了解和认识。

本章重点

- AutoCAD 2015 的安装和启动
- AutoCAD 2015 工作空间
- AutoCAD 2015 工作界面
- AutoCAD 2015 文件操作
- 设置电气绘图环境

2.1　AutoCAD 2015 的安装和启动

正确地安装软件是使用软件前的必要工作，安装前必须确保系统配置能达到软件的要求，安装的过程也必须确保无误。

本节将介绍中文版 AutoCAD 2015 的系统要求及安装方法。

2.1.1　AutoCAD 2015 的系统要求

● 目前计算机操作系统有 32 位和 64 位两种，AutoCAD 2015 也分别提供了相应的版本。

1.　32 位系统要求

● 操作系统：Windows 8 标准版，企业版或专业版，Windows 7 企业版、旗舰版等操作系统。

● CPU：对于 Windows 8 和 Windows 7：英特尔奔腾双核处理器或 AMD 速龙双核处理器，3.0 GHz 或更高，支持 SSE2 技术。

● 内存：2GB RAM（推荐使用 4 GB）。

● 磁盘空间：6GB 的可用磁盘空间。

● 显示器分辨率：1024×768 显示分辨率真彩色（推荐 1600×1050）。

● 浏览器：安装 Microsoft Internet Explorer 7.0 或更高版本的 Web 浏览器。

● 安装方式：下载或从 DVD 安装。

● NET Frameworks：NET Framework 4.0 或更高版本。

2.　64 位系统要求

● 操作系统：Windows 8 标准版、企业版、专业版，Windows 7 企业版、旗舰版等操作系统。

● CPU：支持 SSE2 技术的 AMD Opteron(皓龙)处理器，支持英特尔 EM64T 和 SSE2 技术的英特尔至强处理器，支持英特尔 EM64T 和 SSE2 技术的奔腾 4 或 Athlon 64。

● 内存：2 GB RAM（推荐使用 4 GB）。

● 显示器分辨率：1024×768 显示分辨率真彩色（推荐 1600×1050）。

● 磁盘空间：6 GB 的可用空间。

● 光驱：DVD。

● 浏览器：Internet Explorer 7.0 或更高版本。

● NET Frameworks：　NET Framework 4.0 或更高版本。

附加要求的大型数据集、点云和 3D 建模（所有配置）：

● Pentium 4 或 Athlon 处理器，3 GHz 或更高；英特尔或 AMD 双核处理器，2 GHz 或更高 。

● 4 GB RAM 或更高。

● 6 GB 可用硬盘空间。

● 1280×1024 真彩色视频显示适配器（128 MB 或更高），支持 Pixel Shader 3.0 或更高版本的 Microsoft 的 Direct 3D 工作站级图形卡。

2.1.2 AutoCAD 2015 的安装

中文版 AutoCAD 2015 在各种操作系统下的安装过程基本一致，下面以 Windows 7 为例介绍其安装过程。

课堂举例 2-1： 安装 **AutoCAD 2015** 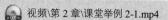 视频\第 2 章\课堂举例 2-1.mp4

01 将 AutoCAD 2015 的安装光盘放到光驱内，打开 AutoCAD 2015 的安装文件夹。

02 双击 Setup.exe 安装程序文件，运行安装程序。

03 安装程序首先检测计算机的配置是否符合安装要求，如图 2-1 所示。

04 在弹出的 AutoCAD 2015 安装向导对话框中单击 "安装" 按钮，如图 2-2 所示。

图 2-1　检测配置

图 2-2　选择安装

05 安装程序打开 "许可及服务协议" 对话框，选择 "我接受" 单选按钮，然后单击 "下一步" 按钮，如图 2-3 所示。

06 安装程序弹出 "安装配置" 对话框，提示用户选择安装路径，单击 "浏览" 按钮可指定所需的安装路径，然后单击 "安装" 按钮开始安装，如图 2-4 所示。

图 2-3　"许可及服务协议" 对话框

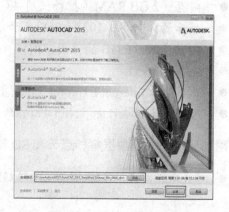

图 2-4　"配置安装" 对话框

07 安装完成后，弹出 "安装完成" 对话框，单击 "完成" 按钮，完成安装，如图 2-5

所示。

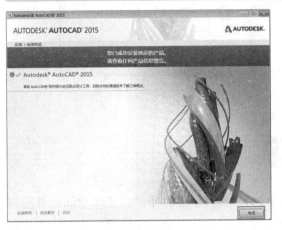

图 2-5　"安装完成"对话框

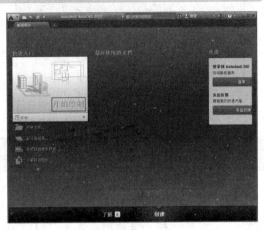

图 2-6　AutoCAD 2015 初始界面

2.1.3 AutoCAD 2015 的启动与退出

软件安装完成后就可以使用软件绘图了，下面介绍 AutoCAD 2015 启动与退出的具体操作方法。

1. 启动 AutoCAD 2015

启动 AutoCAD 2015 有如下几种方法：

- "开始"菜单：单击"开始"菜单，在菜单中选择"AutoCAD 2015-简体中文（Simplified Chinese）"选项，如图 2-7 所示。
- 桌面：双击桌面上的快捷图标 。
- 文件：双击已经存在的 AutoCAD 图形文件（*.dwg 格式）。

2. 退出 AutoCAD 2015

退出 AutoCAD 2015 有如下几种方法：

- 命令行：在命令行输入 QUIT/EXIT。
- 标题栏：单击标题栏上的"关闭"按钮 。
- 菜单栏：执行"文件"|"退出"命令。
- 快捷键：Alt+F4 或 Ctrl+Q 组合键。
- 菜单浏览器：单击菜单浏览器，在弹出菜单中选择"关闭"命令。

若在退出 AutoCAD 2015 之前未保存当前的文件，系统会弹出如图 2-8 所示的提示信息对话框。提示使用者在退出软件之前是否保存当前绘图文件。单击"是"按钮，可以进行文件的保存；单击"否"按钮，将不对之前的操作进行保存而退出；单击"取消"按钮，将返回到操作界面，不执行退出软件的操作。

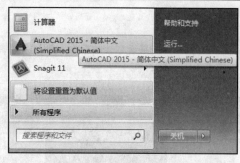

图 2-7　"开始"菜单启动 AutoCAD 2015

图 2-8　提示信息对话框

2.2　AutoCAD 2015 工作空间

为了满足不同用户的多方位需求，AutoCAD 2015 提供了 3 种不同的工作空间：草图与注释、三维基础和三维建模。AutoCAD 2015 默认工作空间为"草图与注释"空间，用户也可以根据工作需要随时进行切换。

2.2.1　选择工作空间

切换工作空间的方法有以下几种：

● 菜单栏：选择"工具"｜"工作空间"菜单命令，在子菜单中选择相应的工作空间，如　　　　图 2-9 所示。
● 状态栏：单击"切换工作空间"按钮，在弹出的子菜单中选择相应的空间类型，如　　　图 2-10 所示。

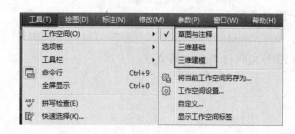

图 2-9　通过菜单栏选择工作空间

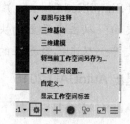

图 2-10　通过"切换工作空间"按钮选择工作空间

● 工具栏：单击"快速访问工具栏" [草图与注释] 下拉按钮，在弹出的下拉列表中选择所需工作空间，如图 2-11 所示。

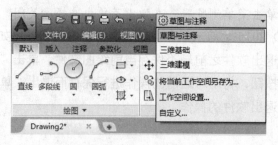

图 2-11　快速访问工具栏切换

2.2.2　草图与注释空间

　　"草图与注释"工作空间是 AutoCAD 2015 默认工作空间，该空间用功能区替代了工具栏和菜单栏，这也是目前比较流行的一种界面形式，已经在 Office 2007、Creo、Solidworks 2012 等软件中得到了广泛的应用。当需要调用某个命令时，需要先切换至功能区下的相应面板，然后再单击面板中的按钮。

　　"草图与注释"工作空间功能区包含的是最常用的二维图形的绘制、编辑和标注命令，因此非常适合绘制和编辑二维图形时使用，如图 2-12 所示。

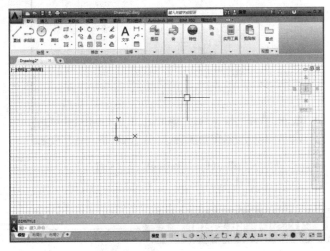

图 2-12　"草图与注释"工作空间

2.2.3　三维基础空间

　　"三维基础"空间与"草图与注释"工作空间类似，主要以单击功能区面板按钮的方式调用命令。但"三维基础"空间功能区包含的是基本的三维建模工具，如各种常用三维建模、布尔运算以及三维编辑工具按钮，能够非常方便地创建简单的基本三维模型，如图 2-13 所示。

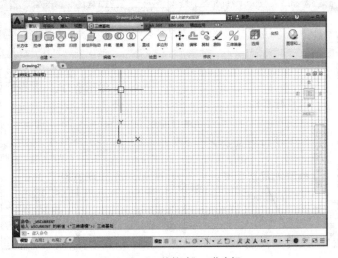

图 2-13　"三维基础"工作空间

2.2.4 三维建模空间

"三维建模"工作空间适合创建、编辑复杂的三维模型，其功能区集成了"三维建模""视觉样式""光源""材质""渲染"和"导航"等面板，为绘制和观察三维图形、附加材质、创建动画、设置光源等操作提供了非常便利的环境，如图 2-14 所示。

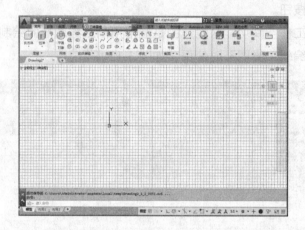

图 2-14 "三维建模"工作空间

2.3 AutoCAD 2015 工作界面

启动 AutoCAD 2015 后，即进入如图 2-15 所示的工作空间与界面，该空间类型为"草图与注释"工作空间，该空间提供了十分强大的"功能区"，十分方便初学者的使用。

AutoCAD 2015 工作界面包括标题栏、菜单栏、工具栏、快速访问工具栏、标签栏、功能区、绘图区、光标、坐标系、命令行、状态栏、布局标签、导航栏等。

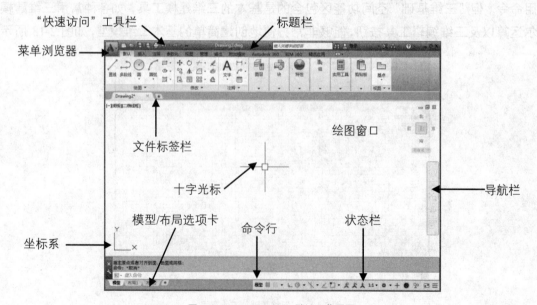

图 2-15 AutoCAD 2015 默认工作界面

2.3.1 菜单浏览器按钮

"菜单浏览器"按钮▲位于界面左上角。单击该按钮,系统弹出用于管理 AutoCAD 图形文件的命令列表,包括"新建""打开""保存""另存为""输出"及"打印"等,如图 2-16 所示。

"菜单浏览器"除了可以调用如上所述的常规命令外,调整其显示为"小图像"或"大图像",然后将鼠标置于菜单右侧排列的"最近使用文档"名称上,可以快速预览打开过的图像文件内容,如图 2-16 所示。

2.3.2 快速访问工具栏

快速访问工具栏位于标题栏的左上角,它包含了最常用的快捷按钮,以方便用户的使用。默认状态下它由 7 个快捷按钮组成,从左到右依次为:"新建""打开""保存""另存为""打印""重做"和"放弃",如图 2-17 所示。

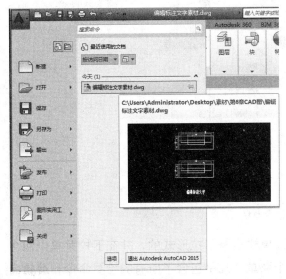

图 2-16 "菜单浏览器"菜单　　　　　　　图 2-17 快速访问工具栏

快速访问工具栏右侧为"工作空间列表框",用于切换 AutoCAD 2015 工作空间。用户可以通过相应的操作在快速访问工具栏中增加或删除按钮。

● 单击快速访问工具栏右侧下拉按钮▼,在下拉菜单中选择"更多命令",在弹出的"自定义用户界面"对话框中选择将要添加的命令,然后按住鼠标左键将其拖动至快速访问工具栏上。
● 在功能区的任意工具图标上单击鼠标右键,选择其中的"添加到快速访问工具栏"命令,如图 2-18 所示,即可将该工具按钮添加至快速访问工具栏。
● 快速访问工具栏上不常用的按钮,也可以将其删除。在该按钮上单击鼠标右键,然后选择"从快速访问工具栏中删除"命令,即可删除该按钮,如图 2-19 所示。

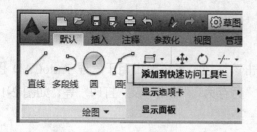

图 2-18　添加按钮

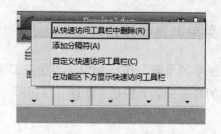

图 2-19　删除按钮

2.3.3　菜单栏

菜单栏位于标题栏的下方，AutoCAD 2015 的 3 个工作空间都默认不显示菜单栏，需要用户自行调出。单击快速访问工具栏右侧下拉按钮，在弹出的下拉菜单中选择"显示菜单栏"命令，如图 2-20 所示，即可在当前工作界面显示出菜单栏。

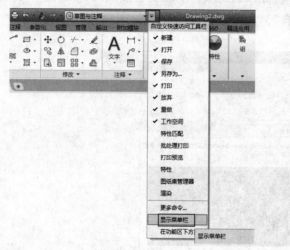

图 2-20　调用菜单栏

与其他 Windows 程序一样，AutoCAD 的菜单栏也是下拉形式的，并在下拉菜单中包含了子菜单。AutoCAD 2015 的菜单栏包括了 12 个菜单，几乎包含了所有的绘图命令和编辑命令，其作用分别如下：

- 文件：用于管理图形文件，例如新建、打开、保存、另存为、输出、打印和发布等。
- 编辑：用于对文件图形进行常规编辑，例如剪切、复制、粘贴、清除、链接、查找等。
- 视图：用于管理 AutoCAD 的操作界面，例如缩放、平移、动态观察、相机、视口、三维视图、消隐和渲染等。
- 插入：用于在当前 AutoCAD 绘图状态下，插入所需的图块或其他格式的文件，例如 PDF 参考底图、字段等。
- 格式：用于设置与绘图环境有关的参数，例如图层、颜色、线型、线宽、文字样式、标注样式、表格样式、点样式、厚度和图形界限等。
- 工具：用于设置一些绘图的辅助工具，例如：选项板、工具栏、命令行、查询和向导等。

- 绘图：提供绘制二维图形和三维模型的所有命令，例如直线、圆、矩形、正多边形、圆环、边界和面域等。
- 标注：提供对图形进行尺寸标注时所需的命令，例如线性标注、半径标注、直径标注、角度标注等。
- 修改：提供修改图形时所需的命令，例如删除、复制、镜像、偏移、阵列、修剪、倒角和圆角等。
- 参数：提供设置图形约束所需的命令，例如几何约束、动态约束、标注约束和删除约束等。
- 窗口：用于在多文档状态时设置各个文档的屏幕，例如层叠、水平平铺和垂直平铺等。
- 帮助：提供使用 AutoCAD 2015 所需的帮助信息。

2.3.4 功能区

功能区用于显示与绘图任务相关的命令按钮和操作控件，是调用命令的主要区域。"草图与注释"空间的功能区包含了"默认""插入""注释""参数化""视图""管理""输出""附加模块""Autodesk360"等选项卡，如图 2-21 所示。每个选项卡包含有若干个面板，每个面板又包含许多由图标表示的命令按钮。

图 2-21 功能区

2.3.5 工具栏

工具栏是图标型工具按钮的集合，工具栏中的每个按钮图标都形象地表示出了该工具的作用。单击这些图标按钮，即可调用相应的命令。AutoCAD 2015 默认不显示工具栏，需要时可以将其调出。

可以通过调用菜单命令的方式显示所需的工具栏，具体操作方法如下：

`01` 单击快速访问工具栏右侧下拉按钮▼，在弹出的下拉菜单中选择"显示菜单栏"命令，如图 2-20 所示。

`02` 选择"工具" | "工具栏" | "AutoCAD"子菜单，在弹出的下拉列表中选择需要显示的工具栏即可，如图 2-22 所示。

 在显示工具栏后，在任意工具栏空白区域单击鼠标右键，在弹出的快捷菜单中可快速调用所需的工具栏。

2.3.6 标签栏

标签栏位于功能区的下方，由文件选项卡标签和"+"按钮组成。AutoCAD 2015 的标签栏和一般网页浏览器中的标签栏作用相同，每一个新建或打开的图形文件都会在标签栏上显示有一个文件标签，单击某个标签，即可切换至相应的图形文件，单击文件标签右侧的"×"按钮，可以快速将该标签文件关闭，从而大大方便了多图形文件的管理，如图 2-23 所示。

单击文件选项卡右侧的"+"按钮，可以快速新建图形文件。在标签栏空白处单击鼠标右键，系统会弹出一个快捷菜单，该菜单各命令的含义如下：

- 新建：新建空白图形文件。
- 打开：打开已有图形文件。
- 全部保存：保存所有标签栏中显示的文件。
- 全部关闭：关闭标签栏中显示的所有文件，且不退出 AutoCAD 2015。

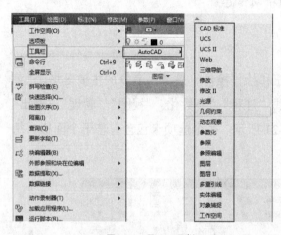

图 2-22　显示工具栏

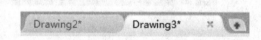

图 2-23　标签栏

2.3.7　绘图区

标题栏下方的大片空白区域即为绘图区，是用户进行绘图的主要工作区域，如图 2-24 所示。绘图区实际上是无限大的，用户可以通过缩放、平移等命令来观察绘图区的图形。有时为了增大绘图空间，可以根据需要关闭其他界面元素，例如工具栏和选项板等。

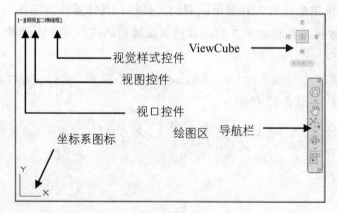

图 2-24　绘图区

图形窗口左上角的三个快捷功能控件，可以快速地修改图形的视图方向和视觉样式，如图 2-25 所示。

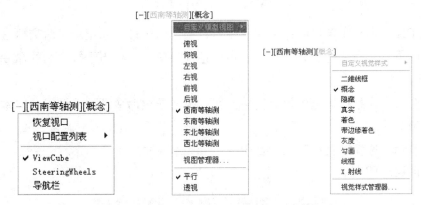

图 2-25　三个快捷功能控件

在图形窗口左下角显示有一个坐标系图标，以方便绘图人员了解当前的视图方向。此外，绘图区还会显示一个十字光标，其交点为光标在当前坐标系中的位置。当移动鼠标时，光标的位置也会相应地改变。

绘图窗口右侧显示 ViewCube 工具和导航栏，用于切换视图方向和控制视图。

单击绘图区右上角的"恢复窗口"大小按钮 ，可以将绘图区进行单独显示，如图 2-26 所示。此时绘图区窗口显示了绘图区标题栏、窗口控制按钮、坐标系、十字光标等元素。

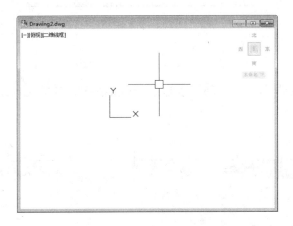

图 2-26　绘图区窗口

2.3.8　命令行与文本窗口

命令行位于绘图窗口的底部，用于接收和输入命令，并显示 AutoCAD 提示信息，如图 2-27 所示。命令窗口中间有一条水平分界线，它将命令窗口分成两个部分："命令行"和"命令历史窗口"。位于水平分界线上方的为"命令行"，它用于接受用户输入的命令，并显示 AutoCAD 提示信息。位于水平分界线下方的为"命令历史窗口"，它含有 AutoCAD 启动后所用过的全部命令及提示信息，该窗口有垂直滚动条，可以上下滚动查看前面操作用过的命令。

图 2-27　"命令行"窗口

在 AutoCAD 中文本窗口的作用和命令窗口的作用一样，它记录了对文档进行的所有操作。文本窗口显示了命令行的各种信息，也包括出错信息，相当于放大后的命令行窗口，如图 2-28 所示。

"文本窗口"在默认界面中没有直接显示，需要通过命令调取，调用"文本窗口"的方法有如下两种：

- 菜单栏：选择"视图" | "显示" | "文本窗口"命令。
- 快捷键：F2 键。

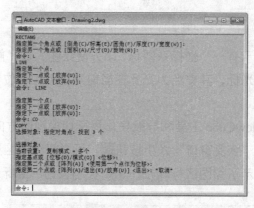

图 2-28　文本窗口

2.3.9　状态栏

"状态栏"位于工作界面的底部，以显示 AutoCAD 当前的工作状态，主要由 4 部分组成，如图 2-29 所示。

模型与布局快速查看工具　　　　　　　　　绘图辅助工具　　　　注释工具　　工作空间工具

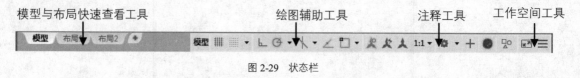

图 2-29　状态栏

1.　模型与布局快速查看工具

使用该工具组可以方便地预览打开的图形，以及打开图形的模型空间与布局，并在其间进行切换。

2.　绘图辅助工具

AutoCAD 2015 绘图辅助工具主要用于控制绘图的性能，其中包括推断约束、捕捉模式、栅格显示、正交模式、极轴追踪、对象捕捉、三维对象捕捉、对象捕捉追踪、动态 UCS、动态输入、显示/隐藏线宽、透明度、快捷特性、选择循环和注释监视器等工具。各工具按钮的功能具体如下：

- **推断约束:** 该按钮用于开启或者关闭推断约束。推断约束即自动在正在创建或编辑的对象与对象捕捉的关联对象或点之间应用约束,如平行、垂直等。
- **捕捉模式:** 该按钮用于开启或者关闭捕捉。捕捉模式可以使光标能够很容易抓取到每一个栅格上的点,快捷键为 F9。
- **栅格显示:** 该按钮用于开启或者关闭栅格的显示,快捷键为 F7。
- **正交模式:** 该按钮用于开启或者关闭正交模式。开启正交模式后,光标只能在与 X 轴或者 Y 轴平行的方向上移动,不能画斜线,快捷键为 F8。
- **极轴追踪:** 该按钮用于开启或者关闭极轴追踪模式,快捷键为 F10。
- **对象捕捉:** 该按钮用于开启或者关闭对象捕捉。对象捕捉能使光标在接近某些特殊点的时候自动指引到那些特殊的点,如中点、垂足点等,快捷键为 F3。
- **对象捕捉追踪:** 该按钮用于开启或者关闭对象捕捉追踪。该功能和对象捕捉功能一起使用,用于追踪捕捉点在线性方向上与其他对象的特殊交点,快捷键为 F11。
- **动态 UCS :** 用于切换允许和禁止动态 UCS,快捷键为 F6。
- **动态输入:** 用于动态输入的开启和关闭,快捷键为 F12。
- **显示/隐藏线宽:** 该按钮控制线宽的显示或者隐藏,如图 2-30 和图 2-31 所示。

图 2-30　隐藏线宽　　　　　　　　　　　　　　图 2-31　显示线宽

- **快捷特性:** 控制快捷特性面板的禁用或者开启。
- **注释监视器:** 注释监视器的作用是监视图形中的标注是否与对象关联,没有关联的给出黄色的"!"符号,如图 2-32 所示。

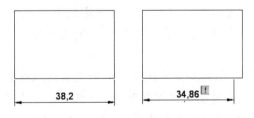

图 2-32　关联和不关联标注效果

3. 注释工具

用于显示缩放注释的若干工具。对于模型空间和图纸空间,将显示不同的工具。当图形状态栏打开后,将显示在绘图区域的底部;当图形状态栏关闭时,图形状态栏上的工具移至菜单浏览器状态栏。

- **当前视图注释比例 1:1 :** 注释时可通过此按钮调整注释的比例。
- **显示注释对象 :** 单击该按钮,可选择仅显示当前比例的注释或是显示所有比例的注释。
- **自动添加注释比例 :** 注释比例更改时,通过该按钮可以自动将比例添加至注释性对象。

4. 工作空间工具

- 切换工作空间：切换绘图空间，可通过此按钮切换 AutoCAD 2015 的工作空间。
- 硬件加速：用于在绘制图形时通过硬件的支持提高绘图性能，如刷新频率。
- 隔离对象：当需要对大型图形的个别区域重点进行操作并需要显示或隐藏部分对象时，可以使用该功能在图形中临时隐藏和显示选定的对象。
- 全屏显示：用于开启或退出 AutoCAD 2015 的全屏显示。

> 提示 为了简化工作界面，提高绘图效率，AutoCAD 2015 允许用户根据绘图需要设置状态栏工具的隐藏或显示。单击状态栏右侧"自定义"按钮 ，在弹出的菜单中进行设置即可。

2.4 AutoCAD 2015 文件操作

文件管理是软件操作的基础，在 AutoCAD 2015 中，图形文件的基本操作包括新建文件、打开文件、保存文件、查找文件和输出文件等。

2.4.1 AutoCAD 文件格式

AutoCAD 默认的文件格式是 ".dwg"，如果其他软件需要打开并使用该文件信息，则可以将文件输出为以下几种特定格式：

- DXF 文件：DXF 文件包含可由其他 CAD 系统读取的图形信息。DXF 文件是文本或二进制文件，其中包含可由其他 CAD 程序读取的图形信息。
- WIMF 文件：WIMF（Windows 图文文件格式）文件包含矢量图形或光栅图形格式，但只在矢量图形中创建 WIMF 文件。矢量格式与其他格式相比，能实现更快的平移和缩放。
- 光栅文件：可以为图形中的对象创建与设备无关的光栅图像。可以使用若干命令将对象输出到与设备无关的光栅图像中，光栅图像的格式可以是位图、JPEG、TIFF 和 PNG。某些文件格式在创建时即为压缩形式，例如 JPEG 格式。压缩文件占有较少的磁盘空间，但有些菜单浏览器可能无法读取这些文件。
- PostScript 文件：可以将图形文件转换为 PostScript 文件，很多桌面浏览器都使用该文件格式。将图形转换为 PostScript 格式后，也可以使用 PostScript 字体。
- 3D Studio 文件：可以创建 3D Studio(3DS)格式的文件。3D studio 文件通常指 3DS 格式的文件，这种文件格式没有版本的限制，需要从 3ds Max 软件中使用导入的方式调取。该文件格式可以记录的信息包含模型、灯光、材质等与模型相关的信息。
- 平板印刷文件：可以使用与平版印刷设备（SLA）兼容的文件格式写入实体对象。实体数据以三角形网格面的形式装换为 SLA，SLA 工作站使用该数据来定义代表部件的一系列图层。

2.4.2 新建文件

启动 AutoCAD 2015 后，系统将自动新建一个名为 "Drawing1.dwg" 的图形文件，该图形文件默认以"acadiso.dwt"为样板创建。

用户也可以选择所需的图形样板新建文件，方法有如下几种。

● 菜单栏：选择"文件"丨"新建"命令。

● 工具栏：单击快速访问工具栏中的"新建"按钮 🗋。

● 快捷键：按 Ctrl+N 组合键。

执行上述任意命令后，系统弹出如图 2-33 所示的对话框，可以根据需要选择不同的样板新建图形。

单击"打开"按钮下拉菜单，可以选择打开样板文件的方式，共有"打开""无样板打开-英制（Ⅰ）""无样板打开-公制（Ｍ）"三种方式，通常选择默认的"打开"方式，如图 2-34 所示。

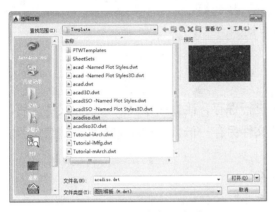

图 2-33 "选择样板"对话框

图 2-34 选择打开方式

2.4.3 打开文件

使用 AutoCAD 2015 进行图形编辑时，通常需要对图形文件进行查看或编辑，这时就需要打开相应的图形文件。

打开文件的方法如下：

● 菜单栏：选择"文件"丨"打开"命令。

● 工具栏：单击快速访问工具栏中的"打开"按钮 📂。

● 快捷键：按 Ctrl+O 组合键。

在打开文件时，系统弹出"选择文件"对话框，如图 2-35 所示，在"查找范围"列表框中指定打开文件所在的文件夹，在文件列表框中选择打开的文件，最后单击"打开"按钮，即可打开指定的文件。

 在计算机"我的电脑"窗口中直接找到要打开的 AutoCAD 文件，然后直接双击文件图标，可以跳过"选择文件"对话框，直接打开 AutoCAD 文件。

图 2-35 "选择文件"对话框

2.4.4 保存文件

保存文件就是将新绘制或编辑过的文件保存在计算机中，以便需要修改和再次使用时调用。也可以在绘制图形过程中随时对图形进行保存，避免意外情况导致文件丢失。

1. 保存新的图形文件

这种保存方式主要是针对第一次保存的文件，或者针对已经存在但被修改后的文件。调用此命令的方法有如下几种：

- 菜单栏：执行"文件" | "保存"命令。
- 工具栏：单击快速访问工具栏中的"保存"按钮 。
- 命令行：在命令行输入 QSAVE 并按回车键。
- 快捷键：按 Ctrl+S 组合键。

2. 另存为其他文件

此种保存方式可以将文件另设路径或文件名进行保存，比如在修改了原来的文件之后，但是又不想覆盖原文件，那么就可以把修改后的文件另存一份，这样原文件也将继续保留。

调用"另存为"命令的方法有如下几种。

- 菜单栏：选择"文件" | "另存为"命令。
- 工具栏：单击快速访问工具栏上的"另存为"按钮。
- 命令行：在命令行输入 SAVEAS 并按回车键。
- 快捷键：按 Ctrl+Shift+S 组合键。

> 提示 如果另存的文件与原文件需要保存在同一文件夹中，则不能使用相同的文件名称。

3. 定时保存图形文件

除了以上两种保存方法外，还有一种比较好的保存文件的方法，即定时保存图形文件，它可以免去随时手动保存的麻烦。设置了定时保存后，系统会在一定的时间间隔内自动保存当前的编辑内容，避免意外情况下导致文件丢失。

课堂举例 2-2：设置定时保存图形  视频\第 2 章\课堂举例 2-2.mp4

`01` 在命令行中输入 OP 并按回车键，系统弹出"选项"对话框。

`02` 单击选择"打开和保存"选项卡，在"文件安全措施"选项组中选中"自动保存"复选框，根据需要在文本框中输入适合的间隔时间和保存方式，如图 2-36 所示。

`03` 单击"确定"按钮关闭对话框，定时保存设置即可生效。

`04` 系统自动保存文件位置可以在"文件"选项卡中自行修改，如图 2-37 所示。

> 提示 定时保存的时间间隔不宜设置过短，这样会影响软件正常使用；也不宜设置过长，这样不利于实时保存。一般设置在 10 分钟左右较为合适。

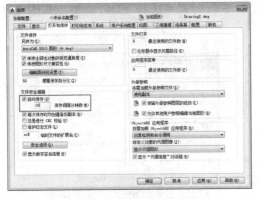

图 2-36　设置定时保存文件

图 2-37　设置自动保存文件路径

2.4.5　输出文件

输出文件是将 AutoCAD 文件转换为其他格式进行保存，以方便在其他软件中使用该文件。

输出文件的方法有如下几种：

- 菜单栏：选择"文件"｜"输出"命令。
- 命令行：在命令行输入 EXPORT 并按回车键。
- 功能区：单击"输出"面板中的"输出"按钮，选择需要的输出格式，如图 2-38 所示。
- 菜单浏览器：单击"菜单浏览器"按钮，选择"输出"命令，如图 2-39 所示。

图 2-38　输出面板

图 2-39　输出菜单

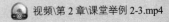

课堂举例 2-3： 输出 PDF 文件　　　　　　　　视频\第 2 章\课堂举例 2-3.mp4

01 单击快速访问工具栏中的"打开"按钮，打开"素材/第 2 章/变压器安装图.dwg"文件，如图 2-40 所示。

02 单击"菜单浏览器"按钮，在下拉菜单中选择"输出"｜"PDF"命令。系统弹

出"输出数据"对话框,在对话框中的"文件类型"下拉列表中选择 PDF 类型,如图 2-41
所示。

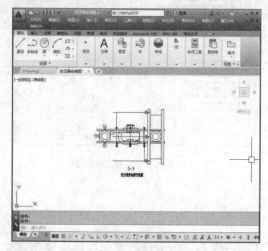

图 2-40 素材文件

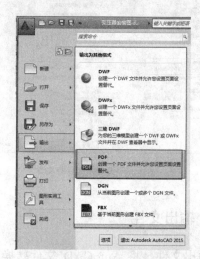

图 2-41 选择 PDF 文件类型

03 单击"保存"按钮,在绘图区选择要输出的图形,按回车键开始文件输出。输出的
PDF 文件,可以使用 Adobe Reader 等 PDF 阅读器打开浏览,显示效果如图 2-42 所示。

2.4.6 加密文件

图形文件绘制完成后,可以对其设置密码。设置密码后的文件在打开时需要输入正确的
密码,否则就不能打开。

课堂举例 2-4: 加密文件   视频\第 2 章\课堂举例 2-4.mp4

1. 加密文件方法 1

01 单击快速访问工具栏中的"打开"按钮,打开"素材/第 2 章/变压器安装
图.dwg"文件,如图 2-43 所示。

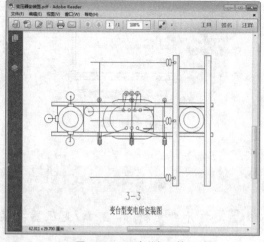

图 2-42 PDF 文件打开效果

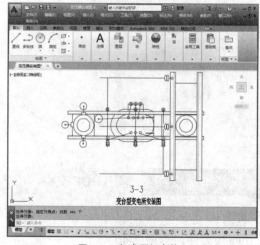

图 2-43 加密图纸文件

02 单击快速访问工具栏中的"另存为"按钮，弹出"图形另存为"对话框，单击对话框右上角"工具"按钮，如图 2-44 所示。

03 在弹出的下拉菜单中选择"安全选项"命令，打开"安全选项"对话框，在其中的文本框中设置打开图形密码，单击"确定"按钮，如图 2-45 所示。

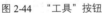

图 2-44　"工具"按钮

图 2-45　"安全选项"对话框

04 系统弹出"确认密码"对话框，提示用户再次输入密码，以确认密码准确无误，如图 2-46 所示。

05 密码设置完成后，系统返回"图形另存为"对话框，设置好保存路径和文件名称，单击"保存"按钮即可保存文件。

06 再次打开加密文件时，系统弹出如图 2-47 所示的对话框，正确输入密码后才能打开文件。

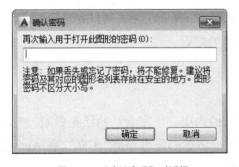

图 2-46　"确认密码"对话框

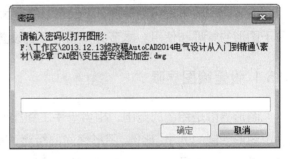

图 2-47　输入密码对话框

2. 加密文件方法 2

01 选择"工具"｜"选项"命令，弹出如图 2-48 所示对话框。

02 选择"打开和保存"选项卡，单击其中的"安全选项"按钮，打开如图 2-49 所示对话框。

03 按照方法 1 的方法设置文件密码即可。

2.4.7　关闭文件

编辑完当前文件后，应及时将其关闭。调用"关闭"命令的方法如下：

- 菜单栏：选择"文件"｜"关闭"命令。
- 命令行：输入 CLOSE 并按回车键。
- 按钮法：单击菜单栏右侧的"关闭"按钮 。
- 快捷键：按 Ctrl+F4 组合键。

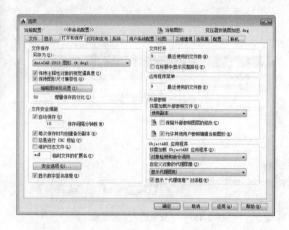

图 2-48　"选项"对话框　　　　　　　　　　图 2-49　"安全选项"对话框

> **提示**　调用"关闭"命令后，如果当前图形文件没有保存，系统将弹出提示对话框，提示用户保存文件。

2.5　设置电气绘图环境

　　设置合理的电气绘图环境，不仅可以简化大量的调整、修改工作，而且有利于统一格式，便于图形的管理和使用。本节介绍图形环境设置方面的知识。

2.5.1　设置绘图界限

　　图形界限是绘图的范围，相当于手工绘图时图纸的大小。设定合适的绘图界限，有利于确定图形绘制的大小、比例、图形之间的距离，有利于检查图形是否超出"图框"。在 AutoCAD 中，设置图形界限主要是为图形确定一个图纸的边界。

　　利用 AutoCAD 绘制工程图形时，通常是按照 1:1 的比例进行绘图的，所以用户需要参照物体的实际尺寸来设置图形的界限。

　　执行"图形界限"命令有以下几种方法：

- 菜单栏：选择"格式"｜"图形界限"命令。
- 命令行：在命令行中输入 LIMITS 并按回车键。

　　下面通过具体实例讲解图形界限的设置方法。

　**课堂举例 2-5：　：设置 A2 大小图形界限**　　　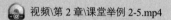　视频\第 2 章\课堂举例 2-5.mp4

01 执行"图形界限"命令，设置绘图界限为 A2 纸张大小（594×420），命令行操作如下：

```
命令:limits                                         ‖启用"图形界限"命令
重新设置模型空间界限:
指定左下角点或 [开(ON)/关(OFF)]<0.0000,0.0000>:↙    ‖指定坐标原点为图形界
限左下角点
指定右上角点<420.0000,297.0000>:594,420↙            ‖指定图形界限右上角
点,按下 Enter 键完成设置
```

02 设置栅格,以显示图形界限范围。在状态栏"栅格"按钮上右击,在弹出的快捷菜单中选择"设置"命令。打开"草图设置"对话框,在"栅格行为"选项组中取消"显示超出界限的栅格"复选框的勾选,如图 2-50 所示。

03 关闭对话框,双击鼠标中键缩放视图,即可在图形窗口中查看到设置的图形界限范围,如图 2-51 所示。

图 2-50 "草图设置"对话框

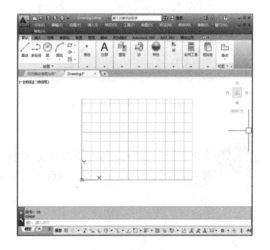

图 2-51 显示界限范围

2.5.2 设置绘图单位

为了便于不同领域的设计人员进行设计创作,AutoCAD 允许灵活地更改绘图单位,以适应不同的工作需求。AutoCAD 2015 在"图形单位"对话框中设置图形单位。

打开"图形单位"对话框有如下两种方法:

● 菜单栏:选择"格式"|"单位"命令。

● 命令行:输入 UNITS/UN 命令并按回车键。

执行以上任一种操作后,将打开"图形单位"对话框,如图 2-52 所示。在该对话框中,可为图形设置坐标、长度、精度、角度的单位值,以及从 AutoCAD 设计中心中插入图块或外部参照时的缩放单位。

该对话框中各选项的功能如下:

● 长度:用于设置长度单位的类型和精度。

● 角度:用于控制角度单位类型和精度。

● 顺时针:用于设置旋转方向。如选中此选项,则表示按顺时针旋转的角度为正方向,未选中则表示按逆时针旋转的角度为正方向。

● 插入时的缩放单位:用于选中插入图块时的单位,也是当前绘图环境的尺寸单位。

● 方向：用于设置角度方向。单击该按钮，将打开"方向控制"对话框，如图 2-53 所示，以控制角度的起点和测量方向。默认的起点角度为 0°，方向正东。在其中可以设置基准角度，即设置 0°角。例如：将基准角度设为"北"，则绘图时的 0° 实际上在 90°方向上。如果选择"其他"单选按钮，则可以单击【拾取角度】按钮，切换到图形窗口中，通过拾取两个点来确定基准角度 0°的方向。

图 2-52　"图形单位"对话框

图 2-53　"方向控制"对话框

 毫米（mm）是国内工程绘图领域最常用的绘图单位，AutoCAD 默认的绘图单位也是毫米（mm），所以有时候可以省略绘图单位设置这一步骤。

第3章 使用绘图辅助功能

本章导读

　　AutoCAD 2015 提供了强大的绘图辅助功能,对设计图绘制的精确度提供强有力的支撑,同时也使用户更方便绘图及提高绘图的效率。本章将详细讲解 AutoCAD 2015 各个辅助功能模块。

本章重点

- 使用辅助绘图工具
- 使用坐标系
- 使用图层
- 使用视图工具

3.1 使用辅助绘图工具

使用 AutoCAD 2015 的草图辅助功能，可以大幅提高绘图的效率和精确度。草图辅助功能的各项设置可以在"草图设置"对话框中进行。

3.1.1 栅格

栅格相当于手工制图中使用的坐标纸，它按照相等的间距在屏幕上设置栅格点。使用者可以通过栅格点数目来确定距离，从而达到精确绘图的目的。栅格不是图形的一部分，打印时不会被输出。

启用栅格功能的方法有以下几种：

- 状态栏：单击显示栅格按钮 ▦。
- 快捷键：按下 F7 快捷键。

执行上述任意一项操作后，则栅格功能被启用，绘图区显示如图 3-1 所示。

用户可以根据需要在"草图设置"对话框中自定义栅格的间距，打开该对话框有以下几种方法：

- 菜单栏：选择"工具"|"绘图设置"命令。
- 状态栏：在状态栏栅格开关按钮 ▦ 上单击右键，在快捷菜单中选择"设置"命令。
- 命令行：输入 DSETTINGS/SE 并按下 Enter 键。

执行上述任意一项操作后，系统弹出"草图设置"对话框。选择"捕捉和栅格"选项卡，选中"启用栅格"复选框，在"栅格间距"选项组下可以设置栅格 X 轴间距和 Y 轴间距，如图 3-2 所示。

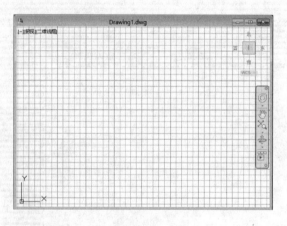

图 3-1　显示栅格

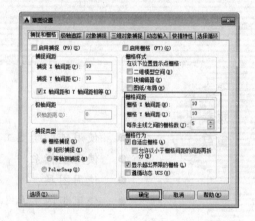

图 3-2　"草图设置"对话框

3.1.2 捕捉

捕捉功能经常和栅格功能联用。当捕捉功能打开时，光标只能停留在栅格线的交叉点上，此时只能绘制出大小为栅格间距整数倍的图形。

启用捕捉功能的方法有以下几种：

- 快捷键：按 F9 快捷键。
- 状态栏：单击状态栏中的"捕捉"开关按钮 。

3.1.3　极轴追踪

极轴追踪功能实际上是极坐标的一个应用。该功能可以使光标沿着指定角度移动，从而找到指定点。

启用极轴追踪功能的方法有以下几种：

- 快捷键：按下 F10 键。
- 状态栏：单击状态栏上的"极轴追踪"开关按钮 。

在"草图设置"对话框中选择"极轴追踪"选项卡，在其中可以设置极轴追踪角度，如图 3-3 所示设置极轴追踪角度为 45°，在绘图时就显示如图 3-4 所示的 45° 及其倍数角度的极轴追踪线。

图 3-3　设置增量角

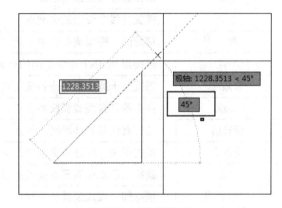

图 3-4　极轴追踪线

极轴追踪的角度为设置的"增量角"的整数倍，如果希望同时能追踪一些其他的角度，则可以在"草图设置"对话框中选中"附加角"复选框，如图 3-5 所示，单击"新建"按钮手动添加其他追踪角度。

3.1.4　对象捕捉

在绘制工程图时，经常需要利用到已有图形的端点、中点、交点等特征点。在 AutoCAD 中开启对象捕捉功能，可以精确定位现有图形对象的特征点，从而为精确绘图提供了便利的条件。

打开和关闭对象捕捉的方法有以下两种：

- 快捷键：连续按 F3 键，可以在开、关状态间切换。
- 状态栏：单击状态栏中的"对象捕捉"开关按钮 。

在使用对象捕捉功能时，需要预先设置好对象捕捉模式，也就是确定当探测到对象特征点时，哪些点捕捉，而哪些点可以忽略，以准确地捕捉至目标位置。首先使用前面介绍的方法，打开"草图设置"对话框中，单击"对象捕捉"选项卡，选中"启用对象捕捉"复选框，在"对象捕捉模式"选项组中即可设置所需的捕捉模式，如图 3-6 所示。

图 3-5　设置附加角

图 3-6　设置对象捕捉模式

各对象捕捉模式的含义见表 3-1。

表 3-1　对象捕捉模式的含义

对象捕捉点	含　义
端点	捕捉直线或曲线的端点
中点	捕捉直线或弧段的中间点
圆心	捕捉圆、椭圆或弧的中心点
节点	捕捉用 POINT 命令绘制的点对象
象限点	捕捉位于圆、椭圆或弧段上 0°、90°、180° 和 270° 处的点
交点	捕捉两条直线或弧段的交点
延长线	捕捉直线延长线路径上的点
插入点	捕捉图块、标注对象或外部参照的插入点
垂足	捕捉从已知点到已知直线的垂线的垂足
切点	捕捉圆、弧段及其他曲线的切点
最近点	捕捉处在直线、弧段、椭圆或样条线上，而且距离光标最近的特征点
外观交点	在三维视图中，从某个角度观察两个对象可能相交，但实际并不一定相交，可以使用"外观交点"捕捉对象在外观上相交的点
平行	选定路径上一点，使通过该点的直线与已知直线平行

在执行命令的过程中按住 Shift 键不放，在弹出的如图 3-7 所示的快捷菜单中可以临时设置捕捉的模式。

3.1.5　动态输入

动态输入在绘图区域中的光标附近提供命令界面，以方便用户输入命令和参数，帮助用户提高绘图效率。单击状态栏中的"DYN"模式（动态输入）按钮，可开启或关闭动态输入。

动态输入有三个组件：光标（指针）输入、标注输入和动态提示。在"动态输入"按钮上单击鼠标右键，然后单击"设置"，以控制启用"动态输入"时每个组件所显示的内容。

图 3-7　捕捉快捷菜单

1. 启用指针输入

在 AutoCAD 中绘制图形时，通常需要在命令行中输入绘图命令和相关参数，使用指针输入则可以在鼠标附近的输入框内直接进行绘图命令和坐标等参数的输入，使操作者无需在绘图窗口和命令行之间反复切换，从而提高了绘图效率。

选择菜单栏"工具"｜"绘图设置"命令，打开"草图设置"对话框，进入"动态输入"选项卡，勾选"启用指针输入"复选框，即可启用指针输入功能，如图 3-8 所示。单击其中的"设置"按钮，在打开的"指针输入设置"对话框中，可以设置指针的格式和可见性，如图 3-9 所示。

图 3-8　"动态输入"选项卡

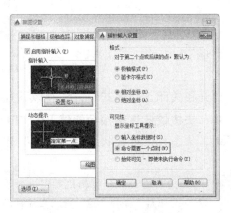

图 3-9　"指针输入设置"对话框

2. 启用标注输入

在绘制直线、圆等图形时，AutoCAD 会自动对这些图形进行测量，并在图形旁显示标注提示框，此时可以直接输入相关数值，以确定图形的具体尺寸。

在"草图设置"对话框的"动态输入"选项卡中，勾选"可能时启用标注输入"复选框，可以启用标注输入功能。在"标注输入"选项区域中单击"设置"按钮，使用打开的"标注输入的设置"对话框，即可以设置标注输入的可见性，如图 3-10 所示。

3. 显示动态提示

在"草图设置"对话框的"动态输入"选项卡中，选中"动态提示"选项区域中的"在十字光标附近显示命令提示和命令输入"复选框，可以在光标附近显示命令提示，显示效果如图 3-11 所示，从而使操作者可以更快速地查看系统提示，提高了绘图效率。

图 3-10　"标注输入设置"对话框

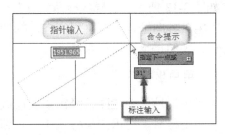

图 3-11　动态提示

3.1.6 正交

在绘制电气工程图时，经常需要绘制水平或垂直的线条，针对这种情况，AutoCAD 设置了"正交"绘图模式，以快速绘制出水平或垂直直线，如图 3-12 所示。

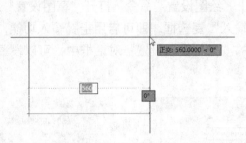

图 3-12 正交模式下绘制直线

打开和关闭正交模式的方法有以下几种：

- 快捷键：连续按功能键 F8，可以在开、关状态之间切换。
- 状态栏：单击状态栏"正交"开关按钮 。

"正交"模式和"极轴追踪"是冲突的，即开启"正交模式"软件系统自动关闭"极轴追踪"，开启"极轴追踪"后，系统自动关闭"正交"模式。

3.2 使用坐标系

AutoCAD 的图形定位，主要是由坐标系统进行确定。要想正确、高效地绘图，必须先了解 AutoCAD 坐标系的概念，并掌握坐标输入的方法。

3.2.1 认识坐标系

在 AutoCAD 2014 中，坐标系分为世界坐标系（World Coordinate System WCS）和用户坐标系（User Coordinate System，USC）。

1. 世界坐标系

世界坐标系是 AutoCAD 的基本坐标系统。它由三个相互垂直的坐标轴 X、Y 和 Z 组成，在绘制和编辑图形的过程中，它的坐标原点和坐标轴的方向是不变的。

如图 3-13 所示，世界坐标系统在默认情况下，X 轴正方向水平向右，Y 轴正方向垂直向上，Z 轴正方向垂直屏幕平面方向，指向用户。坐标原点在绘图区左下角，在其上有一个方框标记，表明是世界坐标系统。

2. 用户坐标系

为了更好地辅助绘图，经常需要修改坐标系的原点位置和坐标方向，这时就需要使用可变的用户坐标系。在用户坐标系中，可以任意指定或移动原点和旋转坐标轴，默认情况下，用户坐标系和世界坐标系重合，如图 3-14 所示。

图 3-13 世界坐标系图标　　　　　　　　　　图 3-14 用户坐标系图标

3.2.2 坐标的表示方法

在指定坐标点时，既可以使用直角坐标，也可以使用极坐标。在 AutoCAD 中，一个点的坐标有绝对直角坐标、绝对极坐标、相对直角坐标和相对极坐标 4 种方法表示。

1. 绝对直角坐标

绝对直角坐标是指相对于坐标原点的直角坐标，要使用该指定方法指定点，应输入逗号隔开的 X、Y 和 Z 值，即用（X,Y,Z）表示。当绘制二维平面图形时，其 Z 值为 0，可省略而不必输入，仅输入 X、Y 值即可，如图 3-15 所示。

2. 相对直角坐标

相对直角坐标是基于上一个输入点而言，以某点相对于另一特定点的相对位置来定义该点的位置。相对特定坐标点（X，Y，Z）增加（nX，nY，nZ）的坐标点的输入格式为（@nX，nY，nZ）。相对坐标输入格式为（@X,Y），@字符表示使用相对坐标输入，如图 3-16 所示。

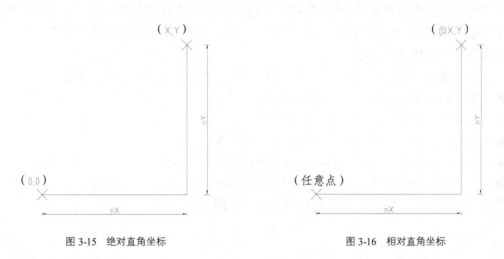

图 3-15 绝对直角坐标　　　　　　　　　　图 3-16 相对直角坐标

3. 绝对极坐标

该坐标方式是指相对于坐标原点的极坐标。例如，坐标（100<30）是指从 X 轴正方向逆时针旋转 30°，距离原点 100 个图形单位的点，如图 3-17 所示。

4. 相对极坐标

以某一特定点为参考极点，输入相对于参考极点的距离和角度来定义一个点的位置。相对极坐标输入格式为（@A<角度），其中 A 表示指定与特定点的距离。例如，坐标（@50<45）是指相对于前一点距离为 50 个图形单位、角度为 45° 的一个点，如图 3-18 所示。

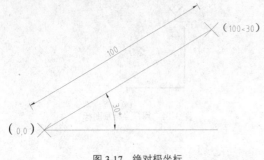

图 3-17　绝对极坐标　　　　　　　　　图 3-18　相对极坐标

 在输入绝对直角坐标和绝对极坐标的时候，要将"动态输入"功能关闭。因为在"动态输入"开启的情况下，AutoCAD 默认当前坐标为相对坐标。

3.3　使用图层

图层是 AutoCAD 提供给用户的组织图形的强有力工具，以统一控制类似图形的外观和状态。本节将详细讲解图层的创建、管理及图层特性设置的操作方法。

3.3.1　新建图层

新建的图形文件只有名称为"0"的一个图层，在用户新建图层之前，所有的绘图都是在"0"图层中进行。当绘制复杂的工程图时，为了方便管理图形和日后进行修改，用户可以根据需要创建不同类型的图层。

图层的创建在"图层特性管理器"中进行，打开该管理器有以下几种方法：

- 命令行：输入 LAYER/LA 并按回车键。
- 菜单栏：选择"格式"｜"图层"命令。
- 工具栏：单击"图层"｜"图层特性管理器"按钮 。
- 功能区：单击"图层"面板中的"图层管理器"按钮 。

执行上述任意操作之后，打开"图层特性管理器"选项板，如图 3-19 所示。单击选项板左上角的"新建图层"按钮 ，即可新建图层，如图 3-20 所示。

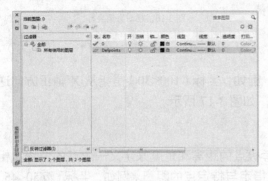　　　　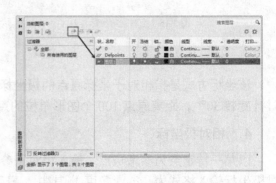

图 3-19　"图形特性管理器"选项板　　　　　　　图 3-20　新建图层

图层名称不能包含通配符（*和?）和空格，也不能与其他图层重名。若先选择一个图层再新建另一个图层，则新图层与被选择的图层具有相同的颜色、线型、线宽等设置。

3.3.2 更改图层名称

新建的图层默认名称为"图层 1"，如图 3-21 所示。选择图层之后单击鼠标右键，在弹出的快捷菜单中选择"重命名"命令，名称文本框即被激活，输入新的名称即可，如图 3-22 所示。

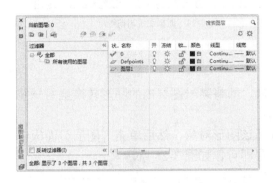

图 3-21　系统默认图层名称

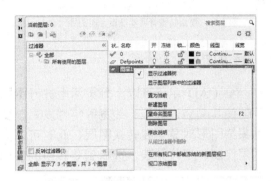

图 3-22　右键快捷菜单

 选中图层后，按下 F2 键，可以快速重命名图层。

3.3.3 删除图层

及时清理图形中不需要的图层，可以简化图形。在"图层特性管理器"选项板中选择需要删除的图层，然后单击"删除图层"按钮 ✖，或按下 Alt+D 组合键，即可删除选择的图层。

AutoCAD 规定以下 4 类图层不能被删除：

- 0 层和 Defpoints 图层。
- 当前层。要删除当前层，可以先改变当前层到其他图层。
- 插入了外部参照的图层，要删除该层，必须先删除外部参照。
- 包含了可见图形对象的图层，要删除该层，必须先删除该层中的所有图形对象。

3.3.4 切换当前图层

当前层是当前工作状态下所处的图层。当设定有一图层为当前层后，接下来所绘制的全部对象都将位于该图层中，并继承当前图层的特性设置。如果以后想在其他图层中绘图，就需要更改当前层设置。

在 AutoCAD 中设置当前层有以下几种常用方法：

- 在"图层特性管理器"中选择目标图层，单击"置为当前"按钮 ✔，如图 3-23 所示。
- 在"默认"选项卡中，单击"图层"面板中的"图层控制"下拉列表，选择目标图层，即可将图层设置为"当前图层"，如图 3-24 所示。

● 打开"图层"工具栏下拉列表，选择目标图层，同样可将其设置为"当前图层"，如图 3-25 所示。

图 3-23 图层特性管理器设置当前图层

图 3-24 面板设置当前图层

3.3.5 转换图层

在 AutoCAD 中还可以十分灵活地进行图层转换，即将某一图层内的图形转换至另一图层，同时使其颜色、线型、线宽等特性发生改变。

如果某图形对象需要转换图层，此时可以先选择该图形对象，然后单击"图层"面板中的"图层控制"下拉列表，选择到要转换的目标图层即可，如图 3-26 所示。

图 3-25 通过图层工具栏设置当前图层

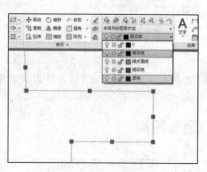

图 3-26 转换图层

3.3.6 更改图层颜色

在绘制图样的过程中，为了区分各图层上的对象，通常会为不同的图层设置相应的颜色。

单击某图层的颜色属性项■，打开"选择颜色"对话框，如图 3-27 所示。根据需要选择一种颜色之后，单击"确定"按钮即可完成颜色的设置。

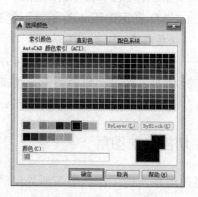

图 3-27 "选择颜色"对话框

3.3.7 设置图层线型

线型是沿图形显示的线、点和间隔(窗格)组成的图样。为图层设置不同的线型，可以方便不同图层上对象的相互区分，而且使图形也易于观看。

单击图层的"线型"属性项,弹出如图 3-28 所示的"选择线型"对话框,从中选择所需的线型,单击"确定"按钮,即可更改图层线型。若"选择线型"对话框没有需要的线型,用户可以通过单击"加载"按钮,在打开的"加载或重载线型"对话框中选择加载所需要的线型,如图 3-29 所示。

图 3-28　"选择线型"对话框

图 3-29　"加载或者重载线型"对话框

3.3.8　设置图层线宽

　　线宽设置就是改变图层线条的宽度,通常在设置好图层的颜色和线型后,还需设置图层的线宽。使用不同宽度的线条表现对象的大小或类型,可以提高图形的表达能力和可读性。

　　要设置图层的线宽,可单击"图层特性管理器"中"线宽"属性项图标,系统弹出如图 3-30 所示的"线宽"对话框,从中选择所需的线宽即可。

　　如果需要自定义线宽,在命令行中输入 LWEIGHT/LW,打开如图 3-31 所示的"线宽设置"对话框,以自定义不同的线宽值。

图 3-30　"线宽"对话框

图 3-31　"线宽设置"对话框

　　为图层或图形设置了线宽后,通常在绘图区看不到线宽的设置效果,要在屏幕上显示出线宽,还需要单击状态栏中的"显示/隐藏线宽"按钮╋,打开线宽显示开关,如图 3-32 所示。

隐藏线宽

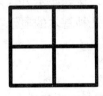

显示线宽

图 3-32　显示线宽

3.3.9 控制图层的状态

在 AutoCAD 中，图层状态是用户对图层整体特性的开/关设置，包括开/关、冻结/解冻、锁定/解锁、打印/不打印等。对图层的状态进行设置，可以更好地管理图层上的图形对象。

图层状态设置在"图层特性管理器"中进行，如图 3-33 所示，首先选择需要设置图层状态的图层，然后单击相关的状态图标，即可控制其图层状态。例如单击"锁定/解锁图层"图标🔓，即可以控制图层的锁定与打开状态。

图层各状态的含义如下：

- 打开与关闭：单击"开/关图层"图标💡，即可打开或关闭图层。打开的图层可见，可被打印；关闭的图层不可见，不能被打印。

- 冻结与解冻：单击"在所有视口中冻结/解冻"图标☀，即可冻结或解冻某图层。冻结长期不需要显示的图层，可以提高系统运行速度，减少图形刷新时间。与关闭图层一样，冻结图层不能被打印。

- 锁定与解锁：单击"锁定/解锁图层"图标🔓，即可锁定或解锁某图层。被锁定的图层不能被编辑、选择和删除，但该图层仍然可见，而且可以在该图层上添加新的图形对象。

- 打印与不打印：单击"打印/不打印"图标🖨，即可设置图层是否被打印。指定某图层不被打印，该图层上的图形对象仍然在图形窗口可见。

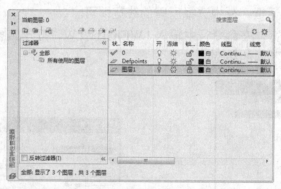

图 3-33　图层状态设置

3.4　使用视图工具

在 AutoCAD 中提供强大的图形显示控制功能。显示控制功能用于控制图形在屏幕上的显示大小和区域，这些显示方式只改变了图形的显示尺寸，而不改变图形的实际尺寸。本节将系统地介绍这几种基本的显示控制功能。

3.4.1 平移视图

视图平移即不改变视图的大小，只改变其位置，以便观察图形的其他组成部分。图形显示不全面，且部分区域不可见时，就可以使用视图平移。视图平移有实时平移和点平移两种方式。

1．实时平移

实时平移通过拖动鼠标的方式平移视图。

执行【实时】平移命令的方法有以下几种：

● 菜单栏：选择"视图"|"平移"|"实时"命令，，如图 3-34 所示。

● 工具栏：单击"标准"工具栏中的"实时平移"按钮。

● 导航栏：在导航栏上单击"实时平移"工具按钮，如图 3-35 所示。

● 命令行：在命令行中输入 PAN 或 P 并按 Enter 键。

● 鼠　标：按住鼠标滚轮拖动，可以快速进行视图平移。

执行上述任意一项操作后，鼠标变成手掌形状，按住鼠标左键不放，可以在上、下、左、右四个方向移动视图。

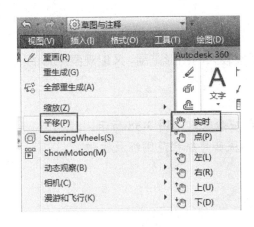

图 3-34　"平移"子菜单

图 3-35　导航栏

2．点平移

点平移通过指定平移起始点和目标点的方式进行平移。

执行点平移命令的方法有以下几种：

● 菜单栏：选择"视图"|"平移"|"点"命令。

● 命令行：在命令行中输入-PAN 按 Enter 键。

执行上述任意一项操作后，命令行提示如下：

```
命令：'_-pan
指定基点或位移：            //指定平移的基点
指定第二点：               //指定平移的目标点
```

课堂举例 3-1：实时平移　　　　　　　　　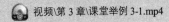　视频\第 3 章\课堂举例 3-1.mp4

01 按 Ctrl+O 组合键，打开"素材/第 3 章/实时平移.dwg"，如图 3-36 所示。

02 在导航栏上单击"实时平移"工具按钮，光标变成手掌形状。

03 移动光标至绘图窗口，按住左键拖动，可将图形进行左右上下方向的平移，结果如图 3-37 所示。

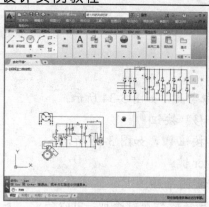

图 3-36　打开素材

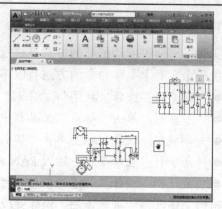

图 3-37　平移结果

3.4.2　缩放视图

缩放视图可以调整当前视图大小，这样既能观察较大的图形范围，又能观察图形的细节。需要注意的是，视图缩放不会改变图形的实际大小。

执行"缩放"命令有以下几种方法：

● 菜单栏：选择"视图"|"缩放"子菜单相应命令，如图 3-38 所示。

● 面　板：单击如图 3-39 所示的"导航"面板和导航栏范围缩放按钮。

● 命令行：输入 ZOOM/Z 并按 Enter 键。

图 3-38　视图缩放命令

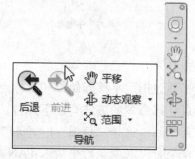

图 3-39　导航面板和导航栏

执行"缩放"命令后，命令行操作如下：

命令：zoom　　　　　　　　　　　　　　　　　　　　　　　//执行"缩放"命令
指定窗口的角点，输入比例因子（nX 或 nXP），或者
[全部(A)/中心(C)/动态(D)/范围(E)/上一个(P)/比例(S)/窗口(W)/对象(O)] <实时>：//选择视图缩放方式

AutoCAD 2015 提供了窗口缩放、比例缩放、范围缩放、对象缩放等多种缩放方式，这里介绍几个常用的视图缩放方式。

1. 实时缩放功能

实时缩放通过鼠标拖动的方式进行视图缩放。选择"实时"缩放命令，或单击"实时缩放"按钮后，光标即变成放大镜形状，按住鼠标左键向外推动鼠标，即可放大视口中的图形；向内推动鼠标，即可缩小视口中图形。

缩放操作完成后，按下 Enter 键或 Esc 键，或者单击右键，在弹出的快捷菜单中选择【退出】命令，可以退出缩放操作，如图 3-40 所示。

 滚动鼠标滚轮，可以快速地实时缩放视图。

2．比例缩放功能

比例缩放使用比例因子进行视图缩放，以更改视图的显示比例。

在输入缩放比例时，有以下 3 种输入方法：

- 直接输入数值，表示相对于图形界限进行缩放。
- 在数值后加 X，表示相对于当前视图进行缩放。
- 在数值后加 XP，表示相对于图样空间单位进行缩放。

图 3-40 选择【退出】命令

课堂举例 3-2： **比例缩放**　　　　　　　　　视频\第 3 章\课堂举例 3-2.mp4

01 按 Ctrl+O 组合键，打开"素材/第 3 章/比例缩放.dwg"，如图 3-41 所示。

02 执行 ZOOM 命令，将当前视图放大两倍显示，命令行操作如下：

```
命令：Z↙      ZOOM                              //启动"缩放"命令
指定窗口的角点，输入比例因子 (nX 或 nXP)，或者
[全部(A)/中心(C)/动态(D)/范围(E)/上一个(P)/比例(S)/窗口(W)/对象(O)] <实时>:S↙
输入比例因子 (nX 或 nXP)：2X↙                     //将当前视图放大两倍显示，
如图 3-42 所示
```

图 3-41 打开素材

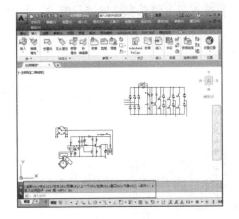

图 3-42 比例缩放结果

3．动态缩放功能

动态缩放使用矩形视框平移和缩放视口中的图形。选择该缩放方式后，绘图区将显示几个不同颜色的方框，拖动鼠标移动当前视区框到所需位置，单击鼠标左键调整大小后按下 Enter 键，即可将当前视区框内的图形最大化显示。

课堂举例 3-3：动态缩放

视频\第 3 章\课堂举例 3-3.mp4

01 按 Ctrl+O 组合键，打开"素材/第 3 章/动态缩放.dwg"，如图 3-43 所示。

02 执行 ZOOM 命令，选择"动态(D)"选项，命令行操作如下"

命令：Z↙　　　　　　　　ZOOM　　　　　　　　　//启动"缩放"命令

指定窗口的角点，输入比例因子 (nX 或 nXP)，或者

[全部(A)/中心(C)/动态(D)/范围(E)/上一个(P)/比例(S)/窗口(W)/对象(O)] <实时>:D↙

03 启动动态缩放后，绘图窗口中出现一个中心有"×"标记的矩形框，如图 3-44 所示，表示当前为平移视图状态。将矩形框拖动到所需位置，使矩形框包围需要放大显示的图形区域。

04 单击鼠标，此时进入缩放视图状态，位于矩形框中心的"×"标记消失，并在矩形框右边界位置显示箭头标记"→"，如图 3-45 所示。

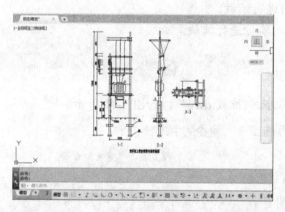

图 3-43　打开素材

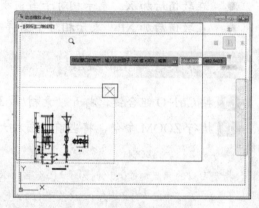

图 3-44　进入平移状态

05 拖动鼠标调整缩放视图框的大小，以指定缩放的视图范围大小，如图 3-46 所示，

06 按回车键或空格键进行缩放，此时视图框中的区域布满当前绘图窗口，如图 3-47 所示。

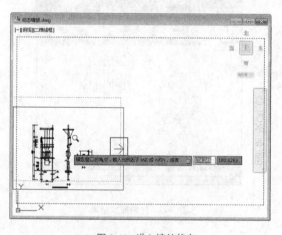

图 3-45　进入缩放状态

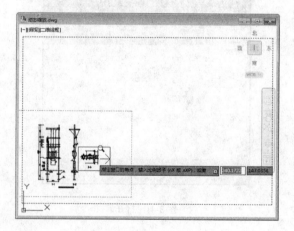

图 3-46　调整缩放图框大小

　　在动态缩放视图时，在绘图窗口中还会出现另外两个矩形方框如图 3-48 所示。其中，绿色虚线显示的方框表示图样的范围，该范围是用"LIMITS"命令设置的绘图界限或者是图形实际占据的区域；蓝色虚线显示的矩形框是当前的屏幕区，即当前在屏幕上显示的图形区域。

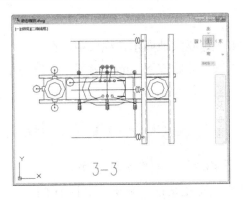

图 3-47 动态缩放结果

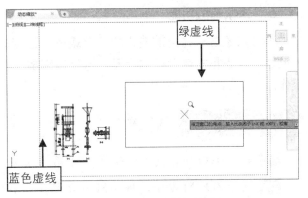

图 3-48 "动态缩放"图框

4．中心缩放功能

缩放以显示由中心点和比例值/高度所定义的视图。高度值较小时增加放大比例，高度值较大时减小放大比例。

课堂举例 3-4：中心缩放　　　　🔘 视频\第 3 章\课堂举例 3-4.mp4

01 按 Ctrl+O 组合键，打开"素材/第 3 章/中心缩放.dwg"，如图 3-49 所示。

02 执行 ZOOM 命令，放大显示当前视图，命令行操作如下：

```
命令：Z↙              ZOOM                      //启动命令
指定窗口的角点，输入比例因子 (nX 或 nXP)，或者
[全部(A)/中心(C)/动态(D)/范围(E)/上一个(P)/比例(S)/窗口(W)/对象(O)] <实时>：C↙
指定中心点：                                    //指定图形的中心点为缩放中心
输入比例或高度<175.7427>：100                  //输入高度值，缩放结果如图 3-50 所示
```

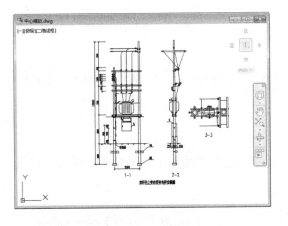

图 3-49 打开素材

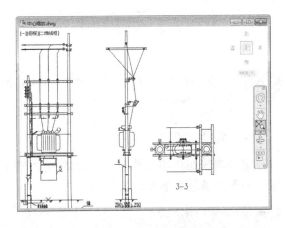

图 3-50 中心缩放结果

 如果在"输入比例或高度"提示后输入的数值后跟 x，例如输入 5x,此时输入的数值代表比例值，AutoCAD 2015 将按照该比例进行缩放；如果在"输入比例或高度"提示后只输入数值，例如直接输入 100，说明输入的数值代表高度值，AutoCAD 2015 会按照该高度值在绘图窗口中显示图形。不同的输入方法，显示的效果不同。

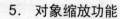
5. 对象缩放功能

缩放对象方式将当前选择的一个或多个选定的对象尽可能大地显示在视口中。在进行对象缩放时，先根据命令行的提示，选择待缩放的图形对象，然后按下 Enter 键即可完成缩放操作。

课堂举例 3-5: 对象缩放　　　　　　　　　　　🎬 视频\第 3 章\课堂举例 3-5.mp4

01 按 Ctrl+O 组合键，打开"素材/第 3 章/对象缩放.dwg"，如图 3-51 所示。

02 执行 ZOOM 命令，将 3-51 所示的变压器安装图放大化显示，命令行操作如下：

命令: Z↙　　　　　　ZOOM

指定窗口的角点，输入比例因子 (nX 或 nXP)，或者

[全部(A)/中心(C)/动态(D)/范围(E)/上一个(P)/比例(S)/窗口(W)/对象(O)] <实时>:O↙

选择对象:↙　　指定对角点: 找到 300 个　　　　　　　//选择 3-51 变压器安装图并回车，结果如图 3-52 所示

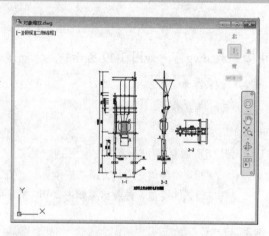

图 3-51　打开素材

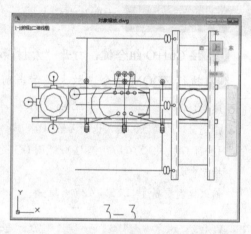

图 3-52　对象缩放

提示 从图 3-52 中可以看到，经过对象缩放后，AutoCAD 尽可能大地显示选定的对象并使其位于绘图区域的中心。

6. 窗口缩放功能

窗口缩放通过指定要查看区域的两个对角，可以快速缩放图形中的某个矩形区域，该区域内的图形被放大到整个显示屏幕。

课堂举例 3-6: 窗口缩放　　　　　　　　　　　🎬 视频\第 3 章\课堂举例 3-6.mp4

01 按 Ctrl+O 组合键，打开"素材/第 3 章/窗口缩放.dwg"图形文件，如图 3-53 所示。

02 在命令行中键入 ZOOM 并按回车键，输入 W 选择"窗口（w）"选项，在平面图中指定次卧室缩放区域。

03 窗口缩放结果如图 3-54 所示。

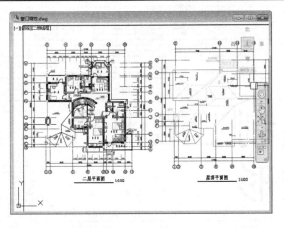

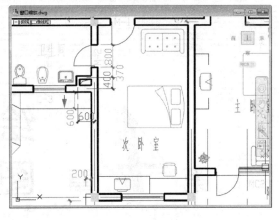

图 3-53 打开素材　　　　　　　　　　图 3-54 窗口缩放结果

7. 范围缩放

范围缩放使所有图形对象尽可能最大化显示，充满整个视窗。

 双击鼠标中键可以快速显示出绘图区的所有图形，相当于执行了范围缩放。

8. 全部缩放

在当前视窗中显示全部图形。当绘制的图形均包含在用户定义的图形界限内时，以图形界限范围作为显示范围；当绘制的图形超出了图形界限时，则以图形范围作为显示范围。

第4章 绘制二维电气图形

本章导读

　　绘图是 AutoCAD 最主要、最基本的功能，电气图形跟其他图形一样，都是通过绘制基本图形并对其进行编辑而生成的。本章主要介绍 AutoCAD 2015 绘制二维图形的基本方法，包括点的绘制、直线对象的绘制、曲线对象的绘制及矩形的绘制，掌握了这些基本的图形绘制方法和技巧，才能够更好地绘制复杂的电气图形。

本章重点

- 创建点和直线
- 创建圆形
- 创建平面图形
- 创建图案填充

4.1 创建点和直线

在 AutoCAD 中，点是组成图形对象的基本元素，可以用来作为捕捉和偏移对象的参考点，还可以用来标识某些特殊的部分，如绘制直线时需要确定端点、绘制圆或圆弧时需要确定圆心等。可以通过单点、多点、定数等分和定距等分 4 种方法创建点对象。

4.1.1 设置点样式

在 AutoCAD 中，系统默认情况下绘制的点显示为一个小黑点，不便于用户观察。因此，在绘制点之前一般要设置点样式，使其清晰可见。

设置点样式首先需要执行点样式命令，该命令主要有以下两种调用方法：

● 命令行：输入 DDPTYPE 并按回车键。

● 菜单栏：选择"格式"｜"点样式"命令。

执行该命令后，将打开如图 4-1 所示的"点样式"对话框，可以在其中更改点的显示样式和大小。

4.1.2 创建单点

绘制单点就是执行一次命令只能指定一个点。

执行绘制单点命令的方法有以下两种：

● 命令行：输入 POINT／PO 并按回车键。

● 菜单栏：选择"绘图"｜"点"｜"单点"命令。

下面讲解单点的绘制方法，为了方便查看效果，这里沿用上面设置的点样式。

课堂举例 4-1： 绘制单点　　　　　　视频\第 4 章\课堂举例 4-1.mp4

01 打开文件。打开本书配套光盘中的素材文件"素材\第 4 章\4.1.2 单点对象.dwg"。

02 选择"绘图"｜"点"｜"单点"命令，根据命令行提示，借助对象捕捉功能，在矩形中心绘制一点，如图 4-2 所示。

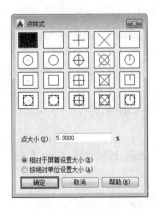

图 4-1　"点样式"对话框

图 4-2　绘制单点

4.1.3 创建多点

绘制多点就是指执行一次命令后可以连续指定多个点，直到按 Esc 键结束命令为止。

绘制多点的方法有以下几种：

- 菜单栏：选择"绘图" | "点" | "多点"命令。
- 工具栏：单击"绘图"工具栏上的"多点"按钮 ▫
- 功能区：在"默认"选项卡中，单击"多点"按钮 ▫ 。

下面我们以半导体二极管为例，来讲解绘制多点的方法。

课堂举例 4-2： 绘制多点　　　　　　　　　　　　　🔘 视频\第 4 章\课堂举例 4-2.mp4

01 打开文件。打开本书配套光盘中的素材文件"素材 \ 第 4 章 \ 4.1.3 多点对象.dwg"。

02 选择"绘图" | "点" | "多点"命令，命令行提示"当前点模式：PDMODE=35 PDSIZE=0.0000"，捕捉半导体二极管的特征点，连续 8 次单击鼠标左键，绘制 8 个点，如图 4-3 所示。

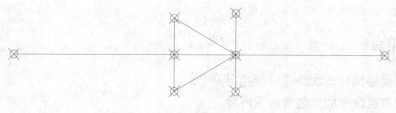

图 4-3　绘制多点

4.1.4 创建定数等分点

定数等分将指定的对象按指定的数量进行等分。

绘制定数等分点有以下几种方法：

- 命令行：输入 DIVIDE/DIV 并按回车键。
- 菜单栏：选择"绘图" | "点" | "定数等分"命令。
- 功能区：在"默认"选项卡，单击"绘图"面板中的"定数等分"按钮 ⚷ 。

在定数等分时，需要先输入等分的段数，然后系统自动计算每条线段的长度。下面以绘制加热元件为例，对一条长度为 50 的线段进行 5 等分，以此来讲解定数等分点的绘制方法。

课堂举例 4-3： 绘制加热元件　　　　　　　　　　　🔘 视频\第 4 章\课堂举例 4-3.mp4

01 打开文件。打开本书配套光盘中的素材文件"素材 \ 第 4 章 \ 4.1.4 定数等分点对象.dwg"。

02 选择"绘图" | "点" | "定数等分点"命令，将矩形上侧边等分为 5 份，命令行操作如下：

```
命令：divide↙              //启动定数等分命令
选择要定数等分的对象：       //选择矩形上侧边
```

输入线段数目或［块(B)］:5↙　　　　　　//输入等分数量,等分结果如图 4-4 所示

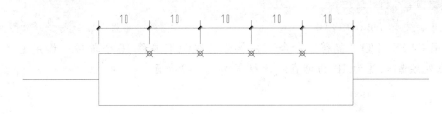

图 4-4　等分上侧边

03 选择"绘图"│"点"│"定数等分"命令,将矩形下侧边等分为 5 等份,结果如图 4-5 所示。

04 选择 LINE/L "直线"命令,绘制各等分点连接线,完成加热元件图例的绘制,如图 4-6 所示。

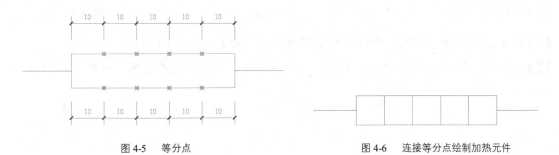

图 4-5　等分点　　　　　　　　　　图 4-6　连接等分点绘制加热元件

定数等分命令行各选项含义如下:

● 线段数目:以点(POINT)方式定数等分对象。
● 块[B]:以图块(BLOCK)方式定数等分对象。

4.1.5　创建定距等分点

定距等分就是将指定对象按确定的长度进行等分。与定数等分不同的是,因为等分后子线段的数目是线段总长除以等分距,所以由于等分距的不确定性,定距等分后可能会出现剩余线段。

绘制定距等分点有以下几种方法:

● 菜单栏:选择"绘图"│"点"│"定距等分"命令
● 命令行:输入 MEASURE/ME 并按回车键。
● 功能区:在"默认"选项卡,单击"绘图"面板中的"定距等分"按钮。
下面以四联开关为例,讲解定距等分点的绘制方法。

课堂举例 4-4:绘制四联开关　　　　　　视频\第 4 章\课堂举例 4-4.mp4

01 打开文件。打开本书配套光盘中的素材文件"素材\第 4 章\4.1.5 定距等分点对象.dwg",如图 4-7 所示。

02 选择"绘图"│"点"│"定距等分"命令,对斜直线进行等分,命令行操作如下:

命令：measure✓   //启动定距等分命令

选择要定距等分的对象：

指定线段长度或［块(B)］:10   //设置等分距为 10，等分结果如图 4-8 所示

03 调用 OFFSET/O "偏移" 命令，将等分直线向下偏移 10 个单位。调用 L "直线" 命令，在各点处绘制长度为 10 的垂直线，结果如图 4-9 所示。

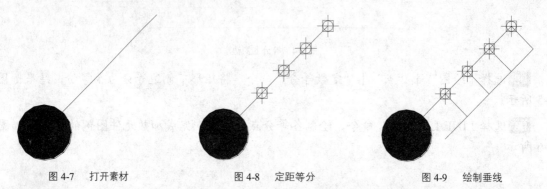

图 4-7　打开素材　　　　　　　　　　图 4-8　定距等分　　　　　　　　　图 4-9　绘制垂线

04 调用 ERASE/E "删除" 命令，删除辅助直线，结果如图 4-10 所示

05 在命令行中输入 "E" 并按回车键，删除等分点，得到四联开关图形如图 4-11 所示。

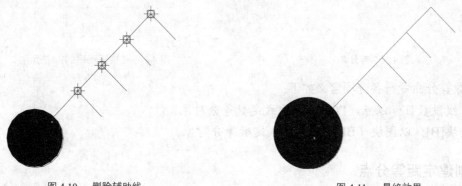

图 4-10　删除辅助线　　　　　　　　　　　　　　　　　图 4-11　最终效果

定距等分拾取对象时，光标靠近对象哪一端，就从哪一端开始等分，如图 4-8 所示即从线段的左端开始将线段定距等分。

4.1.6　创建直线

直线是所有绘图中最简单、最常用的图形对象，只要指定了起点和终点，就可绘制出一条直线。它可以是一条线段，也可以是一系列的线段，但每条线段都是独立的直线对象。

绘制直线有以下几种方法：

● 命令行：输入 LINE／L 命令并按回车键。

● 工具栏：单击 "绘图" 工具栏 "直线" 按钮✐。

● 菜单栏：选择 "绘图" | "直线" 命令。

● 功能区：在 "默认" 选项卡中，单击 "绘图" 面板中的 "直线" 按钮✐。

执行直线命令后，命令行操作过程如下：

命令: L↙ LINE	//启动"直线"命令
指定第一点:	//在绘图区拾取一点作为直线的起点
指定下一点或 [放弃(U)]:	//单击鼠标左键确定直线的终点

下面以绘制接地线为例,来讲解直线的绘制方法。

课堂举例 4-5: 绘制接地线   视频\第 4 章\课堂举例 4-5.mp4

01 调用 L "直线"命令,单击任意一点,在命令行中输入 5,绘制一条长度为 5 的水平直线,结果如图 4-12 所示。

02 调用 L "直线"命令,过直线中点,绘制一条长度为 5 的竖向直线,结果如图 4-13 所示。

03 调用 "直线"命令,捕捉直线中点,在水平直线下方绘制长度为 1 的垂直直线,如图 4-14 所示。

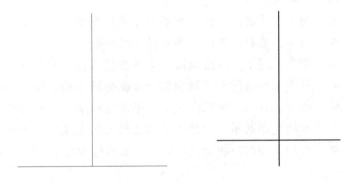

图 4-12 绘制水平直线   图 4-13 绘制竖向直线   图 4-14 绘制长度为 1 的垂直直线

04 调用 L "直线"命令,绘制一条长度为 3 的直线,并在命令行中键入 "M" 移动命令,捕捉长度为 3 的直线中点,移动到长度为 1 的垂直直线端点,如图 4-15 所示。

05 调用 "修改" | "删除"命令,将长度为 1 的垂直直线进行删除,使其距离第一条水平直线为 1,结果如图 4-16 所示。

06 使用同样的方法,调用 L "直线"命令,绘制一条长度为 2 的直线,并使其距离上一条水平直线距离为 1,如图 4-17 所示,完成接地线图例的绘制。

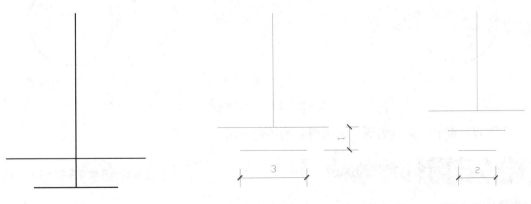

图 4-15 绘制长度为 3 的水平直线   图 4-16 绘制长度为 3 的直线   图 4-17 绘制长度为 2 的直线

4.2 创建圆形

4.2.1 创建圆

绘制圆有以下几种方法:

- 命令行: 输入 CIRCLE / C 命令并按回车键。
- 工具栏: 单击 "绘图" 工具栏 "圆" 按钮 ⊘。
- 菜单栏: 选择 "绘图" | "圆" 命令。
- 功能区: 在 "默认" 选项卡中, 单击 "绘图" 面板中的 "圆" 按钮 ⊘。

菜单栏 "绘图" | "圆" 子菜单中提供了 6 种绘制圆的子命令, 绘制方式如图 4-18 所示。各子命令的含义如下:

- 圆心、半径: 用圆心和半径方式绘制圆。
- 圆心、直径: 用圆心和直径方式绘制圆。
- 三点: 通过 3 点绘制圆, 系统会提示指定第一点、第二点和第三点。
- 两点: 通过两个点绘制圆, 系统会提示指定圆直径的第一端点和第二端点。
- 相切、相切、半径: 通过两个其它对象的切点和输入半径值来绘制圆。系统会提示指定圆的第一切线和第二切线上的点及圆的半径。
- 相切、相切、相切: 通过 3 条切线绘制圆。

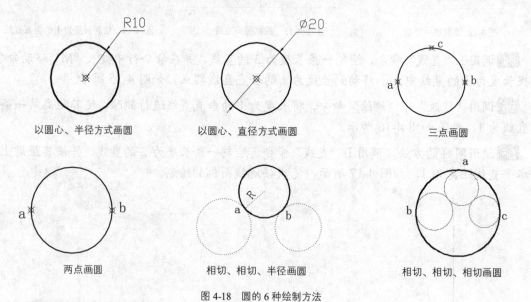

图 4-18 圆的 6 种绘制方法

下面以绘制轴流风扇为例, 来讲解圆的绘制方法。

课堂举例 4-6: 绘制轴流风扇   视频\第 4 章\课堂举例 4-6.mp4

01 调用 CIRCLE / C "圆" 命令, 绘制两个半径分别为 30 和 5 的同心圆, 如图 4-21 所示。

02 调用 DIV "定数等分" 命令，将圆等分为 30 份，如图 4-20 所示。

03 调用 LINE/L "直线" 命令，捕捉等分点绘制两条相交于圆心的直线，如图 4-21 所示。

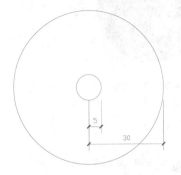

图 4-19　绘制两个同心圆

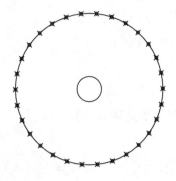

图 4-20　等分圆

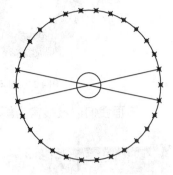

图 4-21　绘制两条过圆心的直线

04 调用 "E" 删除命令，删除等分点，如图 4-22 所示。

05 调用 LINE/L "直线" 命令，连接两条相交直线的端点；调用 OFFSET/O "偏移" 命令，将连接两直线端点的线段向内偏移 2.5，结果如图 4-23 所示。

06 调用 TRIM/TR "修剪" 命令，修剪不需要的线段，完成轴流风扇图例的绘制，如图 4-24 所示。

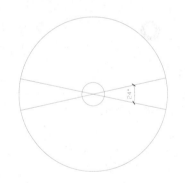

图 4-22　删除等分点

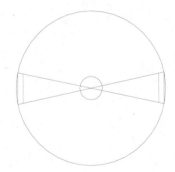

图 4-23　偏移连接的线段

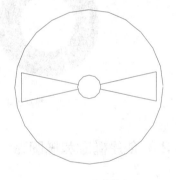

图 4-24　修剪线段

4.2.2　创建圆环

圆环是由两个同心圆组成的组合图形，默认情况下圆环的两个圆形中间的区域填充为实心，如图 4-25 所示。绘制圆环时，首先要确定两个同心圆的直径，也就是内径和外径，然后再确定圆环的圆心位置。

绘制圆环的方法有以下几种：

● 命令行：输入 DONUT / DO 并回车。

● 菜单栏：选择 "绘图" | "圆环" 命令。

● 功能区：在 "默认" 选项卡中，单击 "绘图" 面板中的 "圆弧" 按钮 。

 提示　将圆环内径设置为 0 时，可以绘制实心的圆面。图 4-26 所示即为绘制的内径为 0、外径为 100 的圆环。

图 4-25 圆环

图 4-26 实心圆面

下面我们以接线盒为例，来讲解圆环的绘制方法。

课堂举例 4-7： 绘制接线盒

视频\第 4 章\课堂举例 4-7.mp4

01 调用 DONUT／DO "圆环" 命令，绘制内径为 30、外径为 55 的圆环，如图 4-27 所示。

02 调用 CIRCLE／C "圆" 命令，绘制与圆环同心、半径为 150 的圆，结果如图 4-28 所示，接线盒绘制完成。

图 4-27 绘制圆环

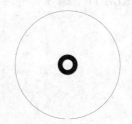

图 4-28 绘制圆

4.2.3 创建椭圆和椭圆弧

1. 绘制椭圆

椭圆是特殊样式的圆，与圆相比，椭圆的半径长度不一。其形状由定义其长度和宽度的两条轴决定，较长的轴称为长轴，较短的轴称为短轴。

绘制椭圆的方法有以下几种：

- 命令行：输入 ELLIPSE／EL 并按回车键。
- 工具栏：单击 "绘图" 工具栏 "椭圆" 按钮 。
- 菜单栏：调用 "绘图" ｜ "椭圆" 命令。
- 功能区：在 "默认" 选项卡中，单击 "绘图" 面板中的 "圆心" 按钮 或 "轴,端点" 按钮 。

菜单栏上的 "绘图" ｜ "椭圆" 子菜单提供了两种绘制椭圆的命令。各命令的含义如下：

- 圆心：通过指定椭圆的中心点、一条轴的一个端点及另一条轴的半轴长度来绘制椭圆。
- 轴端点：通过指定椭圆一条轴的两个端点及另一条轴的半轴长度来绘制椭圆。

2. 椭圆弧

椭圆弧是椭圆的一部分，它类似于椭圆，不同的是它的起点和终点没有闭合。绘制椭圆弧需要确定的参数有：椭圆弧所在椭圆的两条轴及椭圆弧的起点和终点的角度。

绘制椭圆弧的方法有以下几种：

- 命令行：输入 ELLIPSE／EL 并按回车键。
- 工具栏：单击"绘图"工具栏"椭圆弧"按钮⊙。
- 菜单栏：调用"绘图"｜"椭圆"｜"圆弧"命令
- 功能区：在"默认"选项卡中，单击"绘图"面板中的"椭圆弧"按钮⊙。

4.2.4 创建圆弧

圆弧即圆的一部分曲线，是与其半径相等的圆周的一部分。

绘制圆弧的方法有以下几种：

- 命令行：直接输入 ARC/A 并按回车键。
- 工具栏：单击"绘图"工具栏"圆弧"按钮╱。
- 菜单栏：调用"绘图"｜"圆弧"命令。
- 功能区：在"默认"选项卡中，单击"绘图"面板中的"圆弧"按钮╱。

菜单栏上的"绘图"｜"圆弧"子菜单提供了 11 种绘制圆弧的子命令，常用的几种绘制方式如图 4-29 所示。各子命令的含义如下：

- 三点：通过指定圆弧上的三点绘制圆弧，需要指定圆弧的起点、通过的第二个点和端点。
- 起点、圆心、端点：通过指定圆弧的起点、圆心、端点绘制圆弧。
- 起点、圆心、角度：通过指定圆弧的起点、圆心、包含角绘制圆弧。执行此命令时会出现"指定包含角："的提示，在输入角度时，如果当前环境设置逆时针方向为角度正方向，且输入正的角度值，则绘制的圆弧是从起点绕圆心沿逆时针方向绘制，反之则沿顺时针方向绘制。
- 起点、圆心、长度：通过指定圆弧的起点、圆心、弦长绘制圆弧。另外，在命令行提示的"指定弦长："提示信息下，如果所输入的值为负，则该值的绝对值将作为对应整圆的空缺部分圆弧的弦长。
- 起点、端点、角度：通过指定圆弧的起点、端点、包含角绘制圆弧。
- 起点、端点、方向：通过指定圆弧的起点、端点和圆弧的起点切向绘制圆弧。命令执行过程中会出现"指定圆弧的起点切向："提示信息，此时拖动鼠标动态地确定圆弧在起始点处的切线方向与水平方向的夹角。拖动鼠标时，AutoCAD 会在当前光标与圆弧起始点之间形成一条线，即为圆弧在起始点处的切线。确定切线方向后，单击拾取键即可得到相应的圆弧。
- 起点、端点、半径：通过指定圆弧的起点、端点和圆弧半径绘制圆弧。
- 圆心、起点、端点：以圆弧的圆心、起点、端点方式绘制圆弧。
- 圆心、起点、角度：以圆弧的圆心、起点、圆心角方式绘制圆弧。
- 圆心、起点、长度：以圆弧的圆心、起点、弦长方式绘制圆弧。
- 继续：绘制其他直线或非封闭曲线后选择"绘图"｜"圆弧"｜"继续"命令，

系统将自动以刚才绘制的对象的终点作为即将绘制的圆弧的起点。

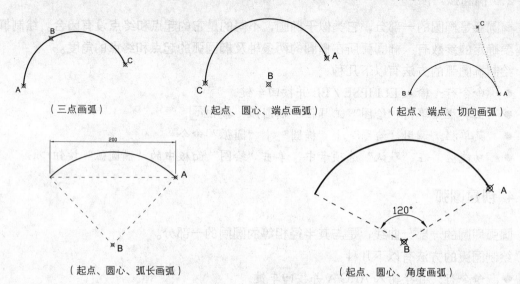

（三点画弧）　　（起点、圆心、端点画弧）　　（起点、端点、切向画弧）

（起点、圆心、弧长画弧）　　　　　　（起点、圆心、角度画弧）

图 4-29　几种常用绘制圆弧的方法

在 AutoCAD 2015 中，"圆弧"命令得到增强，鼠标左右移动可以切换要所要绘制的圆弧的方向，这样可以轻松地绘制不同方向的圆弧。

下面我们以电铃为例，来讲解绘制圆弧的方法。

课堂举例 4-8：　绘制电铃　　　　　　　　　　视频\第 4 章\课堂举例 4-8.mp4

01 打开文件。打开本书配套光盘中的素材文件"素材\第 4 章\4.2.4 绘制电铃.dwg"，如图 4-30 所示。

02 调用 ARC/A "圆弧"命令，选择"起点、圆心、端点"的绘制方式，以上部第一条水平直线的中点为圆心，以水平直线右端点为起点，水平直线的左端点为终点，绘制圆弧，结果如图 4-31 所示。

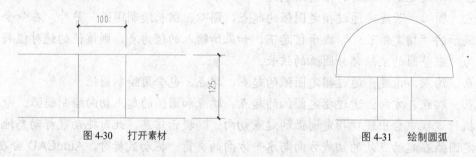

图 4-30　打开素材　　　　　　　　　　图 4-31　绘制圆弧

4.3 创建平面图形

4.3.1 创建多线

多线是一种由多条平行线组成的组合图形对象。它可以由 1～16 条平行直线组成，每一条直线都称为多线的一个元素。

绘制多线的方法有以下两种：

● 菜单栏：选择"绘图"｜"多线"命令。

● 命令行：输入 MLINE / ML 命令并按回车键。

多线的绘制方法与直线相似，不同的是多线由多条线型相同的平行线组成。绘制的每一条多线都是一个完整的整体，不能对其进行偏移、延伸、修剪等编辑操作，只能将其分解为多条直线后才能编辑。

在命令行中输入"ML"并按回车键后，命令行提示如下：

```
命令：ML↙                              //启动多线命令
MLINE
当前设置：对正 = 上，比例 = 1.00，样式 = STANDARD
指定起点或 [对正(J)/比例(S)/样式(ST)]：
```

多线命令行各选项的含义如下：

● 对正：设置绘制多线时相对于输入点的偏移位置。该选项有"上""无"和"下"3 个选项。"上"表示多线顶端的线为多线的参考方向；"无"表示多线的中心线为多线的参考方向；"下"表示多线底端的线多线的参考方向，如图 4-32 所示。

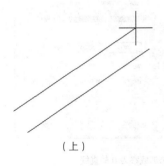 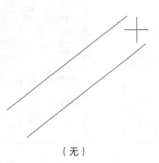 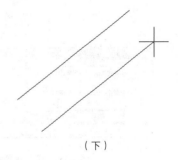

（上） （无） （下）

图 4-32 不同对正方式效果

● 比例：设置多线样式中平行多线的宽度比例。

● 样式：设置绘制多线时使用的样式，默认的多线样式为 STANDARD，选择该选项后，可以在提示信息"输入多线样式名或[？]"后面输入已定义的样式名。输入"？"则会列出当前图形中所有的多线样式。

下面我们以绘制电缆接线盒导线为例，讲解多线的绘制方法。

课堂举例 4-9：绘制电缆接线盒 视频\第 4 章\课堂举例 4-9.mp4

01 打开文件。打开本书配套光盘"素材\第 4 章\4.3.2 绘制电缆接线盒.dwg"文件，如图 4-33 所示。

02 首先创建多线样式。在命令行输入 MLSTYLE 并按回车，弹出如图 4-34 所示的"多线样式"对话框。

03 单击"新建"按钮，弹出"创建新的多线样式"对话框，在"新样式名"文本框中输入"样式 1"，如图 4-35 所示。

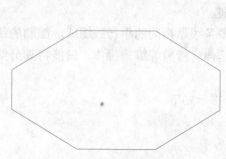

图 4-33　打开素材

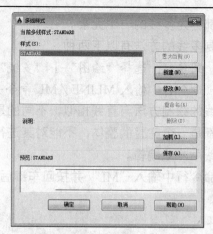

图 4-34　"多线样式"对话框

04 单击"继续"按钮，在弹出的"新建多样式：样式 1"对话框中，单击"添加"按钮，添加一条偏移为 0 的图元，如图 4-36 所示。

05 单击"确定"返回"多线样式"对话框，完成多线样式的创建。

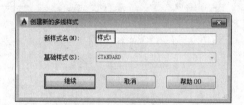

图 4-35　输入样式名

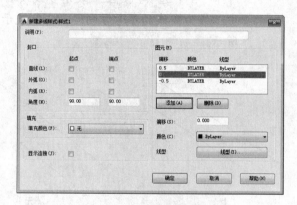

图 4-36　添加偏移为 0 的直线

06 调用 MLINE / ML "多线"命令，设置对正（J）为无（Z），比例（S）为 3.6，样式（ST）为"样式 1"，绘制两条长度分别为 55 和 20 的多线，结果如图 4-37 所示。

07 调用 EXPLODE/X "分解"命令，分解多线；调用 TRIM/TR "修剪"命令，修剪多线，完成电缆接线盒图例的绘制，结果如图 4-38 所示。

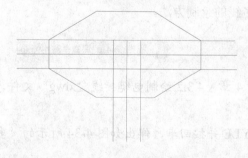

图 4-37　绘制多线

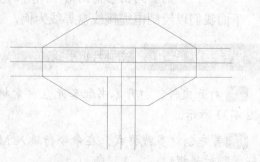

图 4-38　修剪图形

"修改多样式：样式 1"对话框中各选项的含义如下：

● 封口：设置多线的平行线段之间两端封口的样式。各封口样式如图 4-39 所示。

- 填充：设置封闭的多线内的填充颜色，选择"无"，表示使用透明颜色填充。
- 显示连接：显示或隐藏每条多线线段顶点处的连接。
- 图元：构成多线的元素，通过单击"添加"按钮可以添加多线构成元素，也可以通过单击"删除"按钮删除这些元素。
- 偏移：设置多线元素从中线的偏移值，值为正表示向上偏移，值为负表示向下偏移。
- 颜色：设置组成多线元素的直线线条颜色。
- 线型：设置组成多线元素的直线线条线型。

4.3.2 编辑多线

系统默认的多线样式称为 STANDARD 样式，它由两条直线组成。在绘制多线前，通常会根据不同的需要对样式进行专门设置。

编辑多线样式的方法有以下两种：

- 菜单栏：选择"修改"|"对象"|"多线"命令。
- 命令行：输入 MLEDIT 或 MLED 并按 Enter 键。

执行上述任意一项操作，系统弹出如图 4-40 所示的"多线编辑工具"对话框，在对话框中分别选择"T 形闭合""角点结合""十字打开""T 形打开"等按钮，在绘图区中分别单击待编辑的交叉多线（先单击垂直多线，再单击水平多线），即可完成多线的编辑。

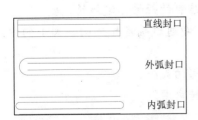

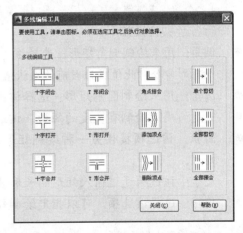

图 4-39　多线封口样式　　　　　图 4-40　"多线编辑工具"对话框

 提示

"T 形闭合""T 形打开"和"T 形合并"的选择对象顺序应先选择 T 字的下半部分，再选择 T 字的上半部分，如图 4-41 所示。

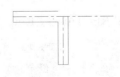

选择顺序　　　　　　　正确选择结果　　　　　　错误选择结果

图 4-41　选择顺序

4.3.3 创建矩形

矩形就是通常所说的长方形，可以通过指定对角点或长度、宽度以及旋转角度来创建矩形。在 AutoCAD 中绘制矩形，可以为其设置倒角、圆角，以及宽度和厚度值，如图 4-42 所示为矩形的各种样式。

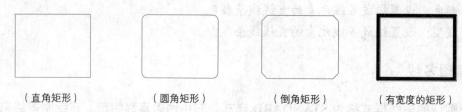

（直角矩形）　　　（圆角矩形）　　　（倒角矩形）　　　（有宽度的矩形）

图 4-42　各种样式的矩形

调用矩形的方法有以下几种：

● 工具栏：单击"绘图"工具栏"矩形"按钮□。
● 菜单栏：选择"绘图" | "矩形"命令。
● 命令行：输入 RECTANG / REC 命令并按回车键。
● 功能区：在"默认"选项卡中，单击"绘图"面板中的"矩形"按钮□。

执行该命令后，命令行提示如下：

指定第一个角点或 [倒角(C)/标高(E)/圆角(F)/厚度(T)/宽度(W)]:

命令行各选项含义如下：

● 倒角：用来绘制倒角矩形，选择该选项后可指定矩形的倒角距离。设置该选项后，执行矩形命令时此值成为当前的默认值，若不需设置倒角，则要再次将其设置为 0。
● 圆角：用来绘制圆角矩形。选择该选项后可指定矩形的圆角半径。
● 宽度：用来绘制有宽度的矩形。该选项为要绘制的矩形指定线的宽度。
● 面积：该选项提供另一种绘制矩形的方式，即通过确定矩形面积大小的方式绘制矩形。
● 尺寸：该选项通过输入矩形的长和宽确定矩形的大小。
● 旋转：选择该选项，可以指定绘制矩形的旋转角度。

提示　在绘制圆角或倒角矩形时，如果矩形的长度和宽度太小而无法使用当前设置创建矩形时，绘制出来的矩形将不进行圆角或倒角。

下面通过绘制一个简单的矩形，来讲解矩形的绘制方法。

课堂举例 4-10：　绘制矩形　　　　　　　　　　　视频\第 4 章\课堂举例 4-10.mp4

01 调用 RECTANG / REC "矩形"命令，绘制长为 75、宽为 30 的矩形，命令行操作如下：

命令：REC↙　　RECTANG　　　　　　　　　　　　　　　　　//启动"矩形"命令
指定第一个角点或 [倒角(C)/标高(E)/圆角(F)/厚度(T)/宽度(W)]:0,0↙ //指定矩形第一角点坐标
指定另一个角点或 [面积(A)/尺寸(D)/旋转(R)]:D↙

指定矩形的长度 <10.0000>: 75↙　　　　　　　　　　　　　　//输入矩形的长度值

指定矩形的宽度 <10.0000>: 30↙　　　　　　　　　　　　　　//输入矩形的宽度值

指定另一个角点或 [面积(A)/尺寸(D)/旋转(R)]:　　　　　　//指定矩形对角点方向

02 绘制矩形结果如图 4-43 所示。

图 4-43　绘制矩形

4.3.4　创建多段线

多段线是由等宽或不等宽的直线或圆弧等多条线段构成的复合图形对象，这些线段构成的图形是一个整体，单击时会选择整个图形，不能分别选择编辑。

调用多段线命令有以下几种方法：

● 命令行：输入 PLINE/PL 并按回车键。

● 工具栏：单击"绘图"工具栏"多段线"按钮🔁。

● 菜单栏：选择"绘图" | "多段线"命令。

● 功能区：在"默认"选项卡中，单击"绘图"面板中的"多段线"按钮🔁。

在命令行中输入 PL 并按回车，命令行提示如下：

命令：PL↙　　　　　PLINE

指定起点：

当前线宽为 0

指定下一个点或 [圆弧(A)/半宽(H)/长度(L)/放弃(U)/宽度(W)]:

多段线命令行各选项含义如下：

● 圆弧：选择该选项，将以绘制圆弧的方式绘制多段线。

● 半宽：选择该选项，将指定多段线的半宽值，AutoCAD 将提示用户输入多段线的起点宽度和终点宽度。常用此选项来绘制箭头。

● 长度：选择该选项，将定义下一条多段线的长度。

● 放弃：选择该选项，将取消上一次绘制的一段多段线。

● 宽度：选择该选项，可以设置多段线宽度值。建筑制图中常用此选项来绘制具有一定宽度的地平线等元素。

下面以绘制双管荧光灯为例，来讲解多段线的绘制方法。

课堂举例 4-11：　绘制双管荧光灯　　　　　🔘 视频\第4章\课堂举例 4-11.mp4

01 按下 Ctrl+O 快捷键，打开配套光盘素材文件"素材\第 4 章\4.3.3 绘制双管荧光灯.dwg"，如图 4-44 所示。

02 调用 PLINE/PL "多段线" 命令，设置多段线宽度为 5，绘制两条多段线，命令行操作如下：

```
命令：PLINE↙                                              //启动"多段线"命令
指定起点：                                                //在绘图区任意指定一点
当前线宽为 0.0000
指定下一个点或 [圆弧(A)/半宽(H)/长度(L)/放弃(U)/宽度(W)]:W↙  //激活"宽度"选项
指定起点宽度 <0.0000>: 5↙                                  //指定起点宽度
指定端点宽度 <5.0000>:↙                                    //默认当前宽度为终点宽度
指定下一个点或 [圆弧(A)/半宽(H)/长度(L)/放弃(U)/宽度(W)]:     //确定下一点，结果如图
4-45 所示
```

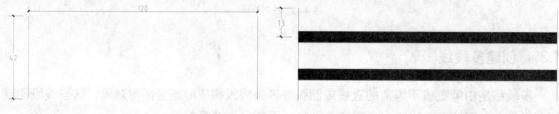

图 4-44　打开素材　　　　　　　　　　图 4-45　绘制多段线

4.3.5 创建样条曲线

样条曲线是经过或接近一系列给定点的平滑曲线，它能够自由编辑，可以控制曲线与点的拟合程度。

调用样条曲线命令有以下几种方法：

- 命令行：输入 SPLINE / SPL 并按回车键。
- 工具栏：单击 "绘图" 工具栏 "样条曲线" 按钮 ∿。
- 菜单栏：选择 "绘图" | "样条曲线" | "拟合点" 或 "控制点"。
- 功能区：在 "默认" 选项卡中，单击 "绘图" 滑出面板上 "拟合点" 按钮 ∿ 或 "控制点" 按钮 ∿。

绘制样条曲线时，命令行提示如下：

```
命令：SPLINE↙
当前设置：方式=拟合    节点=弦
指定第一个点或 [方式(M)/节点(K)/对象(O)]：
输入下一个点或 [起点切向(T)/公差(L)]：
输入下一个点或 [端点相切(T)/公差(L)/放弃(U)]：
```

命令行主要选项含义如下：

- 公差：拟合公差，定义曲线的偏差值。值越大，离控制点越远，反之则越近。
- 端点相切：定义样条曲线的起点和结束点的切线方向。
- 放弃：放弃样条曲线的绘制。

4.4 创建图案填充

图案填充就是用某种图案充满图形中的指定封闭区域。例如在建筑图中对柱子的填充，电气图中对表示电气设备的图形符号填充。在其他的设计图上，也常需要将某一区域填充某种图案，用 AutoCAD 2015 填充图案是非常方便而灵活的。本节将讲解创建填充图案的命令和编辑填充图案的方法。

4.4.1 创建图案填充

要为一个区域或对象进行填充图案，首先要调用"图案填充"命令，打开"图案填充创建"选项卡。设置填充参数，然后再对图形进行图案填充。

执行"图案填充"命令有如下几种方法：

● 菜单栏：调用 | "绘图" | "图案填充"菜单命令。
● 工具栏：单击"绘图"工具栏上的"图案填充"按钮。
● 命令行：输入 HATCH /H 命令并按回车键。
● 功能区：在"默认"选项卡中，单击"绘图"面板中的"图案填充"工具按钮。

在"草图与注释"工作空间中，执行上述任一命令后，将打开"图案填充创建"选项卡，如图 4-46 所示。

图 4-46 "图案填充创建"选项卡

"图案填充创建"选项卡中，各选项及其含义如下：

● "边界"面板：主要包括"拾取点"按钮和"选择边界对象"按钮，用来选择填充对象的工具。
● "图案"面板：该面板中显示所有预定义和自定义图案的预览图像。
● "图案填充类型"列表框：在该列表框中，可以指定是创建实体填充、渐变填充、预定义填充图案，还是创建用户定义的填充图案。
● "图案填充颜色"文本框：在该文本框中，可以替代实体填充和填充图案的当前颜色，或指定两种渐变色中的第一种。
● "图案填充透明度"文本框：在该文本框中，可以设定新图案填充或填充的透明度，替代当前对象的透明度。
● "图案填充角度"文本框：用于指定图案填充的角度。

执行"图案填充"命令后，输入 T 并回车，将弹出如图 4-47 所示等等"图案填充和渐变色"对话框，以指定填充区域、填充图案和相关填充参数，操作方法与选项卡基本相同。

下面我们以放烟防火阀为例，来讲解图案填充的方法。

课堂举例 4–12： 绘制防烟防火阀

视频\第 4 章\课堂举例 4-12.mp4

01 调用 RECTANG/REC "矩形"命令，绘制长为 65，宽为 33 的矩形，如图 4-48 所示。

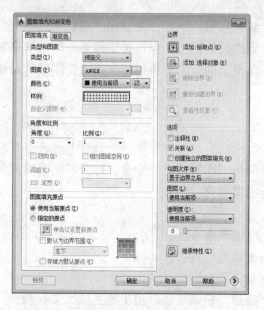

图 4-47 "图案填充和渐变色"对话框

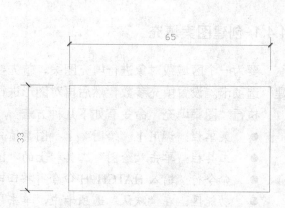

图 4-48 绘制矩形

02 调用 LINE/L "直线"命令，绘制矩形的两条对角线，如图 4-49 所示。

03 调用 HATCH /H "图案填充"命令，选择填充图案样式为 SOLID，在左侧和右侧的三角形区域单击，指定填充区域，填充结果如图 4-50 所示。

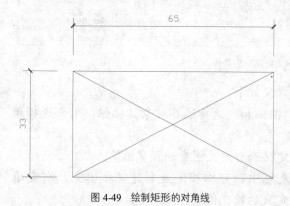

图 4-49 绘制矩形的对角线

图 4-50 填充图案

4.4.2 编辑图案填充

已绘制完成填充图案，可以对其进行编辑，以更改图案的样式、填充的角度、比例等。编辑图案填充的方法有以下两种：

● 功能区：在"默认"选项卡中，单击"修改"面板中的"编辑图案填充"按钮。

● 命令行：直接输入 HATCHEDIT 命令并按回车键。

下面以独立绕组的器件为例，讲解图案填充编辑命令的绘制方法。

课堂举例 4-13：　绘制具有两个独立绕组的操作器件　　🎧视频\第 4 章\课堂举例 4-13.mp4

01 调用 RECTANG/REC "矩形"命令，绘制长度为 60、宽度为 30 的矩形，如图 4-51 所示。

02 调用 MLINE/ML "多线"命令，设置对正（J）为无（Z），比例（S）为 32，样式（ST）为 STANDARD，绘制两条长度为 15 的多线，结果如图 4-52 所示。

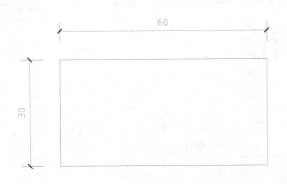

图 4-51　绘制矩形

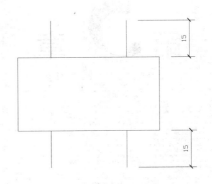

图 4-52　绘制多线

03 调用 HATCH /H "图案填充"命令，设置填充图案为 ANSI31，在矩形内填充图案如图 4-53 所示。此时由于图案比例过小，看不到图案的效果。

04 调用 HATCHEDIT "编辑图案填充"命令，选择填充图案为编辑对象，打开"编辑图案填充"对话框，如图 4-54 所示，修改比例为 240，结果如图 4-55 所示。

图 4-53　填充图案

图 4-54　修改填充比例

图 4-55　修改比例结果

第5章 编辑二维电气图形

本章导读

　　使用 AutoCAD 绘图是一个由简到繁、由粗到精的过程。AutoCAD 2015 提供了丰富的图形编辑命令，如复制、移动、旋转、镜像、偏移、阵列、拉伸、修剪等。使用这些命令，能够方便地改变图形的大小、位置、方向、数量及形状，从而绘制出更为复杂的图形。

本章重点

- 选择图形对象
- 调整图形的位置
- 修改图形的形状
- 改变图形的数量

5.1 选择图形对象

在对图形进行编辑修改之前，必须选择相应的对象，选择对象的方法有很多，AutoCAD 2015 提供了多种选择对象的基本方法，如单选、多选、快选、栏选、围选等，AutoCAD 中会用虚线亮显所选的对象。

5.1.1 选择单个对象

选择单个对象是最简单、最常用的一种对象选择方式。在执行编辑命令过程中，当命令行提示选择对象时，十字光标变为一个正方形框，这个方框叫拾取框。此时将方框移到某个目标对象上，单击鼠标左键即可将其选择，如图 5-1 所示。

> **提示**　按下 Shift 键并再次单击已经选中的对象，可以将这些对象从当前选择集中删除。按 Esc 键，可以取消对当前全部选定对象的选择。

 课堂举例 5-1： **选择单个对象**　　　　　　　　　　视频\第 5 章\课堂举例 5-1.mp4

01 打开本书配套光盘素材文件"素材\第 5 章\5.1.1 选择单个对象.dwg"，如图 5-2 所示。

02 将拾取框移到电磁阀的一条直线上，单击鼠标左键即可将其选中，选择的图形会以高亮的形式显示，如图 5-3 所示。

图 5-1　单个选择对象　　　　　图 5-2　原图形　　　　　图 5-3　选择单个对象

5.1.2 选择多个对象

使用上一节介绍的点选方式虽然也可以选择多个对象，但是费时费力。为此，AutoCAD 2015 提供了窗口、圈围、圈交、栏选对象、围选等多种快速选择多个对象的方法。

- 窗口选择对象：按住鼠标向右上方或右下方拖动，框住需要选择的对象，此时绘图区将出现一个实线的矩形方框，如图 5-4 所示。释放鼠标后，被方框完全包围的对象将被选中，如图 5-5 所示，粗线显示部分为被选择的部分。

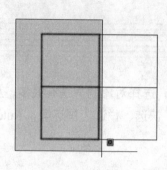

图 5-4　窗口选择对象

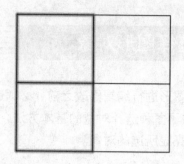

图 5-5　窗口选择结果

● 窗交选择对象：窗交选择对象的选择方向正好与窗口选择相反，它是按住鼠标左
键向左上方或左下方拖动，框住需要选择的对象，此时绘图区将出现一个虚线的
矩形方框，如图 5-6 所示。释放鼠标后，与方框相交和被方框完全包围的对象都将
被选中，如图 5-7 所示，粗线显示部分为被选择的部分。

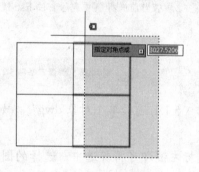

图 5-6　窗交选择对象

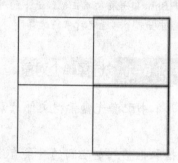

图 5-7　窗交选择结果

● 栏选图形：即在选择图形时拖曳出任意折线，如图 5-8 所示。凡是与折线相交的图
形对象均被选中，如图 5-9 所示，虚线显示部分为被选择的部分。使用该方式选择
连续性对象非常方便，但栏选线不能封闭或相交。

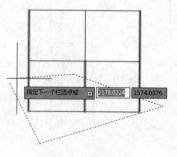

图 5-8　栏选对象

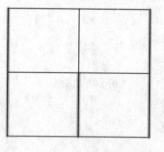

图 5-9　栏选结果

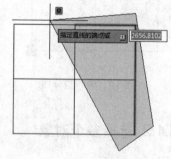

图 5-10　圈围对象

● 圈围：是一种多边形窗口选择方法，与窗口选择对象的方法类似，不同的是圈围
方法可以构造任意形状的多边形，如图 5-10 所示。完全包含在多边形区域内的对
象才能被选中，如图 5-11 所示，虚线显示部分为被选择的部分。
● 圈交：是一种多边形窗交选择方法，与窗交选择对象的方法类似，不同的是圈交
方法可以构造任意形状的多边形，它可以绘制任意闭合但不能与选择框自身相交

或相切的多边形，如图 5-12 所示。选择完毕后可以选中多边形中与它相交的所有对象，如图 5-13 所示，粗线显示的部分为被选择的部分。

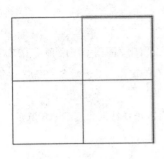
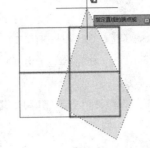
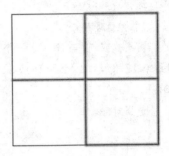

图 5-11　圈围对象结果　　　　图 5-12　圈交对象　　　　图 5-13　圈交对象结果

下面我们以嵌入式方格栅顶灯为例，来讲解选择多个对象的方法。

课堂举例 5-2：选择多个对象操作　　视频\第 5 章\课堂举例 5-2.mp4

01 打开本书配套光盘素材文件"素材 \ 第 5 章 \ 5.1.2 选择多个对象.dwg"，如图 5-14 所示。

02 移动光标至图形右下方，按住鼠标左键往左上方拖动，如图 5-15 所示。

03 松开鼠标，以虚线形式亮显的图形即为选择的图形，结果如图 5-15 所示。

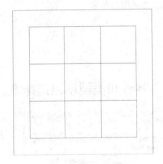
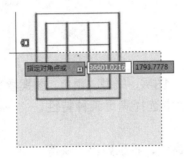
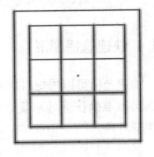

图 5-14　打开素材　　　　图 5-15　窗交选择　　　　图 5-16　操作结果

5.1.3　全选图形对象

利用此功能可选择当前图形中的所有对象。
全选图形对象的方法如下：
● 快捷键：按下 Ctrl+A 组合键。
● 命令行：输入 Select 并按回车键，接着键入 ALL 并按回车键。
下面我们以 110kV 输电线路保护图为例，来讲解全选图形对象的方法。

课堂举例 5-3：全选图相形对象　　视频\第 5 章\课堂举例 5-3.mp4

01 打开本书配套光盘素材文件"素材 \ 第 5 章 \ 5.1.3 全选图形对象.dwg"，如图 5-17 所示。

02 调用 SELECT "选择" 命令，选择所有图形对象，命令行操作如下：

```
命令：SELECT↙                    //启动选择命令
选择对象：?↙                     //输入 "? "，以显示所有命令选项
*无效选择*
需要点或 窗口(W)/上一个(L)/窗交(C)/框(BOX)/全部(ALL)/栏选(F)/圈围(WP)/圈交(CP)/
编组(G)/添加(A)/删除(R)/多个(M)/前一个(P)/放弃(U)/自动(AU)/单个(SI)/子对象(SU)/对象
(O)
选择对象：All↙                   //激活 "全部(ALL)" 选项，选择结果如图5-18所示
```

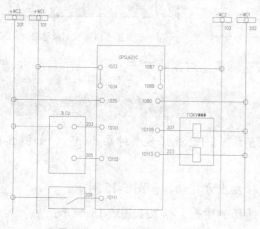

图 5-17 110kV 输电线路保护图

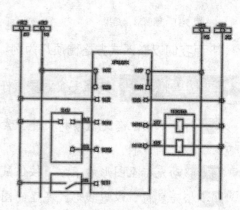

图 5-18 全选图形对象

5.1.4 快速选择图形

快速选择可以根据对象的名称、图层、线型、颜色、图案填充等特性和类型创建选择集，从而可以准确快速地从复杂的图形中选择满足某种特性的图形对象。

调用 "工具" | "快速选择" 命令，系统弹出 "快速选择" 对话框，如图 5-19 所示，根据要求设置选择范围，单击 "确定" 按钮，完成选择操作。

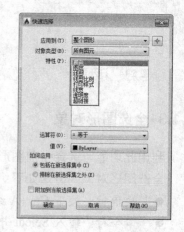

图 5-19 "快速选择" 对话框

5.2 调整图形的位置

绘制完成的图形有时候需要改变其大小和位置，以适合图形的表达需要。AutoCAD 中改变图形大小及位置的命令有移动、旋转和缩放，本节介绍这些命令的操作方法。

5.2.1 移动图形

移动是将图形从一个位置平移到另一位置，移动过程中图形的大小、形状和倾斜角度均不改变。

移动命令有以下几种调用方法：

- 命令行：输入 MOVE / M 并按回车键。
- 工具栏：单击"修改"工具栏"移动"按钮。
- 菜单栏：选择"修改" | "移动"命令。
- 功能区：在"默认"选项卡中，单击"修改"面板上"移动"按钮。

下面以绘制直流电焊机图为例，来讲解移动图形的方法。

课堂举例 5-4： 完善直流电焊机 视频\第 5 章\课堂举例 5-4.mp4

01 打开本书配套光盘中的素材文件"素材 \ 第 5 章 \ 5.2.1 移动图形对象.dwg"，如图 5-20 所示。

02 调用 MOVE / M "移动"命令，将圆形移动到矩形中，命令行操作如下：

命令：M↙　　　MOVE	//启动"移动"命令
选择对象：指定对角点：找到 13 个//选择图形	//选择圆和直线图形
选择对象：↙	//按 Enter 键确认选择
指定基点或〔位移(D)〕<位移>：	//使用对象捕捉确定图例的中心点为基点
指定第二个点或<使用第一个点作为位移>：	//捕捉矩形中心点为目标点，移动结果如

图 5-21 所示

图 5-20　原图形

图 5-21　移动结果

命令行选项含义如下：

- 位移[D]：指定相对距离和方向。指定的两点定义一个矢量，指示复制对象的放置离原位置有多远以及以哪个方向放置。

5.2.2 旋转图形

旋转是将图形对象绕一个固定的点（基点）旋转一定的角度。逆时针旋转的角度为正值，顺时针旋转的角度为负值。

旋转命令有以下几种调用方法：

- 命令行：接输入 ROTATE / RO 并按回车键。
- 工具栏：单击"修改"工具栏"旋转"按钮。
- 菜单栏：调用"修改" | "旋转"命令。
- 功能区：在"默认"选项卡中，单击"修改"面板"旋转"按钮。

下面使用旋转命令将如图 5-22 所示的操作器件逆时针旋转 90°。

课堂举例 5-5: 旋转图形　　　　　　　　　　　　视频\第 5 章\课堂举例 5-5.mp4

01 打开本书配套光盘素材文件"素材 \ 第 5 章 \ 5.2.2 旋转图形对象.dwg"，如图 5-22 所示。

02 调用 ROTATE / RO 命令，旋转图形，命令行操作过程如下：

```
命令: RO↙              ROTATE              //启动"旋转"命令
UCS 当前的正角方向： ANGDIR=逆时针  ANGBASE=0
选择对象：                               //选择整个图形
选择对象：↙                             //按 Enter 键，结束选择
指定基点：                               //指定矩形中心为旋转基点
指定旋转角度，或[复制(C)/参照(R)] <90>:-90↙  //输入旋转角度值，旋转结果如图 5-23
所示
```

图 5-22　原图形　　　　　　　　　　　　　　图 5-23　旋转结果

5.2.3　缩放图形

缩放命令是将已有图形对象以基点为参照进行等比例缩放，它可以调整对象的大小，使其在一个方向上按要求增大或缩小一定的比例。比例因子也就是缩小或放大的比例值，比例因子大于 1 时，缩放结果是使图形变大，反之则使图形变小。

缩放命令有以下几种调用方法：

- 命令行：输入 SCALE / SC 并按回车键。
- 工具栏：单击"修改"工具栏"缩放"按钮 。
- 菜单栏：调用"修改" | "缩放"命令。
- 功能区：在"默认"选项卡中，单击"修改"面板中的"缩放"按钮 。

下面以绘制电热风幕图形为例，讲解缩放命令的使用方法。

课堂举例 5-6: 缩放图形　　　　　　　　　　　　视频\第 5 章\课堂举例 5-6.mp4

01 打开本书配套光盘素材文件"素材 \ 第 5 章 \ 5.2.3 缩放图形对象.dwg"，如图 5-24 所示。

02 调用 SCALE / SC "缩放"命令，缩放右边的圆状图形，命令行操作过程如下：

```
命令:SC↙                          //启动"缩放"命令
SCALE
选择对象：指定对角点：找到 13 个        //鼠标单击矩形中的图例
```

选择对象：↵	//按 Enter 键，结束选择
指定基点：	//指定圆心为缩放基点
指定比例因子或 [复制(C)/参照(R)]：0.7↵	//设置缩放比例，缩放结果如图 5-25 所示

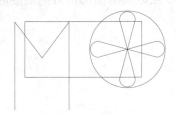

图 5-24 原图形

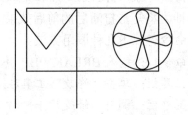

图 5-25 缩放圆状图形结果

03 调用 LINE/L "直线"命令，绘制矩形上、下边中点连接线，如图 5-26 所示。

04 继续执行 SC "缩放"命令，选择矩形和连接直线，指定矩形连接线中点为缩放基点，输入缩放比例因子 1.5，接着删除连接线，最终结果如图 5-27 所示。

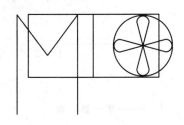

图 5-26 绘制直线

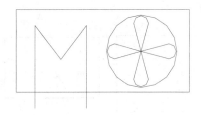

图 5-27 缩放矩形

5.2.4 删除图形

在 AutoCAD 中，可以用"删除"命令，删除选中的对象，这是一个最常用的操作。删除命令有以下几种调用方法：

● 菜单栏：调用"修改" | "删除"命令。
● 工具栏：单击"修改"工具栏"删除"按钮 ⬚。
● 命令行：直接输入 ERASE / E 并按回车键。
● 功能区：在"默认"选项卡中，单击"修改"面板上的"删除"按钮 ⬚。

选中要删除的对象后，直接按 Delete 键，也可以将对象删除。

5.3 修改图形的形状

5.3.1 打断图形

打断命令是指把原本是一个整体的线条分离成两段。被打断的线条只能是单独的线条，不能打断组合形体，如图块等。

根据打断点数量的不同，打断命令可以分为打断和打断于点。

1. 打断

打断即是指在线条上创建两个打断点，从而将线条断开。在命令执行过程中，需要输入的参数有打断对象、打断第一点和第二点。第一点和第二点之间的图形部分则被删除。如图5-28 所示即为将矩形打断后的前后效果。

打断命令有以下几种调用方法：

- 命令行：输入 BREAK / BR 并按回车键。
- 工具栏：单击"修改"工具栏"打断"按钮 。
- 菜单栏：调用"修改" | "打断"命令。
- 功能区：在"默认"选项卡中，单击"修改"面板中的"打断"按钮 。

2. 打断于点

打断于点是指通过指定一个打断点，将对象断开。在命令执行过程中，需要输入的参数有打断对象和第一个打断点。打断对象之间没有间隙。图5-29 所示即为将矩形的底边在某点位置打断。

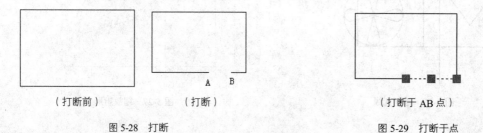

（打断前） （打断） （打断于 AB 点）

图 5-28 打断 　　　　　　　　　　　　　　　　　图 5-29 打断于点

下面我们以绘制开关盒为例，来讲解打断图形的方法。

课堂举例 5-7： 打断图形　　　　　　　　　　　视频\第 5 章\课堂举例 5-7.mp4

01 打开本书配套光盘中的素材文件"素材 \ 第 5 章 \ 5.3.1 打断图形对象.dwg"，如图5-30 所示。

02 调用 BREAK / BR "打断"命令，选择直线向右移动一段距离单击，即可将矩形内的直线打断，结果如图 5-31 所示。

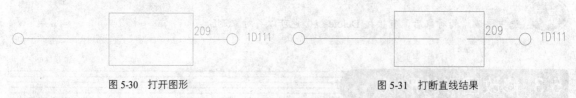

图 5-30 打开图形 　　　　　　　　　　　　　　　图 5-31 打断直线结果

03 调用 LINE/L "直线"命令，绘制开关，如图 5-32 所示。

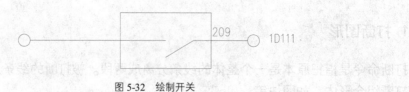

图 5-32 绘制开关

5.3.2 合并图形

合并命令是指将相似的图形对象合并为一个整体，合并的对象必须在同一平面方向上。它可以将多个对象进行合并，对象类型包括直线、多段线等。

合并命令有以下几种调用方法：

- 命令行：直接输入 JOIN / J 并按回车键。
- 工具栏：单击"修改"工具栏"合并"按钮。
- 菜单栏：调用"修改"｜"合并"命令。
- 功能区：在"默认"选项卡中，单击"修改"面板中的"合并"按钮。

5.3.3 修剪图形

修剪是将超出边界的多余部分修剪删除掉。与橡皮擦的功能相似，修剪操作可以修改直线、圆、弧、多段线、样条曲线和射线等。执行该命令时要注意在选择修剪对象时光标所在的位置。需要删除哪一部分，则在该部分上单击。

修剪命令有以下几种调用方法：

- 命令行：直接输入 TRIM / TR 并按回车键。
- 工具栏：单击"修改"工具栏"修剪"按钮。
- 菜单栏：调用"修改"｜"修剪"命令。
- 功能区：在"默认"选项卡中，单击"修改"面板上"修剪"按钮。

 在修剪对象时，可以一次选择多个边界或修剪对象，从而实现快速修剪。

下面我们以接线端子排为例，来讲解修剪的方法。

课堂举例 5-8：修剪图形 视频\第 5 章\课堂举例 5-8.mp4

01 打开本书配套光盘中的素材文件"素材\第 5 章\5.3.3 修剪图形对象.dwg"，如图 5-33 所示。

02 调用 TRIM / TR "修剪"命令，修剪圆内多余直线，命令行操作如下：

```
命令：TR↙          TRIM                        //启动"修剪"命令
当前设置：投影=UCS, 边=无
选择剪切边...
选择对象或<全部选择>：↙                       //直接回车选择整个图形
选择要修剪的对象，或按住 Shift 键选择要延伸的对象，或[栏选(F)/窗交(C)/投影(P)/边
(E)/删除(R)/放弃(U)]：                        //鼠标移动至直线最左边与圆交界处
单击，如图 5-34 所示
选择要修剪的对象，或按住 Shift 键选择要延伸的对象，或[栏选(F)/窗交(C)/投影(P)/边
(E)/删除(R)/放弃(U)]：                        //继续单击其他圆内直线
```

03 最终修剪结果如图 5-35 所示。

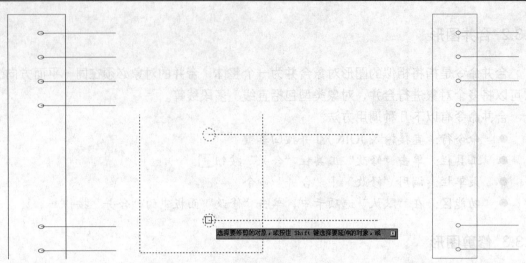

图 5-33　打开图形　　　　　　图 5-34　修剪圆内直线　　　　　　图 5-35　修剪其他直线

修剪命令行主要选项介绍如下：

- 栏选[F]：选择与选择栏相交的所有对象。选择栏是一系列临时线段，它们是用两个或多个栏选点指定的。选择栏不构成闭合环。
- 窗交[C]：选择矩形区域（由两点确定）内部或与之相交的对象。
- 投影[P]：指定修剪对象时使用的投影方式。
- 边[E]：确定对象是在另一对象的延长边处进行修剪，还是仅在三维空间中与该对象相交的对象处进行修剪。
- 删除[R]：删除选定的对象。此选项提供了一种用来删除不需要的对象的简便方式，而无需退出 TRIM 命令。

5.3.4　延伸图形

延伸命令是将没有和边界相交的部分延伸补齐，它和修剪命令是一组相对的命令。

延伸命令有以下几种调用方法：

- 命令行：输入 EXTEND / EX 并按回车键。
- 工具栏：单击"修改"工具栏"延伸"按钮 ━┤ 。
- 菜单栏：调用"修改"｜"延伸"命令。
- 功能区：在"默认"选项卡中，单击"修改"面板中的"延伸"按钮 ━┤ 。

> **提示**　在使用"修剪"命令时，选择修剪对象时按住 Shift 键，可以将该对象向边界延伸；在使用"延伸"命令中，选择延伸对象时按住 Shift 键，可以将该对象超过边界的部分修剪删除。从而省去了更换命令的操作，大大提高了绘图效率。

下面我们以熔断器箱为例，来讲解延伸的绘制方法。

课堂举例 5-9：　延伸图形　　　　　　　　　视频\第 5 章\课堂举例 5-9.mp4

01 打开本书配套光盘中的素材文件"素材 \ 第 5 章 \ 5.3.4 延伸图形对象.dwg"，如图 5-36 所示。

02 调用 EXTEND／EX "延伸" 命令，延伸直线，命令行操作过程如下：

```
命令:EX↙          EXTEND                    //启动"延伸"命令
当前设置:投影=UCS，边=无
选择边界的边...
选择对象或<全部选择>:                        //选择如图 5-37 所示的边作为延伸边界
```

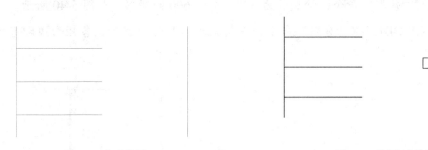

图 5-36　打开图形　　　　　　　　　　　　图 5-37　选择延伸边界

```
找到 1 个
选择对象:↙                                //按 Enter 键结束选择
选择要延伸的对象，或按住 Shift 键选择要修剪的对象，或
[栏选(F)/窗交(C)/投影(P)/边(E)/放弃(U)]:  //选择如图 5-38 所示的线条
选择要延伸的对象，或按住 Shift 键选择要修剪的对象，或
[栏选(F)/窗交(C)/投影(P)/边(E)/放弃(U)]:  //使用同样的方法，延伸另外两条水平直线
```

03 绘制完成的熔断器箱图形如图 5-39 所示。

图 5-38　选择延伸对象　　　　　　　　　　图 5-39　延伸结果

5.3.5 分解图形

分解命令是将某些特殊的对象，分解成多个独立的部分，以便于更具体的编辑。该命令主要用于将复合对象，如矩形、多段线、块等还原为一般对象。分解后的对象，其颜色、线型和线宽都可能会发生改变。

分解命令有以下几种调用方法：

- 命令行：输入 EXPLODE／X 并按回车键。
- 工具栏：单击 "修改" 工具栏 "分解" 按钮　。
- 功能区：在 "默认" 选项卡中，单击 "修改" 面板中的 "分解" 按钮　。

分解命令不能分解用 MINSERT 和外部参照插入的块以及外部参照依赖的块。分解一个包含属性的块将删除属性值并重新显示属性定义。

下面我们以刀开关箱为例，讲解分解图形的方法。

课堂举例 5-10： 分解图形　　　　　　　　视频\第 5 章\课堂举例 5-10.mp4

01 调用 REC "矩形" 命令，绘制长为 300、宽为 600 的矩形，如图 5-40 所示。

02 调用 EXPLODE／X "分解" 命令，分解矩形。矩形分解后，各矩形边即可单独选择，如图 5-41 所示。

图 5-40　绘制矩形

图 5-41　分解矩形

03 选择菜单栏 "绘图" ｜ "点" ｜ "定数等分" 命令，将矩形长边等分为 3 份，如图 5-42 所示。

04 调用 LINE/L "直线" 命令，连接等分点绘制直线，完成刀开关箱图形的绘制，如图 5-43 所示。

图 5-42　定数等分

图 5-43　绘制直线

5.3.6 倒角图形

倒角命令用于将两条非平行直线或多段线做出有斜度的倒角。倒角命令的使用分两步：第一步确定倒角的大小，通常通过"距离"备选项确定；第二步是选定需要倒角的两条倒角边。

倒角命令有以下几种调用方法：

● 命令行：输入 CHAMFER／CHA 并按回车键。

● 工具栏：单击"修改"工具栏"倒角"按钮　。

● 菜单栏：调用"修改" | "倒角"命令。

● 功能区：在"默认"选项卡中，单击"修改"面板中的"倒角"按钮　。

调用"倒角"命令，命令行提示如下：

命令：_CHAMFER✓

选择第一条直线或 [放弃(U)/多段线(P)/距离(D)/角度(A)/修剪(T)/方式(E)/多个(M)]：

命令行主要选项介绍如下：

● 多线段[P]：对整个二维多段线倒角。相交多段线线段在每个多段线顶点被倒角。倒角成为多段线的新线段。如果多段线包含的线段过短以至于无法容纳倒角距离，则不对这些线段倒角。

● 距离 [D]：设定倒角至选定边端点的距离。如果将两个距离均设定为零，CHAMFER 将延伸或修剪两条直线，以使它们终止于同一点。

● 角度[A]：用第一条线的倒角距离和第二条线的角度设定倒角距离。

● 修剪[T]：控制 CHAMFER 是否将选定的边修剪到倒角直线的端点。

● 方式[E]：控制 CHAMFER 使用两个距离还是一个距离和一个角度来创建倒角。

● 多个[M]：为多组对象的边倒角。

下面我们以绘制电缆接线盒为例，来讲解倒角图形的操作方法。

课堂举例 5-11：　绘制倒角图形　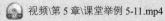　视频\第 5 章\课堂举例 5-11.mp4

01 调用 RECTANG/REC "矩形"命令，绘制长为 40，宽为 20 的矩形，如图 5-44 所示。

02 调用 CHAMFER／CHA "倒角"命令，设置第一个倒角距离为 15，第二个倒角距离为 5，具体操作过程如下：

命令：CHAMFER✓

("修剪"模式) 当前倒角距离 1 = 15.0000, 距离 2 = 5.0000　　　　　　//当前倒角距离参数

选择第一条直线或 [放弃(U)/多段线(P)/距离(D)/角度(A)/修剪(T)/方式(E)/多个(M)]：

　　　　　　　　　　　　　　　　　//选择第一个倒角对象

选择第二条直线，或按住 Shift 键选择直线以应用角点或 [距离(D)/角度(A)/方法(M)]：

　　　　　　　　　　　　　　　　　//选择第二个倒角对象，重复四次，结果如图 5-45 所示

图 5-44　绘制矩形

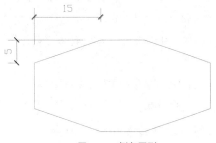

图 5-45　倒角图形

03 调用 MLINE/ML "多线" 命令，设置对正（J）为无（Z），比例（S）为 5，样式（ST）为样式 1，绘制两条多线，如图 5-46 所示。

04 调用 EXPLODE/X "分解" 命令，分解多线；调用 TRIM/TR "修剪" 命令，修剪多线，结果如图 5-47 所示。

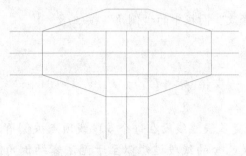

图 5-46 绘制多线

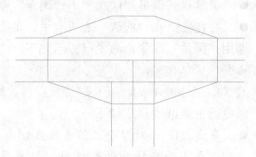

图 5-47 分解和修剪多线

5.3.7 拉伸图形

拉伸命令是通过沿拉伸路径平移图形夹点的位置，使图形产生拉伸变形的效果。它可以对选择的对象按规定方向和角度拉升或缩短，并且使对象的形状发生改变。在命令执行过程中，需要确定的参数有拉伸对象、拉伸基点的起点和拉伸位移。拉伸位移决定了拉伸的方向和距离。

拉伸命令有以下几种调用方法：

● 命令行：输入 STRETCH／S 并按回车键。
● 工具栏：单击 "修改" 工具栏 "拉伸" 按钮。
● 菜单栏：选择 "修改" ｜ "拉伸" 命令。
● 功能区：在 "默认" 选项卡中，单击 "修改" 面板中的 "拉伸" 按钮。

下面使用拉伸命令将电阻箱右加宽 100，以练习拉伸的操作。

课堂举例 5-12： **拉伸图形**   视频\第 5 章\课堂举例 5-12.mp4

01 打开本书配套光盘素材文件 "素材＼第 5 章＼5.3.7 拉伸图形对象.dwg"，如图 5-48 所示。

02 调用 STRETCH／S "拉伸" 命令，拉伸图形，命令行操作如下：

```
命令：S↙              STRETCH              //启动 "拉伸" 命令
以交叉窗口或交叉多边形选择要拉伸的对象...
选择对象：指定对角点：找到 9 个
选择对象：                                //以窗交选择方式，选择图形如图 5-49 所示
指定基点或 ［位移(D)］ <位移>：            //捕捉图形右下角点为拉伸基点
指定第二个点或<使用第一个点作为位移>：100↙  //水平向右移动光标，输入拉伸距离
```

03 图形拉伸结果如图 5-50 所示。

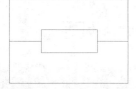

图 5-48 打开图形

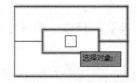

图 5-49 选择拉伸对象

图 5-50 拉伸结果

 通过单击选择和窗口选择获得的拉伸对象将只被平移，不被拉伸。通过交叉选择获得的拉伸对象，如果所有夹点都落入选择框内，图形将发生平移；如果只有部分夹点落入选择框，图形将沿拉伸位移拉伸；如果没有夹点落入选择窗口，图形将保持不变。

5.3.8 拉长图形

拉长图形是改变原图形的长度，既可以把原图形拉长，也可以将其缩短。

拉长命令有以下几种调用方法：

- 命令行：输入 LENGTHEN/ LEN 并按回车键。
- 工具栏：单击"修改"工具栏"拉长"按钮 。
- 菜单栏：调用"修改" | "拉长"命令。

调用"拉长"命令，命令行操作如下：

```
命令： LEN            LENGTHEN
选择对象或 ［增量(DE)/百分数(P)/全部(T)/动态(DY)］：
```

命令行主要选项介绍如下：

- 增量(DE)：表示以增量方式修改对象的长度。可以直接输入长度增量来拉长直线或者圆弧，长度增量为正时拉长对象，为负时缩短对象。也可以输入A，通过指定圆弧的包含角增量来修改圆弧的长度。
- 百分数(P)：通过输入百分比来改变对象的长度或圆心角度大小。百分比的数值以原长度为参照。
- 全部(T)：通过输入对象的总长度来改变对象的长度和角度。
- 动态(DY)：用动态模式拖动对象的一个端点来改变对象的长度或角度。

 拉长命令只能用于改变非封闭图形的长度，包括直线和圆弧，对于封闭图形（如矩形、圆和椭圆）无效。

5.3.9 圆角图形

圆角与倒角类似，执行该命令后系统将选择的两条相交的直线或圆弧通过一个圆弧连接起来，如图 5-51 所示。圆角命令的使用也可分为两步：第一步确定圆角大小，通常用"半径"确定；第二步选定两条需要圆角的边。

圆角命令有以下几种调用方法：

- 命令行：输入 FILLET / F 并按回车键。
- 工具栏：单击"修改"工具栏中的"圆角"按钮 。

- 菜单栏：调用"修改" | "圆角"命令。
- 功能区：在"默认"选项卡中，单击"修改"面板中的"圆角"按钮 ⬚ 。

调用"圆角"命令，命令行操作如下：

命令：FILLET↙

选择第一个对象或 [放弃(U)/多段线(P)/半径(R)/修剪(T)/多个(M)]：

图 5-51　圆角示例

命令行主要选项介绍如下：

- 半径：定义圆角圆弧的半径。输入的值将成为后续 FILLET 命令的当前半径。修改此值并不影响现有的圆角圆弧。

> **提示** AutoCAD 在进行倒角和圆角时，绘图区将自动显示倒角和圆角的位置、大小。可以方便地预览倒角或圆角后的效果，同时可以方便地修改倒角的距离大小和圆角的半径大小。

5.4　改变图形的数量

5.4.1　复制图形

复制是指在不改变图形大小、方向的前提下，重新生成一个或多个与原对象一模一样的图形。

复制命令有以下几种调用方法：

- 命令行：输入 COPY / CO / CP 并按回车键。
- 工具栏：单击"修改"工具栏"复制"按钮 ⬚ 。
- 菜单栏：选择"修改" | "复制"命令。
- 功能区：在"默认"选项卡中，单击"修改"面板中的"复制"按钮 ⬚ 。

下面我们以动力系统图为例，来讲解复制图形的方法。

 课堂举例 5-13： 复制图形　　　　　　　　　　　🔘 视频\第 5 章\课堂举例 5-13.mp4

01 打开本书配套光盘素材文件"素材\第 5 章\5.4.1 复制图形对象.dwg"，如图 5-52 所示。

02 调用 COPY / CO / CP "复制"命令，将右侧线路复制四次，命令行具体操作过程如下：

命令：CO↙　　　　　COPY　　　　//启动"复制"命令

选择对象：指定对角点：找到 16 个　　//用窗口选择的方法，选择如图 5-52 所示的支线图形

选择对象：↙　　　　　　　　　//按回车键结束对象选择

当前设置：复制模式 = 多个

指定基点或 [位移(D)/模式(O)] <位移>: 　　　　　　　//捕捉右侧线路与竖向线路的交点为基点
指定第二个点或 [阵列(A)] <使用第一个点作为位移>:
指定第二个点或 [阵列(A)/退出(E)/放弃(U)] <退出>:
指定第二个点或 [阵列(A)/退出(E)/放弃(U)] <退出>: //连续指定需要复制线路的点，结果如
　　　　　　　　　　　　　　　　　　　　　　　　　　　　　　　　　　图 5-53 所示。

图 5-52　打开图形　　　　　　　　　　　　　　图 5-53　复制结果

5.4.2　偏移图形

偏移命令是一种特殊的复制对象的方法，它是根据指定的距离或通过点，建立一个与所选对象平行的形体，从而使对象数量得到增加。直线、曲线、多边形、圆、弧等都可以进行偏移操作。

偏移命令有以下几种调用方法：

● 命令行：直接输入 OFFSET / O 并按回车键。
● 工具栏：单击"修改"工具栏"偏移"按钮。
● 菜单栏：调用"修改" | "偏移"命令。
● 功能区：在"默认"选项卡中，单击"修改"面板中的"偏移"按钮。

下面我们以绘制综合布线配线架为例，来讲解偏移图形的方法。

课堂举例 5-14： **偏移图形**　　　　　　　　　　　　　　视频\第 5 章\课堂举例 5-14.mp4

01 调用 RECTANG/REC "矩形"命令，绘制长为 570、宽为 460 的矩形，如图 5-54 所示。

02 调用 EXPLODE / X "分解"命令，将刚绘制的矩形分解；调用 OFFSET / O "偏移"命令，将矩形的长边向内偏移 72，将短边向里偏移 140，结果如图 5-55 所示。

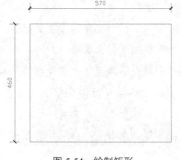

图 5-54　绘制矩形

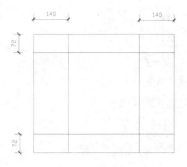

图 5-55　偏移矩形边

03 调用 LINE/L "直线" 命令，连接内部矩形的四角，如图 5-56 所示。

04 调用 TRIM/TR "修剪" 命令，修剪多余线段，如图 5-57 所示。综合布线配线架绘制完成。

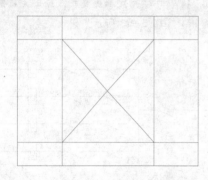

图 5-56　连接对角点

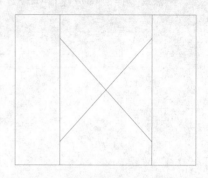

图 5-57　修剪多余线

5.4.3　镜像图形

镜像命令可以生成与所选对象相对称的图形。在命令执行过程中，需要确定的参数有需要镜像复制的对象及对称轴。对称轴可以是任意方向的，所选对象将根据该轴线进行对称复制，并且可以选择删除或保留源对象。在实际工程中，许多物体都设计成对称形状。如果绘制了这些图例的一半，就可以利用镜像命令迅速得到另一半。

镜像命令有以下几种调用方法：

● 命令行：直接输入 MIRROR/MI 并按回车键。
● 工具栏：单击 "修改" 工具栏 "镜像" 按钮。
● 菜单栏：调用 "修改" | "镜像" 命令。
● 功能区：在 "默认" 选项卡中，单击 "修改" 面板中的 "镜像" 按钮。

下面我们以绘制电视天线为例，来讲解镜像命令的操作方法。

课堂举例 5-15：镜像图形　　　　　视频\第 5 章\课堂举例 5-15.mp4

01 打开本书配套光盘素材文件 "素材 \ 第 5 章 \ 5.4.3 镜像图形对象.dwg"。如图 5-58 所示。

02 调用 MIRROR/MI "镜像" 命令，镜像图形，命令行具体操作过程如下：

命令：MI↙　　　　　MIRROR	//启动 "镜像" 命令
选择对象：到 202 个	//使用窗口选择的方法选择左侧部分
选择对象：↙	//按回车键结束对象选择
指定镜像线的第一点：	//捕捉图形最下端点作为镜像线第一点
指定镜像线的第二点：	//垂直向上移动光标，在垂直线上任意指定一点，如图 5-59 所示
要删除源对象吗？[是 (Y) /否 (N)] <N>:↙	//按回车键结束命令，结果如图 5-60 所示

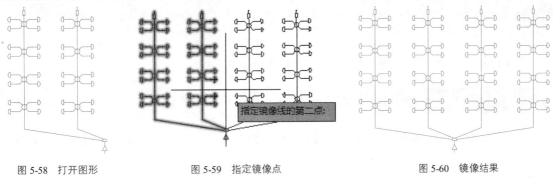

图 5-58　打开图形　　　　　　　　图 5-59　指定镜像点　　　　　　　　图 5-60　镜像结果

5.4.4　对象阵列

　　"复制""镜像"和"偏移"等命令，一次只能复制得到一个对象副本。如果要按照一定规律大量复制图形，可以使用"阵列"命令，该命令可以按矩形、环形和路径 3 种方式快速复制图形。

1.　矩形阵列

　　矩形阵列是以控制行数、列数以及行和列之间的距离，或添加倾斜角的方式，复制多重行列状排列的图形。

　　执行"矩形阵列"命令有以下几种方法。

- 命令行：输入 ARRAY/AR 并按回车键。
- 菜单栏：调用"修改"｜"阵列"｜"矩形阵列"命令。
- 工具栏：单击"修改"工具栏中的"矩形阵列"按钮 ▦。
- 功能区：在"默认"选项卡中，单击"修改"面板中的"矩形阵列"按钮 ▦。

　　使用矩形阵列需要设置的参数有阵列的源对象、行和列的数目、行距和列距。行和列的数目决定了需要复制的图形对象的数量。

　　矩形阵列命令行提示如下：

```
命令:AR↙      ARRAY                                    //启动"阵列"命令
选择对象: 找到 1 个                                      //选择阵列的对象
选择对象: ↙                                             //结束对象选择
输入阵列类型 [矩形(R)/路径(PA)/极轴(PO)] <矩形>:R↙      //选择"矩形(R)"阵列类型
类型 = 矩形关联 = 是
选择夹点以编辑阵列或 [关联(AS)/基点(B)/计数(COU)/间距(S)/列数(COL)/行数(R)/层数
(L)/退出(X)] <退出>:
```

　　命令行主要选项含义如下：

- 关联：指定阵列中的对象是关联的还是独立的。
- 基点：定义阵列基点和基点夹点的位置。
- 计数：指定行数和列数，并使用户在移动光标时可以动态观察阵列结果。
- 间距：指定行间距和列间距，并使用户在移动光标时可以动态观察结果。
- 列数：编辑列数和列间距。
- 行数：指定阵列中的行数、它们之间的距离以及行之间的增量标高。
- 层数：指定三维阵列的层数和层间距。

技巧 在矩形阵列的过程中，如果希望阵列的图形往相反的方向复制时，在列数或行数前面加 "-" 号即可。

下面通过具体案例，讲解矩形阵列操作的方法。

课堂举例 5-16： 矩形阵列操作　　　　　视频\第 5 章\课堂举例 5-16.mp4

01 单击快速访问工具栏 "打开" 按钮，打开 "第 5 章\5.4.4.1 矩形阵列.dwg" 文件，如图 5-61 所示。

02 调用 AR "阵列" 命令，快速复制双管荧光灯，命令行操作如下：

```
命令：AR↙          ARRAY                           //启动 "阵列" 命令
选择对象：↙   找到 1 个                            //选择荧光灯图形为阵列对象
选择对象：↙                                         //按回车键结束选择
输入阵列类型 [矩形(R)/路径(PA)/极轴(PO)] <矩形>:R↙   //选择矩形阵列类型
类型 = 矩形关联 = 是
选择夹点以编辑阵列或 [关联(AS)/基点(B)/计数(COU)/间距(S)/列数(COL)/行数(R)/层数
(L)/退出(X)] <退出>:COL↙                           //选择 "列数(COL)" 选项
输入列数或 [表达式(E)] <4>:2↙                      //指定列数
指定列数之间的距离或 [总计(T)/表达式(E)] <1800>:3000↙  //指定列间距
选择夹点以编辑阵列或 [关联(AS)/基点(B)/计数(COU)/间距(S)/列数(COL)/行数(R)/层数
(L)/退出(X)] <退出>:R↙                             //选择 "行数(R)" 选项
输入行数数或 [表达式(E)] <3>:3↙                    //指定行数
指定行数之间的距离或 [总计(T)/表达式(E)] <625>: 2500↙  //指定行间距
指定行数之间的标高增量或 [表达式(E)] <0>:↙        //默认当前数值
选择夹点以编辑阵列或 [关联(AS)/基点(B)/计数(COU)/间距(S)/列数(COL)/行数(R)/层数
(L)/退出(X)] <退出>:                               //按 Esc 键退出命令
```

03 矩形阵列结果如图 5-62 所示。

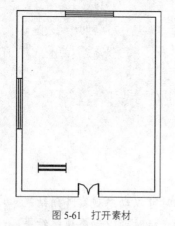
图 5-61　打开素材

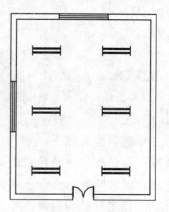
图 5-62　矩形阵列结果

2. 环形阵列

"环形阵列" 命令用于复制沿中心点的四周均匀排列成环形的图形对象。

执行"环形阵列"命令有以下几种方法：

● 命令行：输入 **ARRAY/AR** 并按回车键。

● 菜单栏：选择"修改" | "阵列" | "环形阵列"命令。

● 工具栏：单击"修改"工具栏中的"环形阵列"按钮。

● 功能区：在"默认"选项卡中，单击"修改"面板中的"环形阵列"按钮。

环形阵列需要设置的参数有阵列的源对象、项目总数、中心点位置和填充角度。填充角度是指全部项目排成的环形所占有的角度。例如，对于 360°填充，所有项目将排满 1 圈；对于 270°填充，所有项目只排满 3/4 圈。

极轴阵列命令行提示如下：

命令：ARRAY↙	//启动"阵列"命令
选择对象：	//选择阵列对象
输入阵列类型[矩形(R)/路径(PA)/极轴(PO)]：PO↙	//激活"极轴"选项
指定阵列的中心点或 [基点(B)/旋转轴(A)]：	//指定阵列中心点
选择夹点以编辑阵列或 [关联(AS)/基点(B)/项目(I)/项目间角度(A)/填充角度(F)/行(ROW)/层(L)/旋转项目(ROT)/退出(X)] <退出>：	//设置阵列参数

命令行主要选项含义如下：

● 基点：指定阵列的基点。

● 旋转项目：控制在阵列项时是否旋转。

● 填充角度：对象环形阵列的总角度。

● 项目间角度：每个对象环形阵列后相隔的角度。

3．路径阵列

路径阵列用于沿路径或部分路径均匀复制图形。

执行"路径阵列"命令有如下几种方法：

● 命令行：输入 **ARRAY/AR** 并按回车键。

● 菜单栏：调用"修改" | "阵列" | "路径阵列"命令。

● 工具栏：单击"修改"工具栏中的"路径阵列"按钮。

● 功能区：在"默认"选项卡，单击"修改"面板中的"路径阵列"按钮。

路径阵列需要设置的参数有阵列路径、阵列对象和阵列数量、方向等。

路径阵列命令行提示如下：

命令：ARRAY↙	//调用阵列命令
选择对象：	//选择要阵列的对象
输入阵列类型[矩形(R)/路径(PA)/极轴(PO)]：PA↙	//激活"路径"选项
选择路径曲线：	//选取阵列路径
选择夹点以编辑阵列或[关联(AS)/方法(M)/基点(B)/切向(T)/项目(I)/行(R)/层(L)/对齐项目(A)/Z 方向(Z)/退出(X)] <退出>：	//设置阵列参数

命令行主要选项介绍如下：

● 关联：指定是否创建阵列对象，或者是否创建选定对象的非关联副本。

● 方法：控制如何沿路径分布项目。

● 基点：定义阵列的基点。路径阵列中的项目相对于基点放置。

● 切向：指定阵列中的项目如何相对于路径的起始方向对齐。

- 项目：根据"方法"设置，指定项目数或项目之间的距离。
- 行：指定阵列中的行数、它们之间的距离以及行之间的增量标高。
- 层：指定三维阵列的层数和层间距。
- 对齐项目：指定是否对齐每个项目以与路径的方向相切。对齐相对于第一个项目的方向。
- Z 方向：控制是否保持项目的原始 Z 方向或沿三维路径自然倾斜。

注意 在路径阵列过程中，设置不同的切向，阵列对象将按不同的方向沿路径排列。

下面通过案例，对路径阵列操作进行讲解。

课堂举例 5-17： **路径阵列操作** 🔘 视频\第 5 章\课堂举例 5-17.mp4

01 单击快速访问工具栏"打开"按钮 📂，打开"第 5 章\5.4.4.3 路径阵列.dwg"文件，如图 5-63 所示。

02 选择"修改"｜"阵列"｜"路径阵列"命令，将图例沿弧线阵列，命令行操作如下：

```
命令:Arraypath↙                                              //启动"路径阵列"命令
选择对象: 找到 1 个                                           //选择弧线下端的图例图形
选择对象: ↙                                                  //结束对象选择
类型 = 路径关联 = 是
选择路径曲线:                                                //选择圆弧作为阵列路径
选择夹点以编辑阵列或 [关联(AS)/方法(M)/基点(B)/切向(T)/项目(I)/行(R)/层(L)/对齐项
目(A)/Z 方向(Z)/退出(X)] <退出>: I↙                          //激活"项目(I)"选项
指定沿路径的项目之间的距离或 [表达式(E)] <959>: 3000↙  .     //指定项目距离
最大项目数 = 4
指定项目数或 [填写完整路径(F)/表达式(E)] <4>:↙              //默认当前项目数
选择夹点以编辑阵列或 [关联(AS)/方法(M)/基点(B)/切向(T)/项目(I)/行(R)/层(L)/对齐项
目(A)/Z 方向(Z)/退出(X)] <退出>:                             //按 Esc 键退出命令
```

03 路径阵列结果如图 5-64 所示。

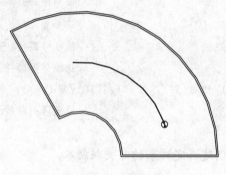

图 5-63　打开素材

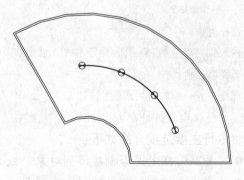

图 5-64　路径阵列结果

第 6 章 应用图块与设计中心

本章导读

　　AutoCAD 提供了图块的功能，用户可以将一些经常使用的图形对象定义为图块。使用这些图形时，只需要将相应的图块按合适的比例插入到指定的位置即可，从而避免了重复绘制，提高了工作效率。

　　设计中心是 AutoCAD 中一个非常有用的工具。它的作用就像 Windows 操作系统中的资源管理器，用于管理众多的图形资源。这些图形资源包括 dwg 格式文档、图层、命名样式（文字、线型、标注）、图块、外部参照、图案填充等。

本章重点

- 创建与编辑图块
- 创建与编辑属性图块
- 使用 AutoCAD 设计中心

6.1 创建与编辑图块

用户通过创建块，可以将多个对象合并成一个整体来操作；可以随时将块作为单个对象插入到当前图形中的指定位置上，而且在插入时可以指定不同的缩放系数和旋转角度。块在图形中可被移动、删除、复制和分解，本节将讲解创建和编辑块的方法。

6.1.1 认识图块

图块也叫块，是由一组图形对象组合成的集合，一组对象一旦被定义为图块，它们将成为一个整体，拾取图块中任意一个图形对象即可选中构成图块的所有对象。用户需要的时候可以把图块作为一个整体以任意比例和旋转角度插入到图形中的任意位置，这样不仅避免了大量的重复绘制，还提高了绘制速度和效率。

6.1.2 创建图块

要创建一个新的图块，首先要用绘图和修改命令绘制出组成图块的所有图形对象，然后再用"块"命令定义为块。

调用"块"命令的方法有以下几种：

- 命令行：输入 BLOCK/B 并按回车键。
- 菜单栏：选择"绘图" | "块" | "创建"。
- 工具栏：单击"绘图"工具栏中的"创建块"工具按钮 ▣。
- 功能区：在"默认"选项卡中，单击"块"面板中的"创建块"按钮 ▣。

启动 BLOCK 命令后，弹出如图 6-1 所示的"块定义"对话框。在该对话框中，需要设置块的名称、选择组成图块的对象并指定插入基点。

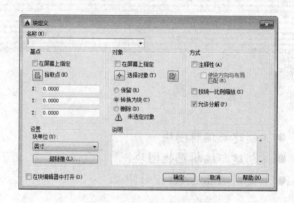

图 6-1　"块定义"对话框

1．命名

在"名称"文本框中输入新图块的名称。单击右边的小三角形下拉列表框按钮，可以显示当前文档中所有已存在的块定义名称列表。

2．选择对象

"对象"选项组用于选择组成图块的图形对象。单击"选择对象"按钮，"块定义"对话框暂时消失。此时，可以在工作区中连续选择需要组成该图块的图形对象。选择结束后按回车键，"块定义"对话框重新出现，并显示已选中的对象数目。至此，选择对象操作结束。

该选项组中的一组单选按钮用于设置块定义完成后被选择对象的处理方式，具体含义如下：

- 保留：被选中组成块的对象仍然保留在原位置，不转化为块实例。
- 转换为块：被选中组成块的对象转化为一个块实例。
- 删除：被选中组成块的对象在原位置被删除。

3．确定插入基点

插入基点是插入图块实例时的参照点。插入块时，可通过确定插入基点的位置将整个块实例放置到指定的位置上。理论上，插入基点可以是图块的任意点。但为了方便定位，经常选取端点、中点、圆心等特征点作为插入基点。

插入基点的坐标可以直接在"基点"选项组的 X、Y、Z 三个文本框中输入。但通常情况下，在工作区间中用对象捕捉的方法确定基点更为方便。单击"拾取点"按钮，对话框暂时消失。此时，在工作区间中用对象捕捉的方法捕捉指定的点作为基点。捕捉确定后，对话框将重新出现。

下面我们以绘制热继电器为例，来讲解创建图块的方法。

课堂举例 6-1：创建图块　　视频\第 6 章\课堂举例 6-1.mp4

01 打开本书配套光中的素材文件"素材 \ 第 6 章 \ 6.1.2 创建图块.dwg"，如图 6-2 所示。

02 在命令行中输入 BLOCK/B 命令并按回车键，打开如图 6-1 所示的"块定义"对话框。

03 单击"对象"选项组的"选择对象"按钮，在绘图区中选择原图形，按回车键返回"块定义"对话框。

04 单击"基点"选项组中的"拾取点"按钮，拾取图形直线左端点为基点；按回车键返回"块定义"对话框，输入块名称，如图 6-3 所示；单击"确定"按钮关闭对话框。

05 热继电器即创建为块，此时在图形上方单击，即可选择整个块，如图 6-4 所示。

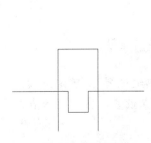

图 6-2　打开图形

图 6-3　输入块名称

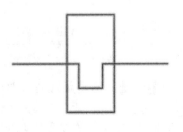

图 6-4　选择块

6.1.3 插入图块

块定义完成后，就可以插入与块定义关联的块实例了。

启动"插入块"命令的方法有以下几种：

- 命令行：输入 INSERT/I 并按回车键。
- 菜单栏：选择"插入"｜"块"命令。
- 工具栏：单击"绘图"工具栏中的"插入块"工具按钮📐。

启动 INSERT 命令后，弹出如图 6-5 所示的块"插入"对话框。在该对话框中需要指定块名称、插入点位置、块实例的缩放比例和旋转角度。

- 名称：选择需要插入的块的名称。
- 插入点：输入插入基点坐标。可以直接在 X、Y、Z 三个文本框中输入插入点的绝对坐标；更简单的方式是通过选中"在屏幕上指定"复选框，用对象捕捉的方法在工作区间上直接捕捉确定。
- 缩放比例：设置块实例相对于块定义的缩放比例。可以直接在 X、Y、Z 三个文本框中输入三个方向上的缩放比例值；也可以通过选中"在屏幕上指定"复选框，在工作区间上动态确定缩放比例。选中"统一比例"复选框，则在 X、Y、Z 三个方向上的缩放比例相同。
- 旋转：设置块实例相对于块定义的旋转角度。可以直接在"角度"文本框中输入旋转角度值；也可以通过选中"在屏幕上指定"复选框，在工作区间上动态确定旋转角度。
- 分解：设置是否将块实例分解成普通的图形对象。

下面以在动力系统图中插入"热继电器"块为例，介绍插入块的具体操作。

课堂举例 6-2：插入图块　　　　　　　　　　　　　　🔘 视频\第 6 章\课堂举例 6-2.mp4

01 按下 Ctrl+O 快捷键，打开本书配套光盘素材文件"素材 \ 第 6 章 \ 6.1.3 插入块.dwg"。

02 调用 INSERT/I "插入图块"命令，打开"插入"对话框，如图 6-5 所示。

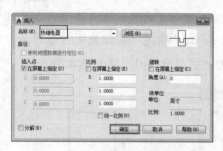

图 6-5　"插入"对话框

图 6-6　打开图形

03 选择需要插入的内部块。打开"名称"下拉列表框，选择"热继电器"。确定缩放比例，选择"统一比例"复选框，在"X"框中输入"1"。确定插入基点位置，在"插入点"选项组中选中"在屏幕上指定"复选框。

04 单击"确定"按钮退出对话框，在动力系统相应位置指定插入点，插入热继电器图块，如图 6-7 所示。

6.1.4　写块

使用 BLOCK 命令定义的块只能在定义该图块的文件内部使用。如果要让所有的 AutoCAD 文档共用图块，就需要用"写块"命令 WBLOCK 定义外部块。定义外部块的过程，实质上就是将图块保存为一个单独的 DWG 图形文件，因为 DWG 文件可以被其他 AutoCAD 文件使用。

在命令行输入 WBLOCK，或者简写形式 W，将弹出如图 6-8 所示的"写块"对话框。

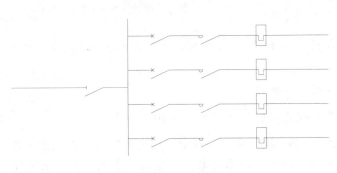

图 6-7　插入热继电器图块

图 6-8　"写块"对话框

1．"源"选项组

该选项组设置外部块类型，有以下几个选项：

- 块：将已经定义好的块保存，可以在下拉列表中选择已有的内部块。如果当前文件中没有定义的块，该单选按钮不可用。
- 整个图形：将当前工作区中的全部图形保存为外部块。
- 对象：选择图形对象定义外部块。该项是默认选项，一般情况下选择此项即可。

2．"基点"选项组

该选项组确定插入基点。方法与块定义相同。

3．"对象"选项组

该选项组选择保存为块的图形对象，操作方法与定义块时相同。

4．"目标"选项组

设置写块文件的保存路径和文件名。

当插入保存为图形文件的块时，需要在图 6-5 所示的"插入"对话框中单击"浏览"按钮定位并选择块文件。

6.1.5　分解图块

块实例是一个整体，AutoCAD 不允许对块实例进行局部修改。因此需要修改块实例，必须先用分解块命令(EXPLODE)将块实例分解。

块实例被分解为彼此独立的普通图形对象后，每一个对象可以单独被选中，而且可以分别对这些对象进行修改操作。启动 EXPLODE 命令的方法有：

- 命令行: 输入 EXPLODE/X 并按回车键。
- 菜单栏: 选择"修改" | "分解"命令。
- 工具栏: 单击"修改"工具栏"分解"工具按钮⬜。

6.1.6 重新定义图块

通过对图块的重定义,可以更新所有与之关联的块实例,实现自动修改。

下面我们以绘制双联开关为例,讲解重新定义图块的方法。

课堂举例 6-3: 重新定义图块 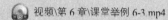 视频\第 6 章\课堂举例 6-3.mp4

01 打开本书配套光盘素材文件"素材 \ 第 6 章 \ 6.1.6 重新定义图块对象.dwg",如图 6-9 所示。

02 调用 EXPLODE/X 命令,分解"开关"图块。

03 选择删除开关的个数,将四联开关改为双联开关,如图 6-10 所示。

04 重定义"开关"图块。调用 BLOCK/B "块"命令,弹出"块定义"对话框。在"名称"下拉列表框中选择"开关",选择被分解的开关图形对象,确定插入基点。完成上述设置后,单击"确定"按钮。此时,AutoCAD 会提示"块定义已更改,是否重新定义此块?",单击"是(Y)"按钮确定。重定义块操作完成。

05 上述操作完成后,将会发现图形中所有的"开关"块实例都已经被修改,由四联开关更改成了双联开关。

图 6-9 原图块

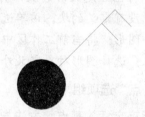

图 6-10 修改后的图块

6.2 创建与编辑属性图块

图块包含的信息可以分为两类:图形信息和非图形信息。块属性是指图块的非图形信息,块属性必须和图块结合在一起使用,在图样上显示为块实例的标签或说明,单独的属性是没有意义的。

6.2.1 创建属性图块

定义块属性必须在定义块之前进行。执行"定义属性"命令有以下几种方法:

- 命令行: 输入 ATTDEF/ATT 并按回车键。
- 菜单栏: 选择"绘图" | "块" | "定义属性"命令。

● 功能区: 在 "插入" 选项卡中, 单击 "块定义" 面板中的 "定义属性" 按钮 🏷️。

课堂举例 6-4: 创建属性块　　　　　　　　　　🎧 视频\第 6 章\课堂举例 6-4.mp4

01 调用 RECTANG/REC "矩形" 命令, 绘制长为 52, 宽为 24 的矩形。调用 LINE/L "直线" 命令, 在矩形的两侧绘制两条长度为 20 的水平直线, 如图 6-11 所示。

02 定义文字图块。执行 "绘图" | "块" | "定义属性" 命令, 打开 "属性定义" 对话框, 在 "属性" 参数栏中设置 "标记" 为 "1", 设置 "提示" 为 "输入电阻值", 设置 "默认" 为 1K。

03 在 "文字设置" 选项组中设置 "文字样式" 为 Standard, 勾选 "注释性" 复选框, 设置文字高度为 12, 如图 6-12 所示。

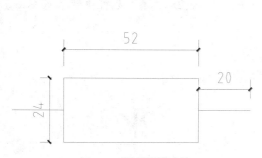

图 6-11　绘制矩形和直线

图 6-12　"属性定义" 对话框

04 设置完毕后, 单击 "确定" 按钮。此时, 出现了 "文字" 的属性文本, 可将其拖放到指定位置, 如图 6-13 所示。

05 选择图形和文字, 在命令窗口中输入 BLOCK/B 后按回车键, 打开 "块定义" 对话框, 如图 6-14 所示。

06 在 "对象" 参数栏中单击 "选择对象" 按钮 🔍, 在图形窗口中选择图形, 按回车键返回 "块定义" 对话框, 并在 "名称" 下拉列表框中输入 "电阻"。

07 在 "基点" 参数栏中单击 "拾取点" 按钮 📌, 捕捉并单击直线左端点作为图块的插入点。

08 输入名称为 "电阻", 勾选 "注释性" 复选框。单击 "确定" 按钮关闭对话框, 完成电阻图块的创建。

图 6-13　指定属性位置

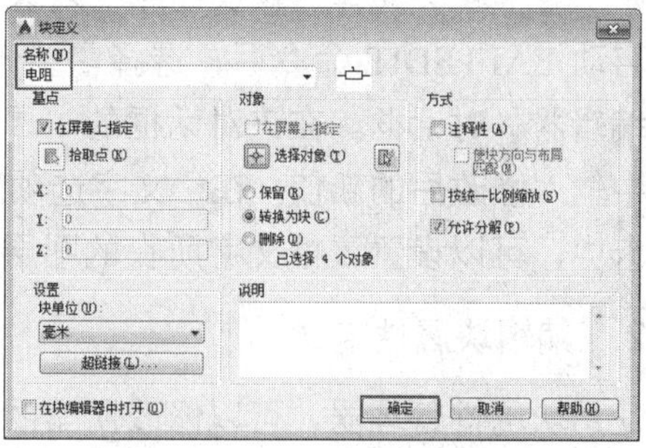

图 6-14　"块定义" 对话框

6.2.2 插入属性块

插入属性图块的操作与插入普通图块的操作基本相同，不同之处是在命令行中会出现提示信息，引导用户输入属性值插入属性块。

下面介绍插入属性块的方法。

课堂举例 6-5：插入属性块　　　　　视频\第 6 章\课堂举例 6-5.mp4

01 调用 I "插入块"命令，插入电阻图块，命令行操作如下：

```
命令：I↙    INSERT                                        //调用 "插入块" 命令
指定插入点或[基点(B)/比例(S)/X/Y/Z/旋转(R)/预览比例(PS)/PX/PY/PZ/预览旋转(:
PR)]:                                                    //确定插入基点
```

02 此时弹出如图 6-15 所示"编辑属性"对话框，输入 2K，插入属性块结果如图 6-16 所示。

图 6-15　"编辑属性"对话框

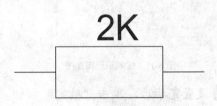

图 6-16　插入属性块结果

6.2.3 编辑块的属性

对块属性的编辑主要包括块属性定义的编辑和属性值的编辑。

1. 编辑属性值

使用增强属性编辑器可以方便地修改属性值和属性文字的格式。

打开增强型属性编辑器的方法有以下几种：

● 命令行：输入 EATTEDIT 并按回车键，或直接双击块实例中的属性文字。
● 菜单栏：选择"修改"｜"对象"｜"属性"｜"单个"命令。

启动 EATTEDIT 命令后，选择需要修改的属性文字，可以打开如图 6-17 所示的"增强属性编辑器"对话框。在该对话框的"属性"选项卡中选中某个属性值后，可以在"值"文本框中输入修改后的新值。在"文字选项"选项卡中，可以设置属性文字的格式。在"特性"选项卡中，可以设置属性文字所在的图层、线型、颜色、线宽等显示控制属性。

2. 编辑块属性定义

使用块属性管理器，可以修改所有图块的块属性定义。打开块属性管理器的方法有以下几种：

- 命令行：输入 BATTMAN 并按回车键。
- 菜单栏：选择"修改"｜"对象"｜"属性"｜"块属性管理器"命令。

启动 BATTMAN 命令，弹出如图 6-18 所示的"块属性管理器"对话框。对话框中显示了已附加到图块的所有块属性列表。双击需要修改的属性项，可以在随之出现的"编辑属性"对话框中编辑属性项。选中某属性项，然后单击右边的"删除"按钮，可以从块属性定义中删除该属性项。

对块属性定义修改完成后，单击右边"同步"按钮，可以更新相应的所有的块实例。但同步操作仅能更新块属性定义，不能修改属性值。

图 6-17　"增强属性编辑器"对话框

图 6-18　"块属性管理器"对话框

6.2.4　提取属性数据

附加在块实例上的块属性数据是重要的工程数据。在实际工作中，通常需要将块属性数据提取出来，供其他程序或外部数据库分析利用。属性提取功能可以将图块属性数据输出到表格或外部文件中，供分析使用。

利用 AutoCAD 提供的属性提取向导，只需根据向导提示按步骤操作，即可方便地提取块属性数据。打开属性提取向导的方式有：

- 命令行：输入 EATTEXT 并按回车键。
- 菜单栏：选择"工具"｜"数据提取"命令。

AutoCAD 提供了块属性提取向导以帮助用户一步步提取所需数据，详细操作步骤这里就不讲解了。

6.3　使用 AutoCAD 设计中心

使用设计中心可以将任何资源复制粘贴到其他文档中，也可以拖放到工具选项板上，从而实现了对图形资源的共享和重复利用，简化了绘图过程。工具选项板是"工具选项板"窗口中选项卡形式的区域，是组织、共享和放置块及填充图案的有效方法。

6.3.1　设计中心

利用设计中心，可以对图形设计资源实现以下管理功能：

- 浏览、查找和打开指定的图形资源。

- 能够将图形文件、图块、外部参照、命名样式迅速插入到当前文件中。
- 为经常访问的本地机或网络上的设计资源创建快捷方式，并添加到收藏夹中。

可以用以下方式打开"设计中心"选项板：

- 命令行：输入 ADCENTER/ADC 并按回车键。
- 菜单栏：选择"工具"|"选项板"|"设计中心"命令。
- 工具栏：在"标准"工具栏中，单击"设计中心"工具按钮。
- 快捷键：按 Ctrl+2 键。

6.3.2 设计中心窗体

设计中心的外观与 Windows 资源管理器相似。双击蓝色的标题栏，可以将窗体固定放置在工作区一侧，或者浮动放置在工作区上。拖动标题栏或窗体边界，可以调整窗体的位置和大小。

位于窗体上部的是用于导航定位和设置外观的工具按钮，左侧的路径窗口以树状图的形式显示了图形资源的保存路径，右侧的内容窗口显示了各图形资源的缩略图和说明信息。如图 6-19 所示，单击"文件夹"选项卡，在左侧的树状目录中定位到图形文件中，可以观察到该文件中的标注、表格、布局、图块等所有图形资源的信息。

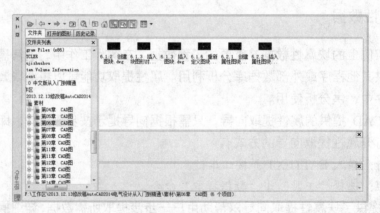

图 6-19　"设计中心"窗体

在"打开的图形"选项卡中，显示了当前已经打开的所有图形文件的资源结构。在"历史记录"选项卡中，显示了最近打开的图形文件的列表，通过双击文件可以迅速定位到某文件。

6.3.3 使用图形资源

1．打开图形文件

如图 6-20 所示，通过设计中心打开 DWG 图形文件，可以在内容窗口中右击需要打开的文件，选择"插入为块"菜单项即可。

2．插入图形资源

直接插入图形资源，是设计中心最实用的功能。可以直接将某个 AutoCAD 图形文件作为外部块或者外部参照插入到当前文件中；也可以直接将某图形文件中已经存在的图层、线型、样式、图块等命名对象直接插入到当前文件，而不需要在当前文件中对样式进行重复定义。

如图 6-20 所示，选择快捷菜单"插入块"命令，可以将 DWG 图形文件作为外部块插入到当前文件中。

如果要插入标注、图层、线型、样式、图块等任意资源对象，可以从内容窗口直接拖放到当前图形的工作区中。

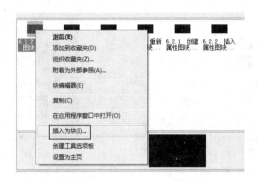

图 6-20　打开图形文件

3．图块重新编辑

在设计中心中可以方便地对图块进行编辑。如图 6-21 所示，右击需要编辑的图块，选择相应的快捷菜单命令，可以对图块进行重新编辑。

图 6-21　图块插入和重定义

6.3.4　工具选项板

工具选项板是 AutoCAD 的一个强大的自定义工具，能够让用户根据自己的工作需要将各种 AutoCAD 图形资源和常用的操作命令整合到工具选项板中，以便随时调用。

如图 6-22 所示，"工具选项板"窗体默认由"填充图案"、"表格"等若干个工具选项板组成。每个选项板中包含各种样例等图形资源。工具选项板中的图形资源和命令工具都称为"工具"。

打开"工具选项板"的方法有以下几种：

● 命令行：在命令行中输入 TOOLPALETTES/TP。

- 菜单栏：执行"工具"|"选项板"|"工具选项板"命令。
- 功能区：在"视图"选项卡中，单击"选项板"面板中的"工具选项板"按钮。
- 组合快捷键：按 Ctrl+3 组合键。
- 由于显示区域的限制，不能显示所有的工具选项板标签。此时可以用鼠标在选项板标签的端部位置右击，在弹出的快捷菜单中选择需要显示的工具选项板名称，如图 6-23 所示。

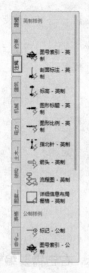

图 6-22 "工具选项板"窗体

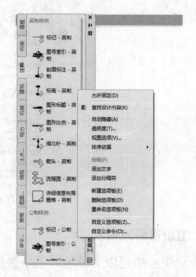

图 6-23 "工具选项板"快捷菜单

第 **7** 章　应用文字与表格对象

本章导读

　　工程图样是生产加工的依据和技术交流的工具，一张完整的工程图除了用图形完善、正确、清晰地表达物体的结构形状外，还必须用尺寸表示物体的大小，另外还应有相应的文字信息，如注释说明、技术要求、明细表等，实现工程图的这些要求往往用到 AutoCAD 中文字和表格命令的相关功能。本章将讲解这些文字与表格的创建方法。

本章重点

- 设置文字样式
- 创建与编辑单行文字
- 创建与编辑多行文字
- 应用表格与表格样式

7.1 设置文字样式

文字样式是一组可随图形保存的文字设置的集合，这些设置可包括字体、文字高度以及特殊效果等。在标注文字前，应首先定义文字样式，以指定字体、高度等参数，然后用定义好的文字样式进行标注。

7.1.1 创建文字样式

系统默认的文字样式为 STANDARD，若此样式不能满足注释的需要，用户可以根据需要设置新的文字样式或对文字样式进行修改。

设置文字样式需要在"文字样式"对话框中进行设置，打开该对话框的方式有以下几种：

- 命令行：输入"Style/st"并按回车键。
- 菜单栏：选择"格式" | "文字样式"命令。
- 功能区：在"默认"选项卡中，单击"注释"选项卡"文字"面板右下角 ⊿ 按钮。
- 工具栏：单击"文字"工具栏"文字样式"工具按钮 📝。

课堂举例 7-1：创建文字样式　　　　　　　　　📀 视频\第 7 章\课堂举例 7-1.mp4

01 单击"快速访问"工具栏中的"新建"按钮 🗋，新建空白文件。

02 在命令行中输入 ST 并按回车键，打开"文字样式"对话框，如图 7-1 所示。

03 单击"新建"按钮，弹出"新建文字样式"对话框，这里以系统默认的"样式 1"作为样式名称，如图 7-2 所示。

图 7-1　"文字样式"对话框

图 7-2　"新建文字样式"对话框

04 单击"确定"按钮，完成文字样式的创建，并显示在"样式"列表框中，如图 7-3 所示。

05 按 Ctrl+S 快捷键，保存当前图形文件，文件名为"第 7 章\7.1.1.dwg"，新建的"样式 1"文字样式也将随文件一起保存。

7.1.2 修改样式名

根据绘图的实际需要，用户可以随时对文字样式进行编辑和修改，包括样式重命名、字体大小等参数设置等。样式修改完成后，图形中所有应用了该样式的文字将自动更新。

　　文字样式修改同样在"文字样式"对话框中进行，首先在"样式"列表框中选择需要修改的样式，然后在对话框右侧重新设置文字样式的参数。

　　修改样式名的方法有以下几种：

● 命令行：RENAME（或 REN）并按回车键。

● 快捷菜单：在"样式"列表中右击要重命名的文字样式，在快捷菜单中选择"重命名"命令。

课堂举例 7-2：修改样式名　　　视频\第 7 章\课堂举例 7-2.mp4

　01　调用 RENAME/REN "修改样式名"命令，打开"重命名"对话框，如图 7-4 所示。

　02　在"命名对象"列表框中选择"文字样式"，然后在"项数"列表框中选中需要重命名的文字样式。

　03　在"重命名为"文本框中输入新的名称，并单击"重命名为"按钮，最后单击"确定"按钮确认即可，这种方式可以重命名"Standard"文字样式。

图 7-3　"文字样式"对话框

图 7-4　"重命名"对话框

　　下面举例说明快捷菜单重命名的方法。

课堂举例 7-3：修改样式名　　　视频\第 7 章\课堂举例 7-3.mp4

　01　调用 STYLE/ST "文字样式"命令，打开"文字样式"对话框。

　02　选择"样式"列表框中的"样式 1"样式，并单击右键，在弹出的快捷菜单中选择"重命名"选项，如图 7-5 所示。

图 7-5　文字样式重命名

03 输入新的样式名"常用标准样式1",结果如图 7-6 所示。

7.1.3 设置文字效果

"文字样式"对话框提供了设置文字效果的相关选项,如图 7-7 所示。

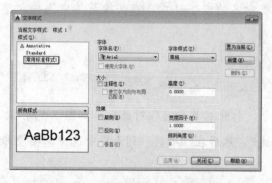

图 7-6　重命名结果

图 7-7　文字效果选项

各文字选项效果含义如下:

● 效果:该选项组用于设置文字的颠倒、反向、垂直等特殊效果。
● 颠倒:勾选该复选框,文字方向将翻转,如图 7-8 所示。

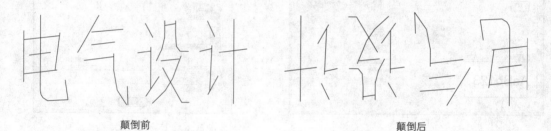

颠倒前　　　　　　　　　　　　　　　颠倒后

图 7-8　文字颠倒

● 反向:勾选"反向"复选框,文字的阅读顺序将与开始时相反,如图 7-9 所示。

反向前　　　　　　　　　　　　　　　反向后

图 7-9　文字反向

● 宽度因子:该参数控制文字的宽度,正常情况下宽度比例为 1。如果增大比例,那么文字将会变宽,如图 7-10 所示。

 只有使用"单行文字"命令输入的文字才能颠倒与反向。"宽度因子"只对用 MTEXT 命令输入的文字有效。

图 7-10　宽度因子

- 倾斜角度：调整文字的倾斜角度，如图 7-11 所示。用户只能输入-85°～85°之间的角度值，超过这个区间角度值将无效。

图 7-11　倾斜角度

7.2　创建与编辑单行文字

根据输入形式的不同，AutoCAD 文字输入可以分为单行文字和多行文字两种。单行文字命令可以创建一行或多行的文字，每行文字都是单独对象，可以分别编辑。

7.2.1　创建单行文字

单行文字的每一行都是一个文字对象，因此，可以用来创建内容比较简短的文字对象（如标签等），并且能够单独进行编辑。

启动"单行文字"命令的方法有以下几种：

- 命令行：输入 DT/TEXT/DTEXT 并按回车键。
- 菜单栏：选择"绘图"｜"文字"｜"单行文字"命令。
- 功能区：在"注释"选项卡，单击"文字"面板中的"单行文字"按钮 Ⓐ。

调用该命令后，就可以根据命令行的提示输入单行文字。在调用命令的过程中，需要输入的参数有文字起点、文字高度(此提示只有在当前文字样式中的字高为 0 时才显示)、文字旋转角度和文字内容。文字起点用于指定文字的插入位置，是文字对象的左下角点。文字旋转角度指文字相对于水平位置的倾斜角度。

课堂举例 7-4：　创建单行文字　　　　　　　　　视频\第 7 章\课堂举例 7-4.mp4

01 打开本书配套光盘素材文件"素材 \ 第 7 章 \ 7.2.1 创建单行文字对象.dwg"，如图 7-12 所示。

02 调用 DT/TEXT/DTEXT "单行文字" 命令，根据命令行提示输入文字，命令行具体操作如下：

```
命令:Dtext↙                                    //启动单行文字命令
当前文字样式: "STANDARD"  文字高度: 2.5000  注释性: 否
指定文字的起点或 [对正(J)/样式(S)]:            //在绘图区域合适位置拾取一点
指定高度 <2.5000>: 120↙                       //指定文字高度
指定文字的旋转角度 <0>:↙                       //默认旋转角度为 0
```

03 根据命令行提示设置文字样式后，绘图区域将出现一个带光标的矩形框，在其中输入 "感温探测器" 文字即可，如图 7-13 所示。

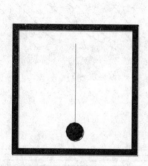

图 7-12　素材文件

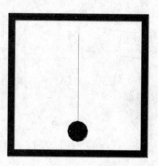

感温探测器

图 7-13　输入单行文字

 文字输入完成后，可以不退出命令，而直接在另一个要输入文字的地方单击，同样会出现文字输入框。在需要进行多次单行文字标注的图形中使用此方法，可以大大节省时间。

04 按快捷键 Ctrl+Enter 组合键或 Esc 键结束文字的输入。

 在输入单行文字时，按回车键不会结束文字的输入，而是表示换行。

7.2.2 编辑单行文字

在 AutoCAD 2015 中，可以对单行文字的文字特性和内容进行编辑。

1. 修改文字内容

修改文字内容的方式有如下几种：

● 命令行：输入 DDEDIT/ED 并按回车键。
● 菜单栏：选择 "修改" | "对象" | "文字" | "编辑" 命令。
● 鼠　标：直接在要修改的文字上双击鼠标。

调用以上任意一种操作后，文字将变成可输入状态，如图 7-14 所示。此时可以重新输入需要的文字内容，然后按 Ctrl+Enter 键退出即可，如图 7-15 所示。

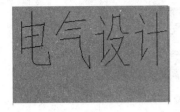

图 7-14 可输入状态　　　　　　　　　　图 7-15 编辑文字内容

2. 修改文字特性

在标注的文字出现错输、漏输及多输的状态下，可以运用上面的方法修改文字的内容。但是它仅仅能够修改文字的内容，而很多时候还需要修改文字的高度、大小、旋转角度、对正等特性。

修改单行文字特性的方式有如下两种：

● 菜单栏：调用"修改"｜"对象"｜"文字"｜"对正"命令。
● 对话框：在"文字样式"对话框中修改文字的颠倒、反向和垂直效果。

7.3 创建与编辑多行文字

多行文字常用于创建字数较多、字体变化较为复杂，甚至字号不一的文字标注。多行文字可以对文字进行更为复杂的编辑，如为文字添加下划线、设置文字段落对齐方式、为段落添加编号和项目符号等。

7.3.1 创建多行文字

多行文字常用于标注图形的技术要求和说明等，与单行文字不同的是，多行文字整体是一个文字对象，每一单行不再是单独的文字对象，也不能单独编辑。

创建"多行文字"的方法有以下几种：

● 命令行：输入 MTEXT/T 并按回车键。
● 菜单栏：选择"绘图"｜"文字"｜"多行文字"命令。
● 功能区：在"注释"选项卡，单击"文字"面板中的"多行文字"按钮 A。

调用"多行文字"命令后，命令行显示如下：

```
当前文字样式："Standard"  文字高度： 2.5  注释性： 否
指定第一角点：
指定对角点或 [高度(H)/对正(J)/行距(L)/旋转(R)/样式(S)/宽度(W)/栏(C)]：
```

系统先提示用户确定两个对角点，这两个点形成的矩形区域的左、右边界，就确定了整个段落的宽度。此时功能区出现"文字格式"选项卡和"文字样式"选项卡，如图 8-6 所示，用户输入文字内容的文字格式可在功能区进行设置。

文字编辑器的使用方法类似于写字板、Word 等文字编辑器程序，可以设置样式、字体、颜色、字高、对齐等文字格式。

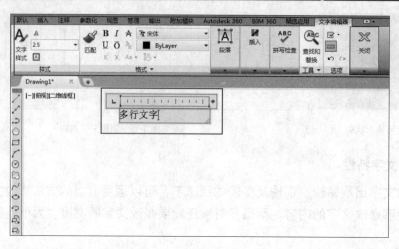

图 7-16　多行文字编辑界面

课堂举例 7-5：创建多行文字　　　视频\第 7 章\课堂举例 7-5.mp4

01 打开本书配套光盘素材文件"素材\第 7 章\7.3.1 创建多行文字对象.dwg"，如图 7-17 所示。

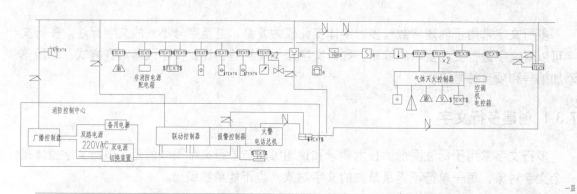

图 7-17　素材图形

02 调用 MTEXT/T "多行文字"命令，根据命令行提示，设置字高以及对齐方式，并在合适的位置上插入多行文字，如图 7-18 所示，命令行具体操作如下：

命令：Mtext↙　　　　　　　　　　　　　　//启动"多行文字"命令

当前文字样式："Standard" 文字高度：2.5 注释性：否

指定第一角点：　　　　　　　　　　　//指定插入第一点

指定对角点或 [高度(H)/对正(J)/行距(L)/旋转(R)/样式(S)/宽度(W)/栏(C)]:H↙

//激活"高度(H)"选项

指定高度 <2.5>: 300↙　　　　　　　　//输入高度

指定对角点或 [高度(H)/ /行距(L)/旋转(R)/样式(S)/宽度(W)/栏(C)]: J↙

//激活"对正(J)"选项

输入对正方式 [左上(TL)/中上(TC)/右上(TR)/左中(ML)/正中(MC)/右中(MR)/左下(BL)/中下
(BC)/右下(BR)] <左上(TL)>: TL↙　　　　//激活"左上(TL)"选项

指定对角点或 ［高度(H)/对正(J)/行距(L)/旋转(R)/样式(S)/宽度(W)/栏(C)］:

//指定对角点，输入技术要求文字

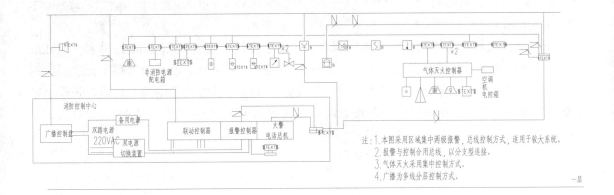

图 7-18 输入多行文字

在创建多行文字时，可以使用鼠标右键快捷菜单来输入特殊字符。其方法为：在"文字格式"编辑器文本框中单击鼠标右键，在弹出的快捷菜单中选择"符号"菜单项，如图 7-19 所示。其下的子命令中包括了常用的各种特殊符号。

图 7-19 使用快捷菜单输入特殊符号

图 7-20 "字符映射表"对话框

在图 7-19 所示的快捷菜单中，选择"符号" | "其他"命令，将打开如图 7-20 所示的"字符映射表"对话框，在"字体"下拉列表中选择"楷体 GB2312"，在对应的列表框中还有许多常用的符号可供选择。

7.3.2 对正多行文字

在 AutoCAD 中调用多行文字后，在命令行中可按提示对书写的文字设置高度、对正方式、行距等操作。

调用"多行文字"命令后，命令行操作如下：

指定对角点或 ［高度(H)/对正(J)/行距(L)/旋转(R)/样式(S)/宽度(W)/栏(C)］:

"对正（J）"备选项用于设置文字的缩排和对齐方式。选择该备选项，可以设置文字的对正点，命令行提示如下：

输入对正方式〔左上 (TL) / 中上 (TC) / 右上 (TR) / 左中 (ML) / 正中 (MC) / 右中 (MR) / 左下 (BL) / 中下 (BC) / 右下 (BR)〕<左上 (TL)>：

AutoCAD 为单行文字的水平文本行规定了 4 条定位线：顶线（Top Line）、中线（Middle Line）、基线（Base Line）、底线（Bottom Line），如图 7-21 所示。顶线为大写字母顶部所对齐的线，基线为大写字母底部所对齐的线，中线处于顶线与基线的正中间，底线为长尾小字字母底部所在的线，汉字在顶线和基线之间。系统提供了 13 个对齐点以及 15 种对齐方式。其中，各对齐点即为文本行的插入点。

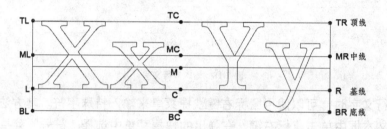

图 7-21　对齐方位示意图

提示　可以使用 JUSTIFYTEXT 命令来修改已有文字对象的对正点位置。

7.4　应用表格与表格样式

表格在各类制图中的运用非常普遍，例如，在对电气平面图中电气设备的数量、规格、型号的统计常用表格的形式。使用 AutoCAD 的表格功能，能够自动地创建和编辑表格，其操作方法与 Word、Excel 相似。

7.4.1　创建表格样式

和标注文字一样，可以首先定义若干个表格样式，然后再用定义好的表格样式来创建不同格式的表格，表格样式内容包括表格内文字的字体、颜色、高度以及表格的行高、行距等。创建表格样式的方式有如下几种：

- 命令行：输入 TABLESTYLE/TS 并按回车键。
- 菜单栏：选择"格式"｜"表格样式"命令。
- 功能区：在"注释"选项卡中，单击"表格"面板右下角按钮 ￥。

课堂举例 7-6：　创建表格样式　　　　　视频\第 7 章\课堂举例 7-6.mp4

01 单击"快速访问"工具栏"新建"按钮 ，新建空白文件。

02 选择"格式"｜"表格样式"命令，打开"表格样式"对话框，单击"新建"按钮打开"创建新的表格样式"对话框，设置"新样式名"为"电阻型号"，如图 7-22 所示。

03　单击"继续"按钮，打开"新建表格样式："修改表格样式：电阻型号"对话框，设置"对齐"为"正中"，如图 7-23 所示。

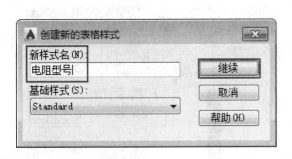

图 7-22　"创建新的表格样式"对话框

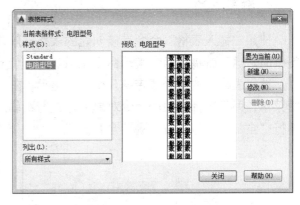

图 7-23　设置表格常规参数

04　切换至"文字"选项卡，更改文字高度为 200，如图 7-24 所示。

05　单击"确定"按钮，返回至"表格样式"对话框。在"样式"列表框中即可看到新建的表格样式，选择"电阻尺寸"表格样式，单击"置为当前"按钮，将其置为当前样式，如图 7-25 所示。

图 7-24　设置文字参数

图 7-25　设置当前表格样式

06　至此，"电阻尺寸"表格样式创建完成。

7.4.2　创建表格对象

设置完表格样式之后，就可以根据绘图需要创建表格了。

创建"表格"的方法有如下几种：

- 命令行：输入 TABLE/TB 并按回车键。
- 菜单栏：选择"绘图"｜"表格"菜单命令。
- 工具栏：单击"绘图"工具栏上的"表格"按钮。
- 功能区：在"默认"选项卡中，单击"注释"面板中的"表格"按钮。

课堂举例 7-7: 创建表格对象   视频\第 7 章\课堂举例 7-7.mp4

01 调用 RECTANG/REC "矩形" 命令，绘制一个 2400×1500 的矩形，如图 7-26 所示。

02 调用 "绘图" | "表格" 菜单命令，选择上节创建的 "电阻型号" 样式，更改 "插入方式" 为 "指定窗口"。设置 "数据行数" 为 3，"列数" 为 4，"单元样式" 全部为数据，如图 7-27 所示。

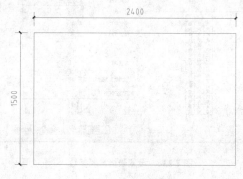

图 7-26 绘制矩形

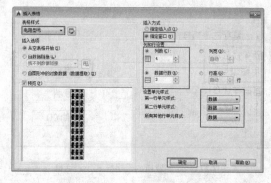

图 7-27 设置表格参数

03 单击 "确定" 按钮，按照命令行提示指定插入点为矩形左上角的一点，第二角点为矩形右下角点，从而完成表格绘制，如图 7-28 所示。

7.4.3 编辑表格

使用 "插入表格" 命令直接创建的表格一般都不能满足要求，尤其是当绘制的表格比较复杂时。这时就需要通过编辑命令编辑表格，使其符合绘图的要求。

选择表格中的某个或者某几个单元格后，在其上单击鼠标右键，打开如图 7-29 所示的快捷菜单，即可选择相关的命令对单元格进行编辑。例如，选择 "合并" 命令，可以对单元格进行 "全部"、"行" 或 "列" 合并。

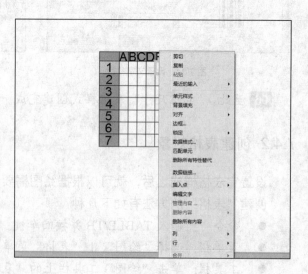

图 7-28 绘制的表格

图 7-29 快捷菜单

除了快捷菜单外，AutoCAD 2015 还提供了"表格单元"选项卡或者"表格"工具栏，如图 7-30 所示，其中都包含了相关的单元格编辑命令。

图 7-30　"表格单元"选项卡

 选择单元格时，按住 Shift 键，可以选择多个连续的单元格。

7.4.4　输入表格数据

表格创建完成之后，用户可以在标题行、表头行和数据行中输入所需要的文字，输入文字最简便的方法就是双击表格。在输入文字之后，也可设置文字对齐方式、边框和背景填充。

下面以创建某电路图的电缆沟尺寸表格为例，讲解输入表格数据的方法。

课堂举例 7-8：输入表格数据　　　　　　　　🔘 视频\第 7 章\课堂举例 7-8.mp4

01 按下 Ctrl+O 快捷键，打开"第 7 章\7.4.4.dwg"文件，如图 7-31 所示。

02 双击列表框，即可在列表框中输入文字，最终效果如图 7-32 所示。

沟宽（L）	屋架（a）	通道（A）	沟深（h）
1000	250	500	700
1000	200	600	900
1200	300	600	1100
1200	250	700	1300

图 7-31　绘制表格　　　　　　　　　　　　　　图 7-32　输入文字

7.4.5　实例——创建标题栏表格

本节以创建图纸标题栏为例，综合练习前面所学的表格创建和编辑的方法。

01 调用 TABLESTYLE/TS "表格样式"命令，系统弹出"表格样式"对话框，单击"新建"按钮。系统弹出"创建新的表格样式"对话框，更改"新样式名"为"样式 1"，如图 7-33 所示。

02 单击"继续"按钮，系统弹出"新建表格样式：样式 1"对话框，设置"对齐"为"正中"，在"文字"选项区域中，更改文字高度为 120，如图 7-34 所示

图 7-33 "创建新的表格样式"对话框

图 7-34 "新建表格样式"对话框

03 单击"确定"按钮，返回至"表格样式"对话框，选择"样式 1"表格样式之后单击"置为当前"按钮，如图 7-35 所示。

04 调用 RECTANG/REC "矩形"命令，绘制长为 4200、宽为 1200 的矩形，如图 7-36 所示。

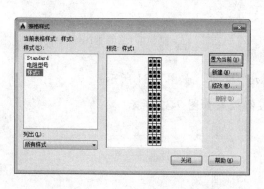

图 7-35 置为当前表格样式

图 7-36 绘制矩形

05 在"注释"选项卡中，单击"表格"面板中的"表格"按钮▦。系统弹出"插入表格"对话框，更改"插入方式"为"指定窗口"。设置"数据行数"为 7，"列数"为 2，"单元样式"全部为数据，如图 7-37 所示。

06 单击"确定"按钮，按照命令行提示指定插入点为矩形左上角的一点，第二点角点为矩形的右下角的一点，表格绘制完成，如图 7-38 所示。

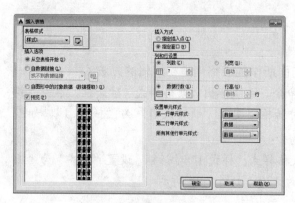

图 7-37 "插入表格"对话框

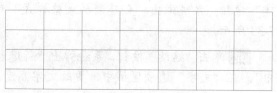

图 7-38 插入表格

07 用鼠标全选刚绘制好的表格，把鼠标放在表格的交点处，如图 7-39 所示；更改表格的列宽，第一列、第四列和第六列改为 400，第二列、第三列和第五列改为 800，更改结果如图 7-40 所示。

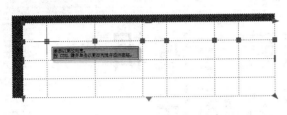

图 7-39　更改表格列宽

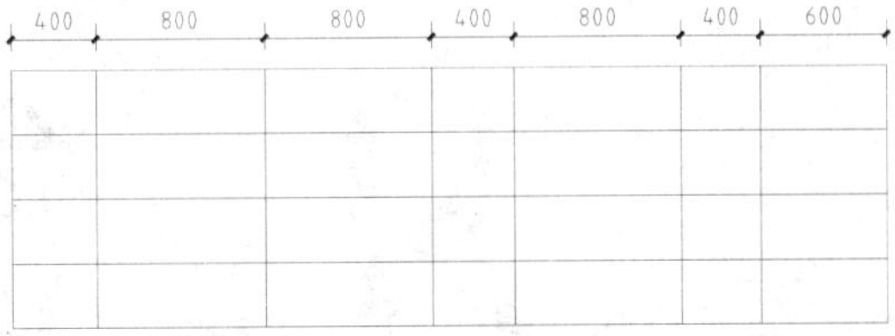

图 7-40　表格列宽更改结果

08 选中第一列到第三列的第一和第二行单元格之后，选择工具栏"表格单元" | "合并" | "合并单元" | "合并全部"命令，则所选单元格被合并为一个单元格；重复此命令，合并其它需要合并的单元格，结果如图 7-41 所示。

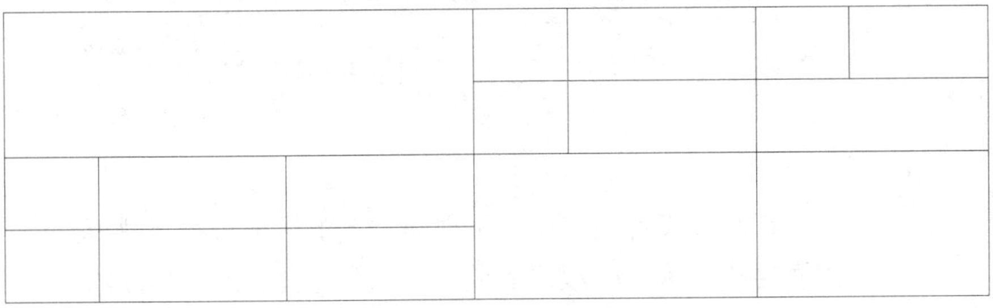

图 7-41　合并单元格

09 单击单元格输入文字，表格绘制完成，如图 7-42 所示

〈单位名称〉			材料		比例	
			数量		共　张，第　张	
制图						
审核						

图 7-42　输入文字

第8章 创建与编辑尺寸标注

本章导读

在图样设计过程中，需要将绘制的图样进行尺寸标注，以满足实际施工时放线的要求。本章将介绍尺寸标注的组成与规定、创建标注样式、修改标注样式、创建常用尺寸标注、创建高级尺寸标注、尺寸标注编辑等内容。

本章重点

- 认识尺寸标注
- 常用尺寸标注
- 高级尺寸标注
- 编辑尺寸标注

8.1 尺寸标注基础

8.1.1 认识尺寸标注

尺寸标注是一个复合体，以块的形式存储在图形中。在标注尺寸的时候需要遵循国家尺寸标注规范的规定，不能盲目随意标注。

尺寸标注要求对标注对象进行完整、准确、清晰的标注，标注的尺寸数值真实地反应标注对象的大小。因此国家标准对尺寸标注做了详细的规定，要求尺寸标注必须遵守以下基本原则：

- 物体的真实大小应以图形上所标注的尺寸数值为依据，与图形的显示大小和绘图的精确度无关。
- 图形中的尺寸为图形所表示的物体的最后完成尺寸，如果是中间过程的尺寸（如在涂镀前的尺寸等），则必须另加说明。
- 物体的每一尺寸，一般只标注一次，并应标注在最能清晰反映该结构的视图上。

8.1.2 了解尺寸标注组成

如图 8-1 所示，一个完整的尺寸标注对象由尺寸界线、尺寸线、尺寸箭头和尺寸文字四个要素构成。AutoCAD 的尺寸标注命令和样式设置，都是围绕着这四个要素进行的。

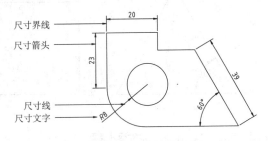

图 8-1　尺寸标注的组成要素

1. 尺寸界线

尺寸界线用于表示所注尺寸的起止范围。尺寸界线一般从图形的轮廓线、轴线或对称中心线处引出。

2. 尺寸线

尺寸线绘制在尺寸界线之间，用于表示尺寸的度量方向。尺寸线不能用图形轮廓线代替，也不能和其他图线重合或在其他图线的延长线上，必须单独绘制。标注线性尺寸时，尺寸线必须与所标注的线段平行。一般从图形的轮廓线、轴线或对称中心线处引出。

3. 箭头

箭头用于标识尺寸线的起点和终点。建筑制图的箭头以 45° 的粗短斜线表示，而机械制图的箭头以实心三角形箭头表示。

4．尺寸文字

尺寸文字一律不需要根据图纸的输出比例变换，而直接标注尺寸的实际数值大小，一般由 AutoCAD 自动测量得到。尺寸单位为 mm 时，尺寸文字中不标注单位。

尺寸文字包括数字形式的尺寸文字（尺寸数字）和非数字形式的尺寸文字（如注释，需要手工输入）。

8.1.3 了解尺寸标注类型

尺寸标注的类型包括以下几种：线性标注、对齐标注、半径标注、直径标注、弧长标注、角度标注、坐标标注、引线标注、基线标注、连线标注、快速标注和多重引线标注等。图 8-2 所示为常见的尺寸标注类型。

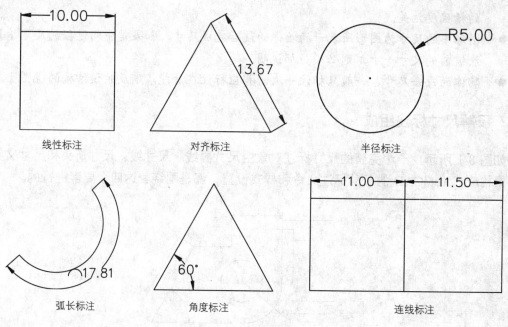

图 8-2　尺寸标注类型

8.1.4 标注样式管理器

用户在标注尺寸前，第一步要建立标注样式。尺寸样式是尺寸变量的集合，这些变量决定了尺寸标注中各元素的外观，只要调整样式中的某些尺寸变量，就能灵活地改变标注外观。通过"标注样式管理器"对话框，可以进行新标注样式的创建、标注样式的参数修改等操作。

打开"标注样式管理器"对话框有以几种方法。

● 命令行：输入 DIMSTYLE/D 并按回车键。
● 菜单栏：选择"格式"｜"标注样式"命令。
● 功能区：在"默认"选项卡中，单击"注释"面板中的"标注样式"按钮 。
● 工具栏：单击"标注"工具栏中的"标注样式"按钮 。

执行上述任一项操作，将打开"标注样式管理器"对话框，如图 8-3 所示。

1．新建标注样式

下面通过具体案例，讲解新建标注样式的方法。

课堂举例 8-1： 创建"样式1"标注样式　　视频\第8章\课堂举例8-1.mp4

01 选择"格式"｜"标注样式"命令，打开"标注样式管理器"对话框，如图 8-4 所示。

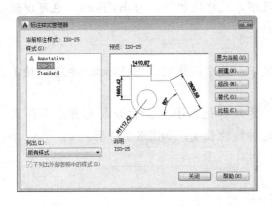
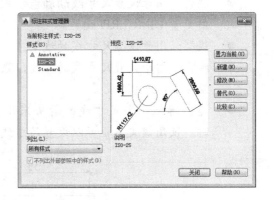

图 8-3　"标注样式管理器"对话框　　　　　　图 8-4　"标注样式管理器"对话框

02 单击"新建"按钮，打开"创建新标注样式"对话框，在"新样式名"文本框中输入"样式1"名称，如图 8-5 所示。

03 单击"继续"按钮，在打开的对话框中即可设置标注中的直线、符号和箭头、文字、单位等内容，如图 8-6 所示。最后单击"确定"按钮，即可完成"样式1"的创建。

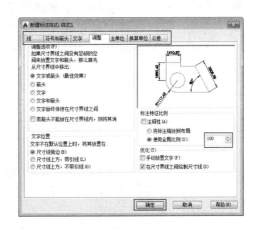

图 8-5　"创建新标注样式"对话框　　　　　　图 8-6　设置标注样式

"创建新标注样式"对话框的"用于"下拉列表框用于指定新建标注样式的适用范围，包括"所有标注""线性标注""角度标注""半径标注""直线标注""坐标标注"和"引线与公差"等选项；选中"注释性"复选框，可将标注定义成可注释对象。

 提示　在"基础样式"下拉列表框中选择一种基础样式，新样式将在该基础样式的基础上进行修改，可以提高样式设置的效率。

2. 设置线样式

在图 8-6 所示的对话框中单击"线"选项卡,在其下的面板中可以进行线样式的设置。主要包括尺寸线和延伸线的设置。

❑ 尺寸线

在"尺寸线"选项组中,可以设置尺寸线的颜色、线宽、超出标记以及基线间距等属性。下面具体介绍其各选项的含义:

- 颜色:用于设置尺寸线的颜色,默认情况下,尺寸线的颜色为 ByBlock,也可以使用变量 DIMCLRD 设置。
- 线型:用于设置尺寸线的线型。
- 线宽:用于设置尺寸线的宽度,默认情况下,尺寸线线宽为 ByBlock,也可以使用变量 DIMLWD 设置。
- 超出标记:当尺寸线的箭头采用倾斜、建筑标记、小点、积分或无标记等样式时,使用该文本框可以设置尺寸线超出延伸线的长度,如图 8-7 所示。

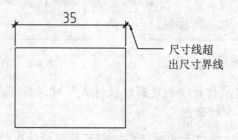

图 8-7 超出标记示意图

- 基线间距:进行基线尺寸标注时可以设置各尺寸线之间的距离,如图 8-8 所示。
- 隐藏:通过选择"尺寸线 1"或"尺寸线 2"复选框,可以隐藏第 1 段或第 2 段尺寸线及其相应的箭头,如图 8-9 所示。

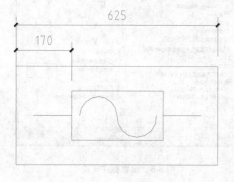

图 8-8 设置基线间距

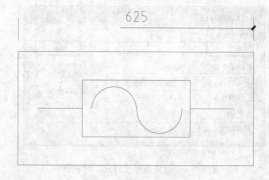

图 8-9 隐藏尺寸线效果

❑ 尺寸界线

在"尺寸界线"选项组中,可以设置尺寸界线的颜色、线宽、超出尺寸线的长度和起点偏移量,隐藏等属性,下面具体介绍其各选项的含义:

- 颜色:用于设置尺寸界线的颜色,也可以使用变量 DIMCLRD 设置。
- 线宽:用于设置尺寸界线的宽度,也可以使用变量 DIMLWD 设置。

- 尺寸界线 1、尺寸界线 2 的线型：用于设置尺寸界线的线型。
- 超出尺寸线：用于设置尺寸界线超出尺寸线的距离，也可以用变量 DIMEXE 设置，如图 8-10 所示。
- 起点偏移量：设置尺寸界线的起点与标注定义点的距离，如图 8-11 所示。

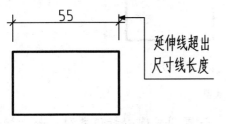

图 8-10　超出尺寸线示意图

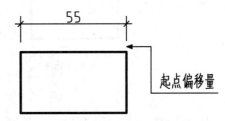

图 8-11　起点偏移量示意图

- 隐藏：通过选中"尺寸界线 1"或"尺寸界线 2"复选框，可以隐藏延伸线。
- 固定长度的尺寸界线：选中该复选框，可以使用具有特定长度的尺寸界线标注图形，其中在"长度"文本框中可以输入延伸线的数值。

下面通过具体实例，在新建"样式 1"的基础上对线样式设置操作进行讲解。

课堂举例 8-2： 设置"样式 1"线样式　　视频\第 8 章\课堂举例 8-2.mp4

01 继续设置"样式 1"。在打开的"创建新标注样式"对话框中，选择"样式 1"，单击"继续"按钮，打开"新建标注样式"对话框，如图 8-12 所示。

02 在"线"选项卡的"尺寸线"选项组中，设置"颜色"为绿。在"尺寸界限"选项组中，设置"颜色"为绿色、"超出尺寸线"为 1、"起点偏移量"为 1.2，如图 8-13 所示。

图 8-12　"线"选项卡

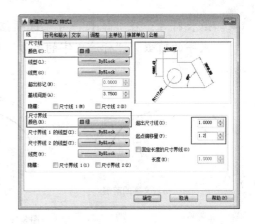

图 8-13　设置线样式

3. 设置符号箭头样式

在"符号和箭头"选项卡中，可以设置箭头、圆心标记、弧长符号和半径/线性标注折弯的格式与位置。

- 箭头：在"箭头"选项组中可以设置尺寸线箭头、类型及大小等。通常情况下，尺寸线的两个箭头应一致。为了适用于不同类型的图形标注需要，AutoCAD 2015 设置了 20 多种箭头样式。机械制图中通常设为"箭头"样式。在电气绘图和建筑绘图中通常设为"建筑标记"样式，如图 8-14 所示。

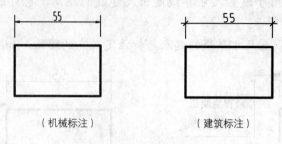

（机械标注）　　　　　　　　（建筑标注）

图 8-14　标注箭头类型

● 圆心标记：在"圆心标记"选项组中可以设置圆或圆心标记类型，如"标记""直线"和"无"。其中，选中"标记"单选按钮可对圆或圆弧绘制圆心标记，如图 8-15 所示；选择"直线"单选按钮，可对圆或圆弧绘制中心线；选中"无"单选按钮，则不予标记。当选中"标记"或"直线"单选按钮时，可以在"大小"文本框中设置圆心标记的大小。

标记　　　　　　　　　　　　　直线

图 8-15　圆心标记类型

● 弧长符号：在"弧长符号"选项组中可以设置弧长符号显示的位置，包括"标注文字的前缀""标注文字的上方"和"无"3 种方式，如图 8-16 所示。

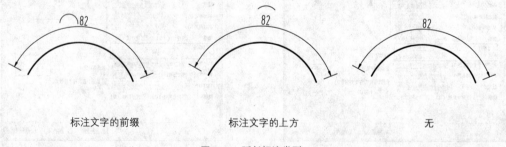

标注文字的前缀　　　　　标注文字的上方　　　　　　　无

图 8-16　弧长标注类型

● 半径折弯标注：在该选项组的"折弯角度"文本框中，可以设置标注圆弧半径时标注线的折弯角度大小。

● 折断标注：在该选项组的"折断大小"文本框中，可以设置标注折断时标注线的长度。

● 线性折弯标注：在该选项组的"折弯高度因子"文本框中，可以设置折弯标注打断时折弯线的高度。

课堂举例 8-3：设置"样式 1"符号和箭头样式　　视频\第 8 章\课堂举例 8-3.mp4

01 单击"符号和箭头"选项卡，设置符号箭头样式，如图 8-17 所示。

02 设置"箭头"选项组中的"箭头大小"为 1.5，选择"弧长符号"选项组中的"标注文字的上方"单选按钮，如图 8-18 所示。

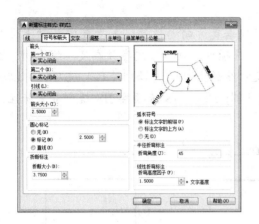

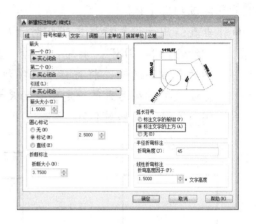

图 8-17　"符号和箭头"选项卡　　　　　　图 8-18　设置符号箭头样式

4. 设置文字样式

"文字"选项卡中的三个选项组可以分别设置尺寸文字的外观、位置和对齐方式，如图 8-19 所示。

图 8-19　"文字"选项卡

❑　**文字外观**

在"文字外观"选项组中可以设置文字的样式、颜色、高度和分数高度比例，以及控制是否绘制文字边框等。各选项的功能说明如下：

● **文字样式**：用于选择标注的文字样式。也可以单击其后的 ⬚ 按钮，系统弹出"文字样式"对话框，选择文字样式或新建文字样式。

● **文字颜色**：用于设置文字的颜色，也可以使用变量 DIMCLRT 设置。

● **填充颜色**：用于设置标注文字的背景色。

● **文字高度**：设置文字的高度，也可以使用变量 DIMCTXT 设置。

- 分数高度比例：设置标注文字的分数相对于其他标注文字的比例，AutoCAD 将该比例值与标注文字高度的乘积作为分数的高度。
- 绘制文字边框：设置是否给标注文字加边框。

❑ 文字位置

在"文字位置"选项区域中可以设置文字的垂直、水平位置以及从尺寸线的偏移量，各选项的功能说明如下：

- 垂直：用于设置标注文字相对于尺寸线在垂直方向的位置，如"置中""上方""外部"和"JIS"。其中，选择"置中"选项可以把标注文字放在尺寸线中间；选择"上方"选项，将把标注文字放在尺寸线的上方；选择"外部"选项，可以把标注文字放在远离第一定义点的尺寸线一侧；选择 JIS 选项按 JIS 规则放置标注文字。各种效果如图 8-20 所示。

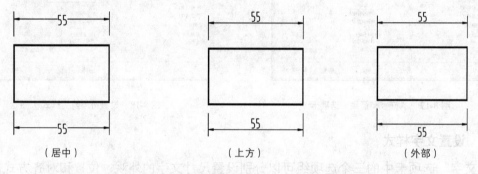

（居中）　　　　　　　　（上方）　　　　　　　　（外部）

图 8-20　尺寸文字在垂直方向上的相对位置

- 水平：用于设置标注文字相对于尺寸线和延伸线在水平方向的位置，如"置中""第一条尺寸界线""第二条尺寸界线""第一条尺寸界线上方""第二条尺寸界线上方"，各种效果如图 8-21 所示。

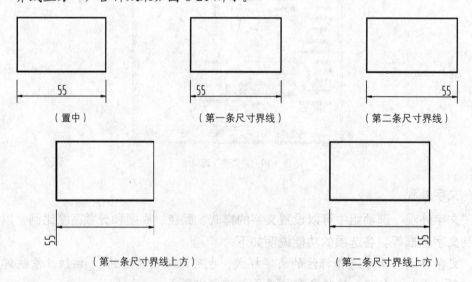

（置中）　　　　　　　　（第一条尺寸界线）　　　　　　　　（第二条尺寸界线）

（第一条尺寸界线上方）　　　　　　　　（第二条尺寸界线上方）

图 8-21　尺寸文字在水平方向上的相对位置

- 从尺寸线偏移：设置标注文字与尺寸之间的距离。如果标注文字位于尺寸线的中间，则表示断开处尺寸线端点与尺寸文字的间距。若标注文字带有边框，则可以控制文字边框与其中文字的距离。如图 8-22 所示。

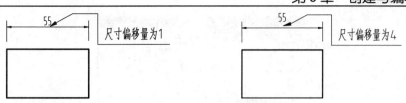

图 8-22　文字偏移量设置

❑　文字对齐

在"文字对齐"选项组中可以设置标注文字是保持水平还是与尺寸线平行，如图 8-23 所示。各选项的含义如下：

● 水平：标注文字水平放置。
● 与尺寸线对齐：使标注文字方向与尺寸线方向一致。
● ISO 标准：使标注文字按 ISO 标准放置，当标注文字在延伸线之内时，它的方向与尺寸线方向一致，而在延伸线之外时将水平放置。

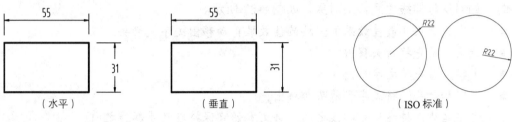

图 8-23　尺寸文字对齐方式

课堂举例 8-4：设置"样式 1"文字样式　　视频\第 8 章\课堂举例 8-4.mp4

01 单击"文字"选项卡，设置文字样式，如图 8-24 所示。

02 设置"文字外观"选项组中的"文字高度"为 2.5，"文字位置"选项组中的"从尺寸线偏移"为 1，如图 8-25 所示。

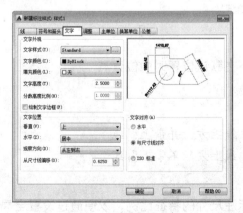

图 8-24　"文字"选项卡

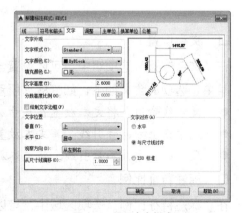

图 8-25　设置文字样式

5. 设置调整样式

在"新建标注样式"对话框中可以使用"调整"选项卡设置标注文字的位置、尺寸线、尺寸箭头的位置及标注特征比例等参数，如图 8-26 所示。

图 8-26   "调整"选项卡

□   调整选项

在"调整选项"选项组中，可以确定当延伸线之间没有足够的空间同时放置标注文字和箭头时，如何从延伸线之间移出对象，如图 8-27 所示。

● 文字或箭头（最佳效果）：按最佳效果自动移出文字或箭头。

● 箭头：首先将箭头移出。

● 文字：首先将文字移出。

● 文字和箭头：将文字和箭头都移出。

● 文字始终保持在尺寸界线之间：将文本始终保持在尺寸界线之内。

● 若箭头不能放在尺寸界线内，则将其消除：如果选中该复选框可以抑制箭头显示。

文字移出   箭头移出   箭头和文字全部移出   不绘制箭头   文字保持在界线之间

图 8-27   尺寸要素调整

□   文字位置

在"文字位置"选项组中，可以设置当文字不在默认位置时的位置。

其中各选项的含义如下，如图 8-28 所示：

● 尺寸线旁边：将文本放置在尺寸线旁边。

● 尺寸线上方，带引线：将文本放置在尺寸线上方，并带上引线。

● 尺寸线上方，不带引线：将文本放在尺寸线上方，不带上引线。

□   标注特征比例

在"标注特征比例"选项区域中，可以设置标注尺寸的特征比例，以便通过设置全局比例来增加或减少各标注的大小。各选项功能如下：

● 注释性：选择该复选框，可以将标注定义成可注释性对象。

● 将标注缩放到布局：选中该单选按钮，可以根据当前模型空间视口与图纸之间的缩放关系设置比例。

- 使用全局比例：选择该单选按钮，可以对全部尺寸标注设置缩放比例，该比例不改变尺寸的测量值。

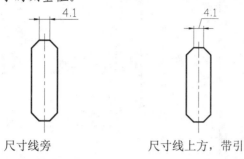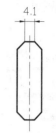

尺寸线旁　　　　　　尺寸线上方，带引线　　　　尺寸线上方，不带引线

图 8-28　标注文字位置

❑ 优化

在"优化"选项区域中，可以对标注文字和尺寸线进行细微调整，该选项区域包括以下两个复选框：

- 手动放置文字：选中该复选框，则忽略标注文字的水平设置，在标注时可将标注文字放置在指定的位置。
- 在尺寸界线之间绘制尺寸线：选中该复选框，当尺寸箭头放置在尺寸界线之外时，也可在尺寸界线之内绘出尺寸线。

课堂举例 8-5：设置"样式 1"调整样式　　视频\第 8 章\课堂举例 8-5.mp4

`01` 单击"调整"选项卡，设置调整样式，如图 8-29 所示。

`02` 选择"调整选项"选项组中的"文字始终保持在尺寸界线之间"单选按钮，选择"文字位置"选项组中"尺寸线上方，不带引线"单选按钮，设置使用全局比例为 12，如图 8-30 所示。

6. 设置标注单位样式

在"新建标注样式"对话框中可以使用"主单位"选项卡设置主单位的格式与精度等属性，如图 8-31 所示。

❑ 线性标注

在"线性标注"选项区域中可以设置线性标注的单位格式与精度，主要选项功能如下：

- 单位格式：设置除角度标注之外的其余各标注类型的尺寸单位，包括"科学""小数""工程""建筑""分数"等选项。
- 精度：设置除角度标注之外的其他标注的尺寸精度。
- 分数格式：当单位格式是分数时，可以设置分数的格式，包括"水平""对角"和"非堆叠"3 种方式。

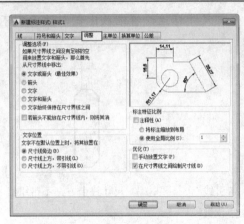

图 8-29 "调整"选项卡

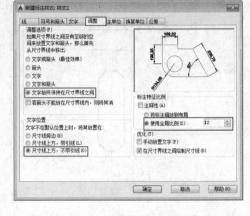

图 8-30 设置调整样式

- 小数分隔符：设置小数的分隔符，包括"逗点""句点"和"空格"3 种方式。
- 舍入：用于设置除角度标注外的尺寸测量值的舍入值。
- 前缀和后缀：设置标注文字的前缀和后缀，在相应的文本框中输入字符即可。
- 测量单位比例：使用"比例因子"文本框可以设置测量尺寸的缩放比例，AutoCAD 的实际标注值为测量值与该比例的乘积。选中"仅应用到布局标注"复选框，可以设置该比例关系仅适用于布局。
- 消零：可以设置是否显示尺寸标注中的"前导"和"后续"零。

❑ 角度标注

在"角度标注"选项区域中，可以使用"单位格式"下拉列表框设置标注角度时的单位，使用"精度"下拉列表框设置标注角度的尺寸精度，使用"消零"选项组设置是否消除角度尺寸的前导和后续零。

课堂举例 8-6： 设置标注单位样式 　　　　视频\第 8 章\课堂举例 8-6.mp4

01 在前面的基础上继续对"样式 1"样式进行设置，单击"主单位"标签，进入"主单位"选项卡，如图 8-31 所示。

02 设置"线型标注"选项组中的"精度"为 0，其他参数设置如图 8-32 所示。

03 单击"确定"返回"标注样式管理器"对话框，单击"关闭"按钮退出，完成标注样式设置。

7. 设置换算单位样式

现代工程设计往往是多国家、多行业的协同工作，各合作方使用的标准和规范常常会不同。最常见的情况是，双方使用的度量单位不一致。如我国常用公制单位"毫米"，而些西方国家通常用英制单位"英寸"。因此，在进行尺寸标注时，不仅要标注出主尺寸，还要同时标注出经过转化后的换算尺寸，以方便使用不同度量单位的用户阅读。

"新建标注样式"对话框的"换算单位"选项卡用于设置单位的格式，如图 8-33 所示。

图 8-31　"主单位"选项卡

图 8-32　设置标注单位样式

图 8-33　"换算单位"选项卡

选中"显示换算单位"复选框后，对话框的其他选项才可以用，可以在"换算单位"选项组中设置换算单位的"单位格式""精度""换算单位倍数""舍入精度""前缀"及"后缀"等，方法与设置主单位的方法相同。

在"位置"选项区域中，可以设置换算单位的位置，包括"主值后"和"主值下"两种方式。如图 8-34 所示，中括号中显示的为换算尺寸。

图 8-34　换算尺寸的位置

8．设置公差样式

"公差"选项卡设置是否标注公差，以及以何种方式进行标注，如图 8-35 所示。

在"公差格式"选项组中可以设置公差的标注格式，部分选项的功能说明如下：

● **方式**：确定以何种方式标注公差，如图 8-36 所示。

● 上偏差和下偏差：设置尺寸上偏差、下偏差。
● 高度比例：确定公差文字的高度比例因子。确定后，AutoCAD 将该比例因子与尺寸文字高度之积作为公差文字的高度。

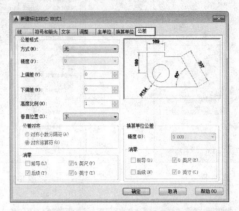

图 8-35 "公差"选项卡

● 垂直位置：控制公差文字相对于尺寸文字的位置，包括"上""中"和"下"3 种方式。
● 换算单位公差：当标注换算单位时，可以设置换算单位精度和是否消零。

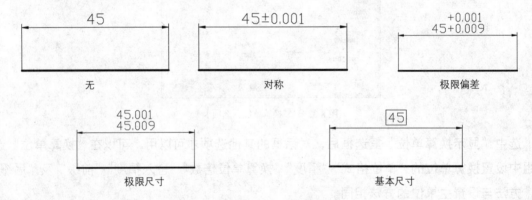

图 8-36 公差标注

8.2 常用尺寸标注

常用尺寸标注在电气施工图样中较常见，主要包括线性尺寸、对齐尺寸、半径尺寸、直径尺寸和弧长尺寸。

8.2.1 线性标注

线性标注包括水平标注和垂直标注两种类型，用于标注任意两点之间的距离。
启动"线性"标注命令有以下几种方式：

● 命令行：输入 DIMLINEAR/DLI 并按回车键。
● 菜单栏：选择"标注" | "线性"命令。

● 功能区：单击"标注"面板中"线性"工具按钮 ┣┫。

默认情况下，在命令行提示下指定第一条延伸线的原点，并在"指定第二条延伸线原点"提示下指定了第二条延伸线原点后，命令行提示如下：

指定尺寸线位置或[多行文字(M)/文字(T)/角度(A)/水平(H)/垂直(V)/旋转(R)]：

命令行各选项的含义说明如下：

● 多行文字：选择该选项将进入多行文字编辑模式，可以使用"多行文字编辑器"对话框输入并设置标注文字。其中，文字输入窗口中的尖括号（<>）表示系统测量值。
● 文字：以单行文字形式输入尺寸文字。
● 角度：设置标注文字的旋转角度。
● 水平和垂直：标注水平尺寸和垂直尺寸。可以直接确定尺寸线的位置，也可以选择其他选项来指定标注文字的内容或标注文字的旋转角度。
● 旋转：旋转标注对象的尺寸线。

提示 如果在"线性标注"的命令行提示下直接按 Enter 键，则要求选择要标注尺寸的对象。当选择了对象以后，AutoCAD 将自动以对象的两个端点作为两条延伸线的起点。

下面以标注感温探测器符号尺寸为例，来讲解线性标注的方法。

 课堂举例 8-7： **线性标注感温探测器** 视频\第 8 章\课堂举例 8-7.mp4

01 打开文件。打开本书配套光盘素材文件"素材 \ 第 8 章 \ 8.2.1 线性标注.dwg"，如图 8-37 所示。

02 调用 DIMSTYLE/D "标注样式管理器"命令，打开"标注样式管理器"对话框，设置"标注 1"样式为当前样式。

03 调用 DIMLINEAR/DLI "线性标注"命令，对感温探测器进行线性标注，具体操作过程如下：

命令：DIMLINEAR↵ //启动"线性标注"命令
指定第一个尺寸界线原点或 <选择对象>： //拾取端点作为标注原点
指定第二条尺寸界线原点： //拾取端点作为标注原点
指定尺寸线位置或 //移动鼠标指定尺寸线位置
[多行文字(M)/文字(T)/角度(A)/水平(H)/垂直(V)/旋转(R)]：
标注文字 = 500 //标注结果如图 8-38 所示

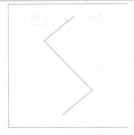

图 8-37　打开素材文件

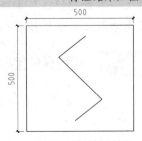

图 8-38　线性标注结果

8.2.2 对齐标注

在对直线段进行标注时，如果该直线的倾斜角度未知，那么使用线性标注的方法将无法得到准确的测量结果，这时可以使用"对齐"命令进行标注。

启用"对齐"标注命令有以下几种方式：

● 命令行：输入 DIMALIGNED/DAL 并按回车键。
● 菜单栏：选择"标注"｜"对齐"命令。
● 功能区：单击"标注"面板中的"对齐"工具按钮。

下面以人工交换机的斜面尺寸标注为例，讲解对齐标注的方法。

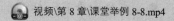

课堂举例 8-8： 对齐标注人工交换机　　　视频\第 8 章\课堂举例 8-8.mp4

01 打开文件。打开本书配套光盘素材文件"素材 \ 第 8 章 \ 8.2.2 对齐标注.dwg"，如图 8-39 所示。

02 调用 DIMALIGNED/DAL "对齐"命令，标注人工交换机的尺寸，如图 8-40 所示。

图 8-39　打开素材

351

图 8-40　对齐标注

8.2.3 半径标注

半径标注可以快速标注圆或圆弧的半径大小。根据国家规定，标注半径时，应在尺寸数字前加注前缀符号"R"。

启用"半径"标注命令有以下几种方式。

● 命令行：输入 DIMRADIUS/DRA 并按回车键。
● 菜单栏：选择"标注"｜"半径"命令。
● 功能区：单击"标注"面板中的"半径"工具按钮。

下面以带电话插孔的手动报警按钮电气符号标注为例，讲解半径标注的方法。

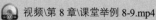

课堂举例 8-9： 半径标注带电话插孔的手动报警按钮　　视频\第 8 章\课堂举例 8-9.mp4

01 打开文件。打开本书配套光盘素材文件"素材 \ 第 8 章 \ 8.2.3 半径标注.dwg"，如图 8-41 所示。

02 选择"标注"｜"半径"命令，对圆弧进行标注，命令行操作如下：

```
命令:dimradius↙                          //调用"半径"标注命令
```

选择圆弧或圆:	//选择需要标注的圆弧
标注文字 = 150	
指定尺寸线位置或 [多行文字(M)/文字(T)/角度(A)]:	//移动鼠标指定尺寸线位置

`03` 按空格键重复"半径"命令，对其他的圆弧和圆进行标注，最终效果如图 8-42 所示。

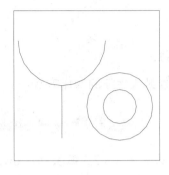

图 8-41　打开素材

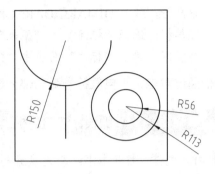

图 8-42　半径标注

8.2.4　直径标注

直径标注可以快速获得圆或圆弧的直径大小。根据国家规定，标注直径时，应在尺寸数字前加注前缀符号"φ"。

启动"直径"标注命令有以下几种方式。

● 命令行：输入 DIMDIAMETER/DDI 并按回车键。

● 菜单栏：选择"标注"｜"直径"命令。

● 功能区：单击"标注"面板中的"直径"工具按钮◎。

下面通过对传声器电气符号直径进行标注，讲解直径标注的操作方法。

课堂举例 8-10：　直径尺寸标注传声器　　　视频\第 8 章\课堂举例 8-10.mp4

`01` 打开文件。打开本书配套光盘素材文件"素材 \ 第 8 章 \ 8.2.4 直径标注.dwg"，如图 8-43 所示。

`02` 调用 DIMDIAMETER/DDI "直径"命令，对圆进行标注，命令行操作如下：

命令: _dimdiameter✓	//调用 "直径"命令
选择圆弧或圆:	//选择需要标注的圆
标注文字 = 500	
指定尺寸线位置或 [多行文字(M)/文字(T)/角度(A)]:	//移动鼠标指定尺寸线位置

`03` 对圆进行标注的最终效果如图 8-44 所示。

图 8-43　素材

图 8-44　直径标注

8.2.5 弧长标注

使用"弧长"标注命令可以标注圆弧、多段线圆弧或者其他弧线的长度。

启用"弧长"标注命令有以下几种方法。

- 命令行：输入 DIMARC/DAR 并按回车键。
- 菜单栏：选择"标注" | "弧长"命令。
- 功能区：单击"标注"面板中"弧长"工具按钮 🖉。

下面通过对电话机电气符号弧长部分进行标注，讲解弧长标注的操作方法。

课堂举例 8-11： 弧长标注电话机　　　　🎧 视频\第 8 章\课堂举例 8-11.mp4

01 打开文件。打开本书配套光盘素材文件"素材 \ 第 8 章 \ 8.2.5 弧长标注.dwg"，如图 8-45 所示。

02 调用"标注" | "弧长"命令，对圆弧进行标注，如图 8-46 所示，命令行操作如下：

```
命令：Dimarc↙                                    //调用"弧长"命令
选择弧线段或多段线圆弧段：                          //选择需要标注的圆弧
指定弧长标注位置或 [多行文字(M)/文字(T)/角度(A)/部分(P)/引线(L)]：
标注文字 = 650
```

图 8-45　打开素材文件

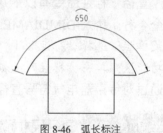

图 8-46　弧长标注

8.3 高级尺寸标注

除了常用的尺寸标注以外，AutoCAD 还提供了角度标注、坐标标注、引线标注、基线标注等高级标注类型。

8.3.1 角度标注

角度标注不仅可以标注两条呈一定角度的直线或 3 个点之间的夹角，还可以标注圆弧的圆心角。

启用"角度"标注命令有以下几种方式。

- 命令行：输入 DIMANGULAR/ DAN 并按回车键。
- 菜单栏：选择"标注" | "角度"命令。
- 功能区：单击"标注"面板中的"角度"工具按钮 △。

下面通过对调制器电气符号角度进行标注，讲解角度标注的操作方法。

课堂举例 8-12：　角度标注调制器　　　　　　视频\第 8 章\课堂举例 8-12.mp4

01 打开文件。打开本书配套光盘素材文件"素材 \ 第 8 章 \ 8.3.1 角度标注.dwg"，如图 8-47 所示。

02 调用 DIMANGULAR/ DAN "角度"命令，对矩形内部两条斜线角度进行标注，如图 8-48 所示，命令行具体操作如下：

```
命令：dimangular↙                                    //调用"角度"命令
选择圆弧、圆、直线或 <指定顶点>：                        //选择第一条辅助线
选择第二条直线：                                       //选择第二条辅助线
指定标注弧线位置或 [多行文字(M)/文字(T)/角度(A)/象限点(Q)]：
标注文字 = 80
```

03 使用同样的方法，对斜线与矩形边的夹角进行标注，标注结果如图 8-48 所示。

图 8-47　打开素材

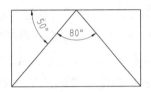

图 8-48　角度标注

8.3.2　坐标尺寸标注

坐标标注用于标注某些点相对于 UCS 坐标原点的 X 和 Y 坐标。

启用"坐标"标注命令有以下几种方式：

● 命令行：输入 DIMORDINATE/DOR 并按回车键。
● 菜单栏：选择"标注" | "坐标"命令。
● 功能区：单击"标注"面板中的"坐标"工具按钮。

下面通过对电源自动切换箱电气符号坐标进行标注，讲解坐标标注的操作方法。

课堂举例 8-13：　坐标标注电源自动切换箱　　　　视频\第 8 章\课堂举例 8-13.mp4

01 打开文件。打开本书配套光盘素材文件"素材 \ 第 8 章 \ 8.3.2 坐标标注.dwg"，如图 8-49 所示。

02 调用 DIMORDINATE/DOR "坐标"命令，对电源自动切换箱矩形角点进行坐标标注，如图 8-50 所示，命令行操作如下：

```
命令：dimordinate↙                                    //调用 "角度"命令
指定点坐标：
指定引线端点或 [X 基准(X)/Y 基准(Y)/多行文字(M)/文字(T)/角度(A)]：
                                                    //选择需要标注的直线端点
标注文字 = 28243                                       //选择需要标注直的线另一端点
```

```
命令: DIMORDINATE                              //重复命令
指定点坐标:
指定引线端点或 [X 基准(X)/Y 基准(Y)/多行文字(M)/文字(T)/角度(A)]:
标注文字 = 17332
```

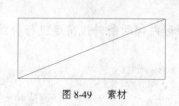

图 8-49　素材

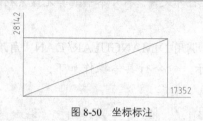

图 8-50　坐标标注

8.3.3　引线标注

引线标注是另外一类常用的尺寸标注类型，由箭头、引线和注释文字构成。箭头是引注的起点，从箭头处引出引线，在引线边上加注注释文字。

AutoCAD 2015 提供了"快速引线"和"多重引线"等引线标注命令。

"快速引线"标注命令没有显示在菜单栏、工具栏和面板中，只能通过命令行进行调用。

● 命令行：直接输入 QLEADER /LE 命令并按回车键。

QLEADER 命令需要输入的参数包括引注的起点(箭头)、引线各节点的位置和注释文字，如图 8-51 所示。

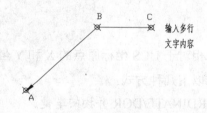

图 8-51　快速标注

下面通过对警卫站电气符号进行标注说明为例，讲解快速引线标注的操作方法。

课堂举例 8-14：　快速引线标注警卫电话站　　视频\第 8 章\课堂举例 8-14.mp4

01 打开文件。打开本书配套光盘中的素材文件"素材 \ 第 8 章 \ 8.3.3 标注引线尺寸对象.dwg"。如图 8-52 所示。

02 调用 QLEADER /LE "引线"命令，标注警卫电话站，如图 8-53 所示。

图 8-52　素材

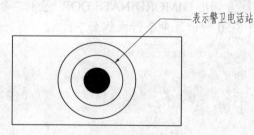

图 8-53　引线标注

8.3.4　基线标注

基线标注用于以同一尺寸界线为基准的一系列尺寸标注，即从某一点引出的尺寸界线作为第一条尺寸界线，依次进行多个对象的尺寸标注。

调用"基线"标注命令有以下几种方式：

● 命令行：直接输入 DIMBASELINE/DBA 命令并按回车键。

● 菜单栏：调用"标注"｜"基线"命令。

● 功能区：单击"标注"面板中"基线"工具按钮 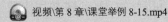。

下面通过对空气过滤器进行标注，讲解基线标注的操作方法。

课堂举例 8-15： **基线尺寸标注高效空气过滤器**　　　　视频\第 8 章\课堂举例 8-15.mp4

01 打开文件。打开本书配套光盘中的素材文件"素材 \ 第 8 章 \ 8.3.4 标注基线尺寸对象.dwg"。如图 8-54 所示。

02 调用 DIMBASELINE/DBA"基线"命令，以尺寸为 81 的标注作为基线标注，如图 8-55 所示，命令行操作如下：

```
命令：dimbaseline↙                            //调用 "基线"命令
选择基准标注：                                 //选择尺寸为 6 的标注作为基准标注
指定第二条尺寸界线原点或 [放弃(U)/选择(S)] <选择>：//利用 "对象捕捉"拾取 b 点
标注文字 = 163
指定第二条尺寸界线原点或 [放弃(U)/选择(S)] <选择>：  //利用 "对象捕捉"拾取 a 点
标注文字 = 244
指定第二条尺寸界线原点或 [放弃(U)/选择(S)] <选择>：↙
选择基准标注：↙                               //按空格键退出标注
```

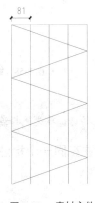

图 8-54　素材文件

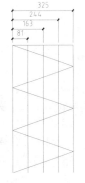

图 8-55　基线标注

8.3.5　连续标注

连续标注又称为链式标注或尺寸链，是多个线性尺寸的组合。连续标注从某一基准尺寸界线开始，按某一方向顺序标注一系列尺寸，相邻的尺寸共用一条尺寸界线，而且所有的尺

寸线都在同一直线上。

启动"连续"标注命令有以下几种方式：

- 命令行：直接输入 DIMCONTINUE/DCO 命令并按回车键。
- 菜单栏：调用"标注" | "连续"命令。
- 功能区：单击"标注"面板中的"连续"工具按钮 ⊢⊢⊦。

下面通过对标注空气过滤器电气符号尺寸进行标注，讲解连续标注的操作方法。

课堂举例 8-16：　连续标注中效空气过滤器　　　　视频\第 8 章\课堂举例 8-16.mp4

01 打开文件。打开本书配套光盘中的素材文件"素材 \ 第 8 章 \ 8.3.5 标注连续尺寸对象.dwg"。如图 8-56 所示。

02 调用"标注" | "线性"命令，标注端点和第一点的距离，如图 8-57 所示。

03 调用"标注" | "连续"命令，对其它点进行标注，命令行操作如下：

```
命令：dimcontinue↙                                    //调用"连续"命令
指定第二条尺寸界线原点或 [放弃(U)/选择(S)] <选择>：     //捕捉交点
标注文字 = 217
指定第二条尺寸界线原点或 [放弃(U)/选择(S)] <选择>：     //捕捉交点
标注文字 = 217
指定第二条尺寸界线原点或 [放弃(U)/选择(S)] <选择>：↙
选择连续标注：↙                                        //按回车键结束标注，结果如图 8-58 所示。
```

图 8-56　素材

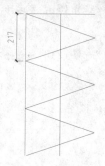

图 8-57　线性标注

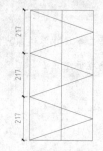

图 8-58　线性标注

> **提示**　如果"连续"标注上一步不是"线性""坐标"或"角度"标注的话，要先选择连续标注的对象。

对比"基线"标注和"连续"标注可以看出，"基线"标注在同一个标注的基础上进行标注，而"连续"标注是在上一个标注的基础上进行标注。

8.3.6　快速标注

AutoCAD 将常用的标注综合成了一个方便的快速标注命令 QDIM。执行该命令时，只需要选择标注的图形对象，AutoCAD 就针对不同的标注对象自动选择合适的标注类型，并快速标注。

启动"快速标注"命令的方式有以下几种方式。

- 命令行：直接输入 QDIM 命令并按回车键。
- 菜单栏：调用"标注"｜"快速标注"命令。
- 功能区：单击"注释"面板中的"快速标注"按钮。

下面通过对标注"视盘放像机"电气符号尺寸进行标注，讲解快速标注的操作方法。

课堂举例 8-17：　快速标注视盘放像机　　　视频\第 8 章\课堂举例 8-17.mp4

01　打开文件。打开本书配套光盘中的素材文件"素材 \ 第 8 章 \ 8.3.5 标注连续尺寸对象.dwg"。如图 8-59 所示。

02　调用"标注"｜"快速标注"命令，进行快速尺寸标注，如图 8-60 所示，命令行操作如下：

```
命令：_qdim↙                                        //调用"快速标注"命令
选择要标注的几何图形：找到 1 个
选择要标注的几何图形：↙                             //选择要标注的对象
指定尺寸线位置或 ［连续(C)/并列(S)/基线(B)/坐标(O)/半径(R)/直径(D)/基准点(P)/编辑
(E)/设置(T)］<半径>:R↙                              //激活"半径(R)"选项
指定尺寸线位置或 ［连续(C)/并列(S)/基线(B)/坐标(O)/半径(R)/直径(D)/基准点(P)/编辑
(E)/设置(T)］<直径>:                                 //移动鼠标指定尺寸线位置
命令：QDIM                                           //按空格键重复命令
关联标注优先级 = 端点
选择要标注的几何图形：找到 1 个
选择要标注的几何图形：找到 1 个，总计 2 个
选择要标注的几何图形：↙                             //选择要标注的线段
指定尺寸线位置或 ［连续(C)/并列(S)/基线(B)/坐标(O)/半径(R)/直径(D)/基准点(P)/编辑
(E)/设置(T)］<连续>:                                 //移动鼠标指定尺寸线位置
    重复命令，标注其他项。
```

图 8-59　素材文件

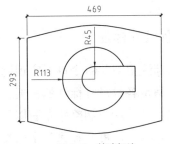

图 8-60　快速标注

8.3.7　多重引线标注

启用"多重引线"标注命令有以下几种方法：

- 命令行：直接输入 MLEADER/MLD 命令并按回车键。
- 菜单栏：调用"标注"｜"多重引线"命令。
- 功能区：单击"引线"面板中的"多重引线"工具按钮。

与标注一样，在创建多重引线之前，应设置其多重引线样式。通过"多重引线样式管理器"可以设置 "多重引线"的箭头、引线、文字等特征。

在 AutoCAD 2015 中打开"多重引线样式管理器"对话框有以下几种方法：

● 命令行：直接输入 MLEADERSTYLE/MLS 命令并按回车键。
● 菜单栏：调用"格式"｜"多重引线样式"命令。
● 功能区：在"注释"选项卡中，单击"引线"面板右下角 按钮 。

下面通过对待电话插孔的手动报警按钮电气符号进行标注，对多重引线样式命令操作进行讲解。

课堂举例 8-18： 多重引线标注带电话插孔的手动报警按钮 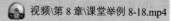 视频\第 8 章\课堂举例 8-18.mp4

01 打开文件。打开本书配套光盘中的素材文件"素材\第 8 章\8.3.7 标注多重引线尺寸对象.dwg"。如图 8-61 所示。

02 调用"格式"｜"多重引线样式"命令，对"电话插孔"进行引线标注，如图 8-62 所示，

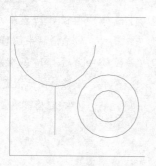

图 8-61 素材图形

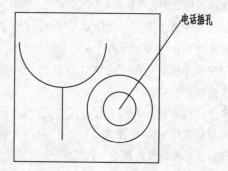

图 8-62 标注外部正方形尺寸

8.4 编辑尺寸标注

8.4.1 更新尺寸标注

利用"标注更新"命令可以实现两个尺寸样式之间的互换，将已标注的尺寸以新的样式显示出来。满足各种尺寸标注的需要，无需对尺寸进行反复修改。

启动"标注更新"调整命令有以下两种方式：

● 菜单栏：调用"标注"｜"更新"命令。
● 功能区：单击"注释"面板中的"更新"按钮 。

下面通过案例，对更新尺寸操作进行讲解。

课堂举例 8-19： 更新尺寸标注操作 视频\第 8 章\课堂举例 8-19.mp4

01 打开文件。打开本书配套光盘中的素材文件"素材\第 8 章\8.4.1 标注更新尺寸标注对象.dwg"。如图 8-63 所示。

02 调用"格式"|"标注样式"命令，打开"标注样式管理器"对话框，设置"SANDARD"标注样式置为当前样式。

03 调用"标注"|"更新"命令，将尺寸为 110 的标注更新为"SANDARD"标注样式，如图 8-64 所示，命令行操作如下：

```
命令：_dimstyle✓                                    //调用 "更新"命令
当前标注样式：STANDARD    注释性：否
输入标注样式选项
[注释性(AN)/保存(S)/恢复(R)/状态(ST)/变量(V)/应用(A)/?] <恢复>：_apply
选择对象：找到 1 个                                  //选择更新对象标注
```

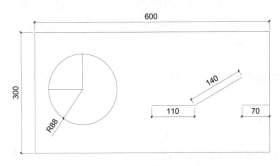

图 8-63 素材图形

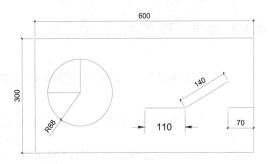

图 8-64 更新标注

8.4.2 调整标注间距

利用"标注间距"功能，可根据指定的间距数值，调整尺寸线互相平行的线性尺寸或角度尺寸之间的距离，使其处于平行等距或对齐状态。

启动"标注间距"命令有以下几种方式：

● 命令行：直接输入 DIMSPACE 命令并按回车键。
● 菜单栏：调用"标注"|"标注间距"命令。
● 功能区：单击"标注"面板中的"调整间距"工具按钮。

课堂举例 8-20：调整标注间距　　　　　　　　视频\第 8 章\课堂举例 8-20.mp4

01 打开文件。打开本书配套光盘中的素材文件"素材\第 8 章\8.4.2 标注调整标注间距对象.dwg"。如图 8-65 所示。

02 调用"标注"|"标注间距"命令，修改标注之间的间距，如图 8-66 所示，命令行操作如下：

```
命令：DIMSPACE✓                                    //调用"标注间距"命令
选择基准标注：                                      //选择尺寸为 380 的标注
为基准
选择要产生间距的标注：找到 1 个                      //选择尺寸为 200 的标注
选择要产生间距的标注：✓
输入值或 [自动(A)] <自动>：60                       //输入间距值
```

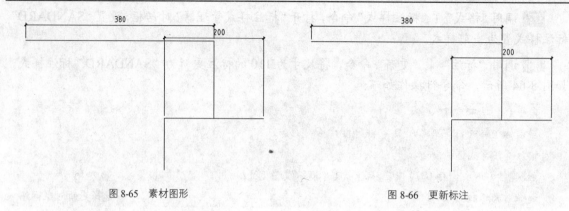

图 8-65　素材图形　　　　　　　　图 8-66　更新标注

8.4.3　编辑标注文字

"编辑标注文字"命令用于改变尺寸文字的放置位置。

启动"编辑标注"命令有以下几种方式。

● 命令行：直接输入 DIMTEDIT/ DIMTED 命令并按回车键。
● 菜单栏：选择"标注"｜"对齐文字"命令。

课堂举例 8-21：　编辑标注文字　　　　　视频\第 8 章\课堂举例 8-21.mp4

01 打开文件。打开本书配套光盘中的素材文件"素材 \ 第 8 章 \ 8.4.2 标注调整标注间距对象.dwg"。如图 8-67 所示。

02 输入 DIMTEDIT 命令，居中尺寸为 800 和 700 的尺寸标注文字，如图 8-68 所示，命令行操作如下：

```
命令：Dimtedit✓                                //调用"编辑标注文字"命令
选择标注：                                      //选择 800 尺寸标注
为标注文字指定新位置或 [左对齐 (L)/右对齐 (R)/居中 (C)/默认 (H)/角度 (A)]:c
                                               //激活"居中 (C)"选项
                                               //重复以上操作。
```

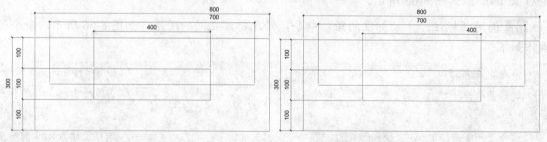

图 8-67　素材图形　　　　　　　　图 8-68　编辑标注文字

第9章 电力电气工程图设计

本章导读

　　电力是电气工程的强电部分，主要研究电能的提供、电能的产生，例如发电系统、传输（电力线路传输）、变换（高低压变换，变压器、断路器、接触器）系统等。电力分为高压电、电压变配电等。电力电气工程图是电类工程设计中不可缺少的电气工程图，电力电气工程图主要包括发电工程图，输电工程图及配电工程图等。本章将通过几个实例，讲解使用 AutoCAD 软件绘制电力电气工程图的方法。

本章重点

- 110kV 变电站电气图的绘制
- 直流母线电压监视装置图的绘制
- 工业车间配电干线图绘制

9.1 110kV 变电站电气图设计

变电站主接线图是由母线、断路器、电压互感器、电流互感器等电气图形符号和连接线所组成的表示电能流转的电路图。主接线图一般都采用单线图绘制，只有在个别场合必须指明三相时，才采用三线图来绘制。图 9-1 所示为 110kV 变电站主接线图。本节将详细介绍其绘制的方法及步骤。

9.1.1 设置绘图环境

01 调用"文件"|"新建"命令，新建图形文件。

02 调用"格式"|"文字样式"命令，打开"文字样式"对话框，选择 simplex.shx 字体，如图 9-2 所示

03 调用"文件"|"另存为"命令，打开"图形另存为"对话框，在"文件名"文本框中键入"110kV 变电站主接线图"。

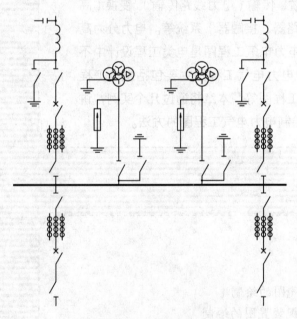

图 9-1   110kV 变电站主接线图

图 9-2   "文字样式"对话框

9.1.2 绘制电气图例

从 110kV 变电站主接线图的图形分析可知，该电路图主要由母线、断路器、电压互感器、电流互感器、避雷器、隔离开关、高压电容器等组成。下面将详细介绍各个元器件的绘制方法。

1．绘制电压互感器

电压互感器工作原理与变压器相同，基本结构也是铁心和一、二次绕组。特点是容量很小且比较恒定，正常运行时接近于空载状态。下面介绍电压互感器的绘制方法：

01　调用"绘图"｜"圆"命令，在绘图区，绘制一个半径为 3 的圆，如图 9-3 所示。

02　调用"绘图"｜"直线"命令，捕捉圆心为起点，向下绘制长度为 2 的直线段，如图 9-4 所示。

03　调用"修改"｜"旋转"命令，选择刚刚绘制的垂直直线段，以圆心为基点旋转 120°，如图 9-5 所示。

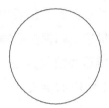　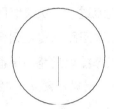　

图 9-3　绘制圆　　　　　　　图 9-4　绘制直线段　　　　　　图 9-5　旋转直线

04　使用上述同样的方法绘制圆内的其他两条旋转直线。

05　调用"工具"｜"绘图设置"命令，启用"极轴追踪"并设置增量角为 120°。

06　调用"绘图"｜"直线"命令，捕捉圆心为起点，绘制长度为 2，且与水平增量角为 120° 的斜线段，如图 9-6 所示。

07　调用"修改"｜"复制"命令，复制两个圆及内部图形，如图 9-7 所示。

08　调用"修改"｜"复制"命令，选择左侧圆，进行镜像复制，结果如图 9-8 所示。

　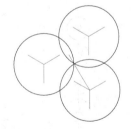　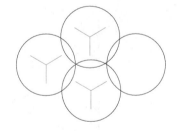

图 9-6　绘制斜线段　　　　　　图 9-7　阵列均分圆　　　　　　图 9-8　镜像左侧圆

09　调用"绘图"｜"正多边形"命令，捕捉镜像圆的圆心，绘制一个内切圆半径为 1.5 的正三角形，如图 9-9 所示。

10　调用"修改"｜"旋转"命令，捕捉圆心为旋转中心，输入旋转角度为 30°，如图 9-10 所示。

11　调用"绘图"｜"块"｜"创建"命令，选择绘制好的图形创建块，将其命名为"电压互感器"。

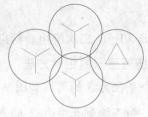

图 9-9　画三角形

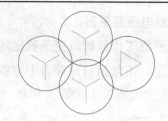

图 9-10　旋转三角形

2. 绘制电流互感器

电流互感器是由闭合的铁心和绕组组成。它的一次绕组匝数很少，串在需要测量的电流线路中，因此它经常有线路的全部电流流过。二次绕组匝数比较多，串接在测量仪表和保护回路中，电流互感器在工作时，它的二次回路始终是闭合的，因此测量仪表和保护回路串联线圈的阻抗很小，电流互感器的工作状态接近短路。下面介绍电流互感器的绘制方法：

01 调用"绘图" | "直线"命令，捕捉任意点为起点，绘制长度为 12 的垂直直线段，如图 9-11 所示。

02 调用"绘图" | "点" | "等距等分"命令，将线段进行 5 等分，如图 9-11 所示。

03 调用"绘图" | "圆"命令，捕捉等分点为圆心，绘制半径为 1 的圆如图 9-12 所示。

04 调用"修改" | "复制"命令，选择刚才绘制直线段和圆，以圆心为复制基点向右复制两个图形，两圆心之间的间隔为 3，最后将点样式符号删除，结果如图 9-13 所示。

05 调用"绘图" | "块" | "创建"命令，选择绘制好的图形，以左引线的左端点为基点创建块，将其命名为"电流互感器"。

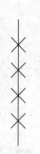

图 9-11　画直线和直线等分

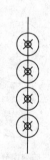

图 9-12　以等分点为中心画圆

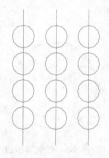

图 9-13　复制图形

3. 绘制高压电感器

电感器是能够把电能转化为磁能而存储起来的元件。电感器的结构类似于变压器，但只有一个绕组。电感器具有一定的电感，通过电感器可以阻止电流的变化。若电感器中没有电流通过，则电感器阻止电流流过；如果有电流流过电感器，则电路断开时它将试图维持电流不变。电感器又称扼流器、电抗器、动态电抗器。下面介绍电感器的绘制方法：

01 调用"绘图" | "直线"命令，绘制一条长度为 8 的水平直线，如图 9-14 所示。

02 调用"绘图" | "点" | "定数等分"命令，将直线 4 等分，结果如图 9-15 所示。

03 调用"绘图" | "圆弧" | "圆心、起点、端点"命令，绘制一段圆弧，如图 9-16 所示。

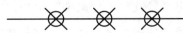

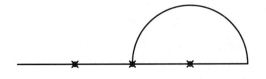

图 9-14　绘制直线

图 9-15　等分直线

04 调用"修改"｜"修剪"命令 ⁄，修剪多余的线段，使用"删除"命令，删除点样式符号，结果如图 9-17 所示。

图 9-16　绘制圆弧

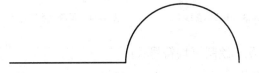

图 9-17　修剪直线

05 调用"修改"｜"复制"命令，将左侧圆弧向右复制两个，如图 9-18 所示。

06 调用"绘图"｜"直线"命令，向右绘制一条长度为 4 的水平直线，如图 9-19 所示。

07 调用"绘图"｜"块"｜"创建"命令，选择绘制好的图形，以左引线的左端点为基点创建块，将其命名为"高压电感器"。

图 9-18　复制圆弧

图 9-19　绘制连接线

4．绘制高压断路器

高压断路器又称高压开关，它不仅可以切断或闭合高压电路中的空载电流和负荷电流，而且当系统发生故障时通过继电器保护装置的作用，切断过负荷电流和短路电流，它具有相当完善的灭弧结构和足够的断流能力，可分为：油断路器（多油断路器、少油断路器）、六氟化硫断路器（SF6 断路器）、真空断路器、压缩空气断路器等。下面介绍断路器的绘制方法：

01 调用"绘图"｜"矩形"命令，捕捉任意点为起点，绘制边长为 2 的正四边形，如图 9-20 所示。

02 调用"绘制"｜"直线"命令，捕捉正四边形的顶点，绘制两条对角线，如图 9-21 所示。

03 调用"绘制"｜"直线"命令，捕捉两对角线的交点，向右绘制长度为 6 的水平直线段，如图 9-22 所示。

图 9-20　画矩形

图 9-21　画交叉线

图 9-22　画水平直线

04 调用"绘制"｜"直线"命令，捕捉直线段右端点为起点，绘制长度为 6 与水平夹角为 150° 的直线段，如图 9-23 所示。

05 调用"绘制"｜"直线"命令，捕捉对角线交点和直线段右端点，绘制两条长度为 4 的向左、向右的引线，如图 9-24 所示。

06 调用"修改"｜"删除"命令，删除水平直线段和矩形，如图 9-25 所示。

07 调用"绘图"｜"块"｜"创建"命令，选择绘制好的高压断路器，以左引线的左端点为基点创建块，将其命名为"高压断路器"。

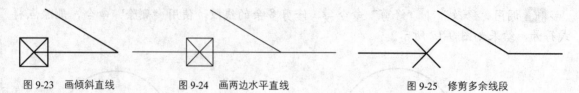

图 9-23　画倾斜直线　　　　图 9-24　画两边水平直线　　　　图 9-25　修剪多余线段

5. 绘制接地符号

01 调用"绘制"｜"直线"命令，垂直画一条长度为 6 的水平直线和长度为 4 的垂直直线，并使用"移动"命令，捕捉长度为 4 的直线移动到长度为 6 的直线的中点上，如图 9-26 所示。

02 使用同样的方法在右边绘制长度为 3 的直线，两垂直直线的间距为 1，如图 9-27 所示。

03 使用同样的方法在右边绘制长度为 2 的直线，两垂直直线的间距为 1，如图 9-28 所示。

04 调用"绘图"｜"块"｜"创建"命令，选择绘制好的接地符号，以左引线的左端点为基点创建块，将其命名为"接地"。

图 9-26　画垂直相交直线　　　　图 9-27　画偏移直线　　　　图 9-28　二次偏移直线

6. 绘制高压避雷器

避雷器是能释放雷电或兼能释放电力系统操作过电压能量，保护电气设备免受瞬时过电压危害，又能截断续流，不致引起系统接地短路的电器装置。避雷器通常接于带电导线与地之间，与被保护设备并联。当过电压值达到规定的动作电压时，避雷器立即动作，流过电荷，限制过电压幅值，保护设备绝缘。电压值正常后，避雷器又迅速恢复原状，以保证系统正常供电。

01 调用"绘图"｜"矩形"命令，捕捉任意点为起点，绘制 10×3 的矩形，如图 9-29 所示。

02 调用"绘制"｜"多段线"命令，捕捉矩形右边中点为起点，向左绘制直线长度为 6、箭头长度为 2 的多段线，如图 9-30 所示。

图 9-29　绘制矩形　　　　　　　　　　　图 9-30　绘制箭头

03 调用"绘制"｜"直线"命令，捕捉矩形左边中点，向左绘制长度为 4 的连接线，如图 9-32 所示。

[04] 调用"绘制"｜"直线"命令，捕捉矩形右边中点，向右绘制长度为 4 的连接线，如图 9-31 所示。

[05] 调用"绘图"｜"块"｜"创建"命令，选择绘制好的符号，以左端点为基点创建块，将其命名为"高压避雷器"。

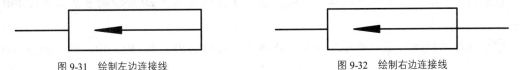

图 9-31 绘制左边连接线   图 9-32 绘制右边连接线

7. 绘制高压电容

高压电容，现在一般指的是 1kV 以上的电容，或者 10kV 以上的电容。目前的高压电容主要分为高压陶瓷电容、高压薄膜电容、高压聚丙乙烯电容等。

[01] 调用"绘制"｜"直线"命令，绘制一条长度为 2 的垂直直线，如图 9-33 所示。

[02] 调用"修改"｜"偏移"命令，将垂直直线向右偏移 2，如图 9-34 所示。

[03] 调用"绘制"｜"直线"命令，捕捉垂直直线的中点，分别向左和向右绘制一条长为 4 的水平直线，如图 9-35 所示。

[04] 调用"绘图"｜"块"｜"创建"命令，选择绘制好的图形，以左引线的左端点为基点创建块，将其命名为"高压电容"。

图 9-33 绘制直线   图 9-34 偏移垂直线   图 9-35 绘制水平线

8. 绘制连接点

[01] 调用"绘图"｜"圆"命令，绘制半径为 1 的圆，如图 9-36 所示。

[02] 调用"绘图"｜"图案填充"命令，填充 SOLID 图案，如图 9-37 所示。

[03] 调用"绘图"｜"块"｜"创建"命令，创建连接点图块。

图 9-36 绘制圆

图 9-37 填充图案

9.1.3 组合图形

前面小节分别绘制完成了 110kV 变电站电气图各元器件的电气符号，本节将介绍如何将这些元件组合成完整的电路图。

1. 绘制辅助线

01 调用"格式（O）"｜"图层（L）"命令，打开"图层特性管理器"，新建"辅助线层"图层，并设置为当前图层。

02 调用"绘图"｜"多段线"命令，绘制一条长 130 的水平直线作为母线。

03 调用"绘图"｜"多段线"命令，在水平直线左端点 20 处绘制一条长度为 140 的垂直线。

04 调用"修改"｜"偏移"命令，将垂直线连续向右偏移 30、40、30，如图 9-38 所示。

05 调用"格式（O）"｜"图层（L）"命令，打开"图层特性管理器"。选择默认图层为当前图层，并锁定"辅助线层"，如图 9-39 所示。

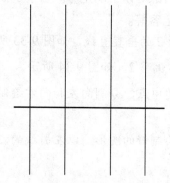

图 9-38 绘制辅助线

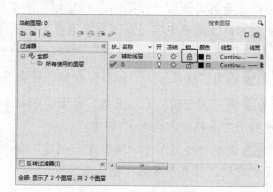

图 9-39 锁定图层

> 提示：图层锁定后不能进行删除、移动等操作，以方便辅助线作为参考使用。

2. 插入电气图块

01 调用"插入"｜"块"命令，将前面创建的电气图块插入至当前图形，如图 9-40 所示。

02 调用"修改"｜"旋转"命令，将插入的高压电感器块旋转90°，如图 9-41 所示。

03 调用"修改"｜"移动"命令，将高压电容与高压电感器块进行连接，如图 9-42 所示。

图 9-40 插入块

图 9-41 旋转块

图 9-42 连接元器件

3．组合元器件

为了便于更清晰地看到元器件及连接线，下文将辅助线进行隐藏。元器件的连接除了使用辅助线进行连接，也可以参考软件系统提供的栅格，两者都可以使绘制的图更加整齐和美观。

`01` 调用"插入"｜"块"命令，将前面制作好的块插入到图中。

`02` 选中块，调用"修改"｜"旋转"命令，在打开的对话框中将需要旋转的元伴进行旋转，如图 9-43 所示。

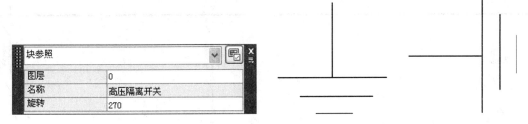

图 9-43　旋转示例

`03` 调用"修改"｜"移动"命令，将元器件在辅助线上进行排列，如图 9-44 所示。

`04` 调用"绘图"｜"直线"命令，将元器件进行连接，如图 9-45 所示。

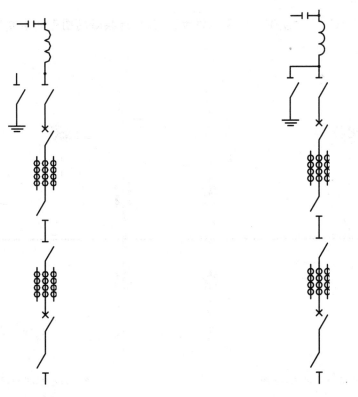

图 9-44　元器件排列　　　　　　　　图 9-45　元器件连接

4．图形的组合

`01` 调用"修改"｜"移动"命令，将连接好的元器件与母线连接，如图 9-46 所示。

[02] 调用"修改" | "复制"命令，将图形向右复制，如图 9-47 所示。

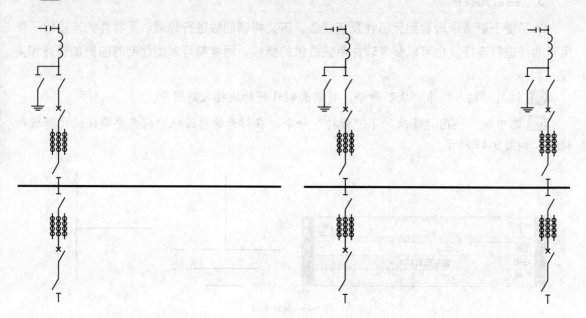

图 9-46　绘制母线　　　　　　　　　　　图 9-47　复制图形

[03] 调用"修改" | "移动"命令，将元器件在辅助线上连接保护电气图，如图 9-48 所示。

[04] 调用"修改" | "复制"命令，将步骤 3 中连接好的图形向右复制，如图 9-49 所示。

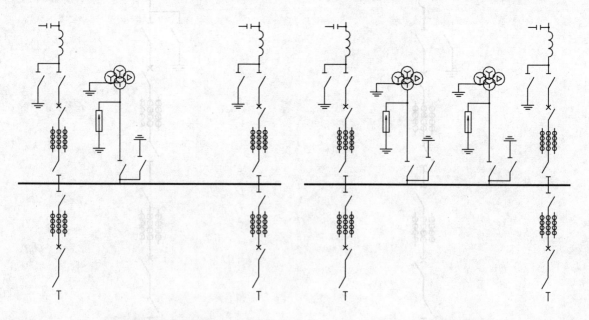

图 9-48　连接电气保护图　　　　　　　　　图 9-49　镜像电气保护图

　　至此，110kV 变电站主接线图已经绘制完成，调用"文件" | "保存"命令或者在键盘上按 Ctrl+S 组合键对文件进行保存。

9.2　直流母线电压监视装置图设计

直流母线电压监视装置主要是反映直流电源电压的高低。例如，图 9-50 所示的直流母线电压监视装置中，KV1 是低电压监视继电器，正常电压 KV1 励磁，其常闭触点断开，当电压降低到整定值时，KV1 失磁，其常闭触点闭合，HP1 光字牌亮，发出音响信号。KV2 是过电压继电器，正常电压时 KV2 失磁，其常开触点在断开位置，当电压过高超过整定值时 KV2 励磁，其常开触点闭合，HP2 光字牌亮，发出音响信号。本节将使用 AutoCAD 软件详细介绍其绘制的方法及操作步骤。

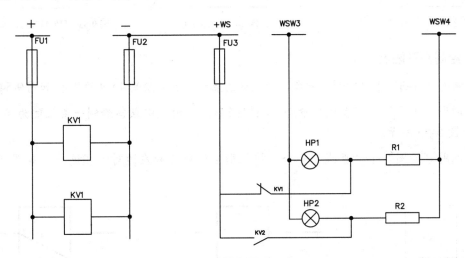

图 9-50　直流母线电压监视装置图

9.2.1　设置绘图环境

01 调用"文件"｜"新建"命令，新建图形文件。

02 调用"格式"｜"文字样式"命令，选择 simplex.shx 字体。

03 调用"文件"｜"另存为"命令，打开"图形另存为"对话框，在"文件名"文本框中键入"直流母线电压监视装置图"。

9.2.2　电路图的绘制

从直流母线电压监视装置图形分析可知，该电路图主要由电压监视继电器、熔断器、电阻、指示灯等组成。本节将详细介绍各个元器件的绘制方法。

1.　绘制电压监视继电器

01 调用"绘图"｜"矩形"命令，捕捉任意点为起点，绘制 8×10 的矩形，如图 9-51 所示。

02 调用"绘图"｜"文字"｜"单行文字"命令，输入元器件名称 KV1，如图 9-52 所示。

03 调用"绘图"｜"块"｜"创建"命令，选择绘制好的元器件符号，制作成块，将其命名为"电压监视继电器1"。

[04] 调用"修改"|"复制"命令，复制步骤2中的图形双击文字将KV1改为KV2，如图 9-53 所示。

[05] 调用"绘图"|"块"|"创建"命令，选择绘制好的元器件符号，制作成块，将其命名为"电压监视继电器2"。

图 9-51 绘制矩形   图 9-52 制作块及添加文字   图 9-53 复制块及修改文字

2. 绘制常开触点

[01] 调用"绘图"|"矩形"命令，捕捉任意点为起点，绘制4×4的矩形，如图 9-54 所示。

[02] 调用"绘图"|"直线"命令，捕捉矩形左右两边中点各绘制一条长度为 4 的水平直线，如图 9-55 所示。

[03] 调用"绘图"|"直线"命令，将矩形右边中点和左边对角相连接，如图 9-56 所示。

图 9-54 绘制矩形   图 9-55 绘制水平直线   图 9-56 连接对角

[04] 调用"修改"|"修剪"命令，修剪多余的线段，如图 9-57 所示。

[05] 调用"绘图"|"文字"|"单行文字"命令，输入元器件名称KV2，如图 9-58 所示。

[06] 调用"绘图"|"块"|"创建"命令，选择绘制好的元器件符号，制作成块，将其命名为"常开触点"。

图 9-57 修剪多余线段   图 9-58 添加文字

3. 绘制常闭触点

[01] 调用"绘图"|"矩形"命令，捕捉任意点为起点，绘制 3×6 的矩形，如图 9-59 所示。

[02] 调用"绘图"|"直线"命令，捕捉矩形左右两边中点各绘制一条长度为 4 的水平直线，如图 9-60 所示。

[03] 调用"工具"|"绘图设置"命令，启用"极轴追踪"并设置增量角为 150°。绘

制一条长度为 5 的斜线，如图 9-61 所示。

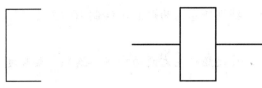 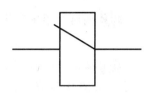

图 9-59　绘制矩形　　　　图 9-60　绘制两边直线　　　　图 9-61　绘制斜线

04 调用"修改"｜"修剪"命令，修剪多余的线段，如图 9-62 所示。

05 调用"绘图"｜"文字"｜"单行文字"命令，输入元器件名称 KV1，如图 9-63 所示。

06 调用"绘图"｜"块"｜"创建"命令，选择绘制好的元器件符号，制作成块，将其命名为"常闭触点"。

图 9-62　修剪多余线段　　　　　　　　　　图 9-63　添加文字

4. 绘制指示灯

01 调用"绘图"｜"矩形"命令，捕捉任意点为起点，绘制 5×5 的矩形，如图 9-64 所示。

02 调用"绘图"｜"直线"命令，绘制矩形对角线，如图 9-65 所示。

03 调用"绘图"｜"圆"命令，以对角线为圆心绘制矩形内接圆，如图 9-66 所示。

图 9-64　绘制矩形　　　　图 9-65　绘制对角线　　　　图 9-66　绘制内接圆

04 调用"修改"｜"修剪"命令，修剪多余的线段，如图 9-67 所示。

05 调用"绘图"｜"文字"｜"单行文字"命令，输入元器件名称 HP1，如图 9-68 所示。

06 调用"修改"｜"复制"命令，复制步骤 5 中的图形将 HP1 改为 HP2，如图 9-69 所示。

07 调用"绘图"｜"块"｜"创建"命令，选择绘制好的元器件符号，制作成块，将其命名为"指示灯"。

图 9-67　修剪多余线段　　　　图 9-68　添加文字　　　　图 9-69　修改文字

5. 绘制电阻

01 调用"绘图"|"矩形"命令，捕捉任意点为起点，绘制 10×3 的矩形,如图 9-70 所示。

02 调用"绘图"|"直线"命令，捕捉矩形左右两边中点各绘制一条长度为 4 的水平直线，如图 9-71 所示。

图 9-70　绘制矩形   图 9-71　绘制直线

03 调用"绘图"|"文字"|"单行文字"命令，输入元器件名称 R1，如图 9-72 所示。

04 调用"修改"|"复制"命令，复制步骤 3 中的图形将 R1 改为 R2,如图 9-73 所示。

05 调用"绘图"|"块"|"创建"命令，选择绘制好的元器件符号，制作成块，将其命名为"电阻"。

图 9-72　添加文字   图 9-73　修改文字

6. 绘制熔断器

01 调用"绘图"|"矩形"命令，捕捉任意点为起点，绘制 3×10 的矩形,如图 9-74 所示。

02 调用"绘图"|"直线"命令，捕捉矩形左右两边中点各绘制一条长度为 4 的垂直直线，如图 9-75 所示。

03 调用"绘图"|"直线"命令，连接矩形两边中点，如图 9-76 所示。

04 调用"绘图"|"文字"|"单行文字"命令，输入元器件名称 FU1，如图 9-77 所示。

05 调用"修改"|"复制"命令，复制步骤 4 中的图形将 FU1 改为 FU2,如图 9-78 所示。

06 调用"绘图"|"块"|"创建块"命令，选择绘制好的元器件符号，制作成块，将其命名为"熔断器"。

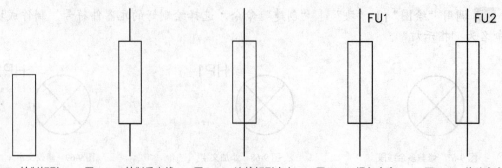

图 9-74　绘制矩形　　图 9-75　绘制垂直线　　图 9-76　连接矩形中点　　图 9-77　添加文字　　图 9-78　修改文字

9.2.3 组合图形

前面小节中已经分别完成了直流母线电压监视装置图中元器件的绘制，本节将介绍如何将这些元件组合成完整的电路图。参考线的制作和块的旋转与插入参考上节所介绍的方法，图形组合的具体详细步骤如下：

1. 布置元器件

`01` 调用"插入"｜"块"命令，将上节中制作好的块插入图中。

`02` 调用"修改"｜"移动"命令，将元器件移动到合适的位置，如图 9-79 所示。

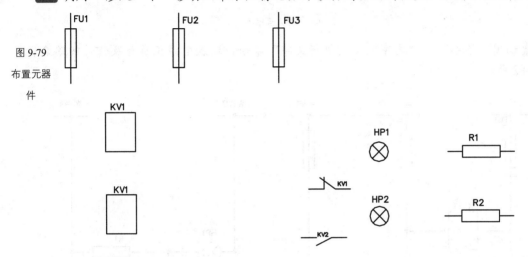

图 9-79
布置元器
件

2. 连接元器件

`01` 调用"绘图"｜"直线"命令，将元器件连接，如图 9-80 所示。

`02` 调用"绘图"｜"多线"命令，绘制 4 条水平线，如图 9-80 所示。

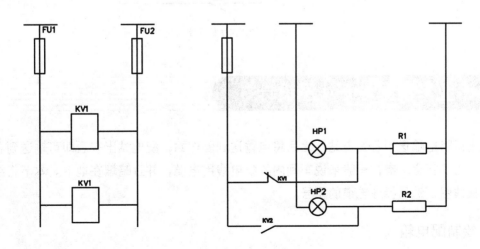

图 9-80 连接元器件

`03` 调用"插入"｜"块"命令，插入连接点，如图 9-81 所示。

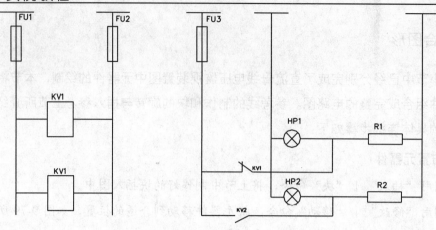

图 9-81　插入连接点

04 调用"绘图"｜"文字"｜"单行文字"命令，输入电源正负号及信号回路名称，如图 9-82 所示。

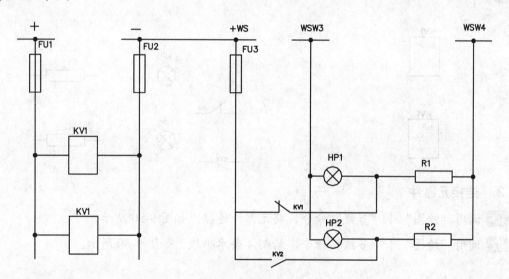

图 9-82　添加文字和符号

9.3　工业车间配电干线图设计

发电厂将电输送到各变电站，之后将电输送到配电站，配电站出来后即可输送到各个配电车间。为了安全考虑，一般来说车间内的配电线用电缆，并且暗埋在地下。本节将绘制配电箱与接线图，然后标注电缆的型号。

9.3.1　绘制配电箱

配电箱不宜超过三级，二级配电箱用电由一级配电箱（主配电箱）引出。首先绘制主配电箱，再绘制分电箱。

1. 绘制主配电箱

01 调用"绘图"｜"矩形"命令，捕捉任意点为起点，绘制 5×20 的矩形,如图 9-83 所示。

02 调用"修改"｜"镜像"命令，以矩形右边为镜像轴，将矩形向右镜像，如图 9-84 所示。

03 调用"绘图"｜"文字"｜"单行文字"命令，输入配电箱编号 01#，如图 9-85 所示。

04 调用"绘图"｜"块"｜"创建"命令，选择绘制好的元器件符号，制作成块，将其命名为"主配电箱"。

图 9-83 绘制矩形　　　图 9-84 镜像矩形　　　图 9-85 添加编号

2. 绘制二级配电箱

01 调用"绘图"｜"矩形"命令，捕捉任意点为起点，绘制 2×10 的矩形,如图 9-86 所示。

02 调用"修改"｜"镜像"命令，以矩形右边为镜像轴，将矩形向右镜像，如图 9-87 所示。

03 调用"绘图"｜"文字"｜"单行文字"命令，输入配电箱编号 02#，如图 9-88 所示。

04 调用"修改"｜"复制"命令，将步骤 3 完成的图形复制 4 个，并将编号改成配电箱对应的编号，如图 9-89 所示。

05 调用"绘图"｜"块"｜"创建"命令，选择绘制好的元器件符号，将其创建成块。

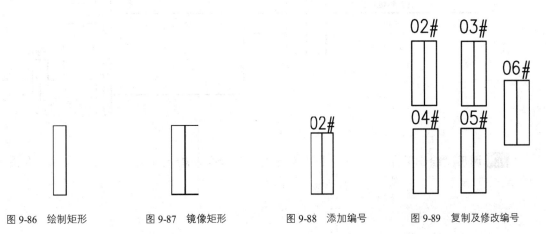

图 9-86 绘制矩形　　　图 9-87 镜像矩形　　　图 9-88 添加编号　　　图 9-89 复制及修改编号

9.3.2 配电线路连接及线路标注

前面小节中已经将设备进行了大致布图，接下来需要对线路进行连接以及添加线路的标注信息。

1. 布置配电箱

`01` 调用"插入" | "块"命令，将绘制好的块插入到图中。

`02` 调用"修改" | "移动"命令，将元器件移动到合适的位置，如图 9-90 所示。

`03` 调用"绘图" | "直线"命令，连接各配电箱，如图 9-91 所示。

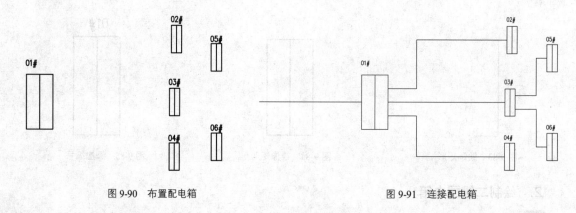

图 9-90　布置配电箱　　　　　　　　　　图 9-91　连接配电箱

2. 标注配电线型号

`01` 调用"绘图" | "文字" | "单行文字"命令，输入配电柜进线型号 VLV 3 × 180+3 × 70，如图 9-92 所示。

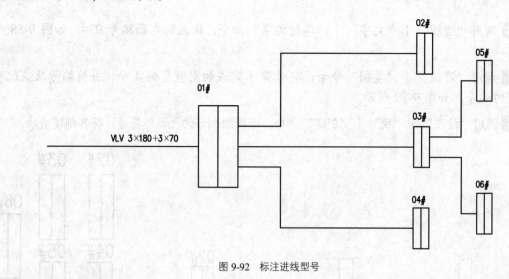

图 9-92　标注进线型号

`02` 调用"绘图" | "文字" | "单行文字"命令，输入配电箱进线标号 K，如图 9-93 所示。

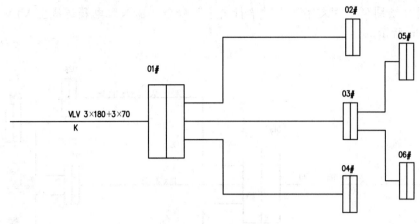

图 9-93 书写进线标号

03 调用"绘图"｜"文字"｜"单行文字"命令，输入配电箱进线型号 VLV 3×75+1 ×35，如图 9-94 所示。

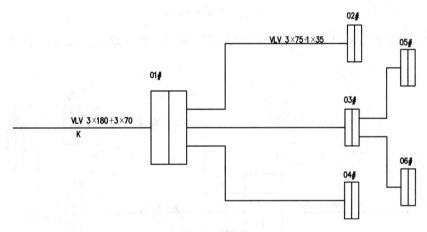

图 9-94 标 2 号配电箱进线型号

04 调用"绘图"｜"文字"｜"单行文字"命令，输入配电箱进线型 BLX 3×95，如图 9-95 所示。

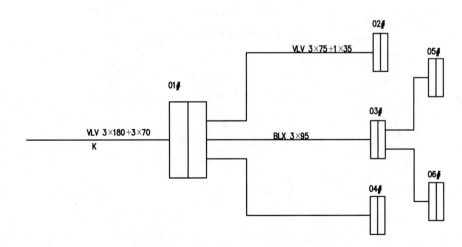

图 9-95 标 3 号配电箱进线型号

05 调用"绘图"｜"文字"｜"单行文字"命令，输入配电箱进线型 VLV 3 × 75+1 × 35，如图 9-96 所示。

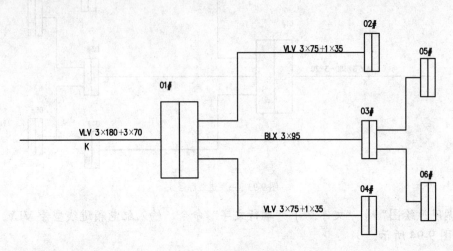

图 9-96　标 4 号配电箱进线型号

06 调用"绘图"｜"文字"｜"单行文字"命令，输入配电箱进线型 BLX 3 × 50，如图 9-97 所示。

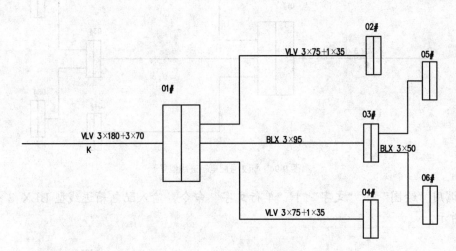

图 9-97　标 6 号配电箱进线型号

第10章 电子电路图 设计

本章导读

　　电子电路图是人们为了研究和工程的需要，用约定的符号绘制的一种表示电路结构的图形，通过电路图了解实际电路连接的情况。在分析电路时，可不必把实物翻来覆去地琢磨，特别是复杂的电路更是如此。而电子电路图，可以直观地反映实际电路的连接情况。在设计电路时，也可以从容地在纸上或计算机上进行，确认完善后再进行实际安装，通过调试、改进，直至成功。而现在，我们更可以应用先进的计算机软件来进行电路的辅助设计，甚至进行虚拟的电路试验，大大提高了工作效率。本章将使用 CAD 软件绘制常用的电子电路图。

本章重点

- ● 稳压电源电路图的绘制
- ● 高压电子灭蚊器电路图的绘制
- ● 电热毯控温电路的绘制
- ● 气体烟雾报警电路图的绘制

10.1 稳压电源电路图的设计

图 10-1 所示为一个实用的稳压电源电路。输出电压可调,输出电流最大 100mA。本电路是串联型稳压电源电路。此电路使用 PNP 型锗管,所以输出是负电压,正极接地。用两个普通二极管代替稳压管。任何二极管的正向压降都是基本不变的,因此可用二极管代替稳压管。图中用了两个 2CZ 二极管作基准电压。取样电阻是一个电位器,电阻大小可调,所以输出电压也是可调的。本节将详细介绍该图绘制步骤。

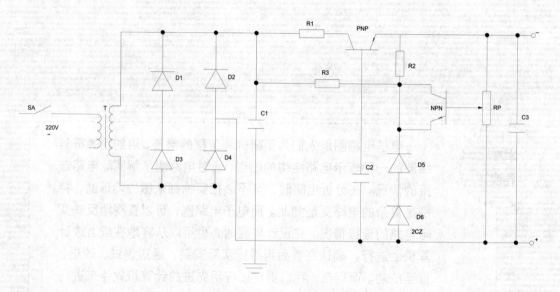

图 10-1 稳压电源电路

 若要使用前面制作好的块,可直接将之前绘制好的电气图复制到新建的文件中;调用"修改 | "删除"命令,删除全部图形;调用 "插入" | "块"命令,可直接调用块。

10.1.1 设置绘图环境

01 调用"文件" | "新建"命令,新建图形文件。

02 调用"文件" | "另存为"命令,系统弹出"图形另存为"对话框,在"文件名"文本框中键入"稳压电源电路图"。

03 调用"格式" | "文字样式"命令,选择 simplex.shx 字体。

04 使用前面章节中介绍的方法,将绘图工具栏和修改工具栏单独调出来,这样可以提高绘图的速度。

10.1.2 电路图的绘制

从稳压电路图中可知,该电路是由开关、变压器、二极管、三极管、电位器及一些电阻电容组成。接下来将详细介绍这些元器件的绘制方法和步骤。

1. 绘制开关

`01` 单击 "绘图" 工具栏上的 "矩形" 工具按钮⬜，捕捉任意点为起点，绘制 4×4 的矩形，如图 10-2 所示。

`02` 单击 "绘图" 工具栏上的 "直线" 工具按钮✐，捕捉矩形左右两边中点各绘制一条长度为 4 的水平直线，如图 10-2 所示。

`03` 单击 "绘图" 工具栏上的 "直线" 工具按钮✐，将矩形左边中点和右边对角相连接，如图 10-3 所示。

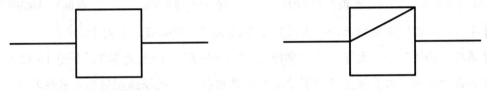

图 10-2　绘制矩形及直线　　　　　　　　　　图 10-3　绘制连接线

`04` 单击 "修改" 工具栏上的 "修剪" 工具按钮✂，修剪多余的线段，如图 10-4 所示。

`05` 调用 "绘图" | "文字" | "单行文字" 命令 **AI** 输入开关名称 SA，如图 10-5 所示。

`06` 单击 "绘图" 工具栏上的 "创建块" 工具按钮🗔，选择绘制好的元器件符号，制作成块，将其命名为 "开关"。

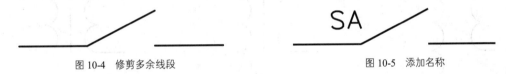

图 10-4　修剪多余线段　　　　　　　　　　图 10-5　添加名称

2. 绘制变压器

`01` 单击 "绘图" 工具栏上的 "直线" 工具按钮✐，绘制一条长度为 2 的垂直线。

`02` 单击 "绘图" 工具栏上的 "圆弧" 工具按钮，选择 "圆心、起点、端点" 如图 10-6 所示。

`03` 单击 "修改" 工具栏上的 "删除" 工具按钮✐，删除多余的线段，如图 10-7 所示。

`04` 单击 "修改" 工具栏上的 "复制" 工具按钮🗗，向下复制 3 个圆弧，向右复制 6 个圆弧，如图 10-8 所示。

`05` 单击 "修改" 工具栏上的 "镜像" 工具按钮⚎，将右边圆弧镜像，如图 10-9 所示。命令行操作如下：

```
命令：MI
MIRROR
选择对象：找到 1 个
选择对象： 指定镜像线的第一点：指定镜像线的第二点：
要删除源对象吗？[是(Y)/否(N)] <N>：y
```

`06` 单击 "绘图" 工具栏上的 "直线" 工具按钮✐，绘制长度为 2 的连接线，如图 10-10 所示。

图 10-6　绘制圆弧　　　　图 10-7　修剪直线　　　　图 10-8　复制圆弧　　　　图 10-9　镜像圆弧段

07 单击"绘图"工具栏上的"直线"工具按钮 ✐，中心线，如图 10-11 所示。

08 调用"绘图"｜"文字"｜"单行文字"命令 **A**，输入文字 T，如图 10-12 所示。

09 单击"绘图"工具栏上的"创建块"工具按钮 ✎，选择绘制好的元器件符号，制作成块，将其命名为"变压器"。

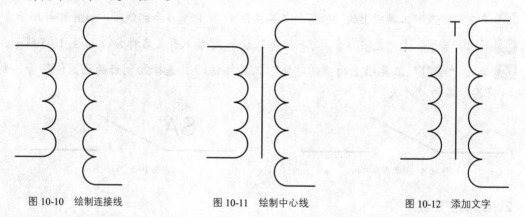

图 10-10　绘制连接线　　　　　　图 10-11　绘制中心线　　　　　　图 10-12　添加文字

3. 绘制二极管

01 单击"绘图"工具栏上的"矩形"工具按钮 ☐，捕捉任意点为起点，绘制 6×6 的矩形,如图 10-13 所示。

02 单击"绘图"工具栏上的"直线"工具按钮 ✐，绘制矩形对角线，如图 10-14 所示。

03 单击"绘图"工具栏上的"圆"工具按钮 ⊙，捕捉对角线交点为圆心，绘制一个半径为的矩形内接圆，如图 10-15 所示。

04 单击"修改"工具栏上的"修剪"工具按钮 ✂，修剪多余线段，如图 10-16 所示。

图 10-13　绘制矩形　　　图 10-14　绘制对角线　　　图 10-15　绘制内接圆　　　图 10-16 修剪线段

05 单击"绘图"工具栏上的"正多边形"工具按钮 ⬠，绘制一个圆的内接三角形，如图 10-17 所示。

06 单击"绘图"工具栏上的"直线"工具按钮 ，绘制两条长度为 4 的水平直线，如图 10-18 所示。

07 单击"修改"工具栏上的"修剪"工具按钮 ，修剪多余线段，如图 10-19 所示。

08 单击"绘图"工具栏上的"创建块"工具按钮 ，选择绘制好的元器件符号，制作成块，将其命名为"二极管"。

图 10-17　绘制圆内接三角形

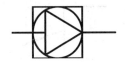
图 10-18　绘制水平直线

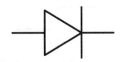
图 10-19　删除多余线段

4.　绘制 PNP 三极管

01 单击"绘图"工具栏上的"直线"工具按钮 ，绘制一条长度为 8 的垂直线，以直线中点向左绘制一条长度为 4 的水平线，如图 10-20 所示。

02 单击"绘图"工具栏上的"直线"工具按钮 ，以上半部分直线的中点为起点，向右绘制一条长度为 4 的水平线，如图 10-21 所示。

03 单击"绘图"工具栏上的"多线"工具按钮 ，以下半部分直线的中点为起点绘制带箭头的水平线，如图 10-22 所示。命令行操作如下：

```
命令：PL
PLINE
指定起点：
当前线宽为 0.0000
指定下一个点或 [圆弧(A)/半宽(H)/长度(L)/放弃(U)/宽度(W)]：2
指定下一点或 [圆弧(A)/闭合(C)/半宽(H)/长度(L)/放弃(U)/宽度(W)]：w
指定起点宽度 <0.0000>：0.2
指定端点宽度 <0.2000>：
指定下一点或 [圆弧(A)/闭合(C)/半宽(H)/长度(L)/放弃(U)/宽度(W)]：1
指定下一点或 [圆弧(A)/闭合(C)/半宽(H)/长度(L)/放弃(U)/宽度(W)]：1
```

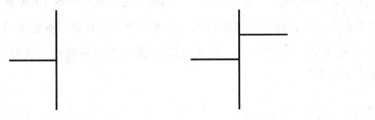

图 10-20　绘制直线　　　　　图 10-21　绘制中点相交线　　　　　图 10-22　绘制多段线

04 单击"修改"工具栏上的"旋转"工具按钮 ，将上半部分水平线旋转 20°，如图 10-23 所示。

05 单击"修改"工具栏上的"旋转"工具按钮 ，将上半部分水平线旋转-20°，如图 10-24 所示。

06 单击"绘图"工具栏上的"直线"工具按钮 ，绘制长度为 2 的两条连接线，如图

10-25 所示。

07 单击"绘图"工具栏上的"创建块"工具按钮 🖺，选择绘制好的元器件符号，制作成块，将其命名为"PNP 三极管"。

图 10-23　旋转直线　　　　　图 10-24　旋转多段线　　　　　图 10-25　绘制连接线

5. 绘制 NPN 三极管

01 单击"修改"工具栏上的"复制"工具按钮 🖧，复制图 2-24 的图形，如图 10-26 所示。

02 单击"修改"工具栏上的"镜像"工具按钮 ⚏，将多段线以水平线为轴镜像，如图 10-27 所示。

03 单击"修改"工具栏上的"删除"工具按钮 ✐，删除镜像源，如图 10-28 所示。

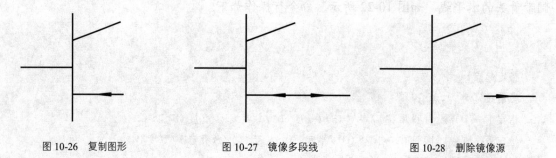

图 10-26　复制图形　　　　　图 10-27　镜像多段线　　　　　图 10-28　删除镜像源

04 单击"修改"工具栏上的"移动"工具按钮 ✛，将多段线移动到直线中点的位置，如图 10-29 所示。

05 单击"修改"工具栏上的"旋转"工具按钮 ⟳，将上半部分水平线旋转-20°，单击"绘图"工具栏上的"直线"工具按钮 ✐，绘制长度为 2 的两条连接线，如图 10-30 所示。

06 单击"修改"工具栏上的"镜像"工具按钮 ⚏，将三极管垂直镜像，如图 10-31 所示。

07 单击"绘图"工具栏上的"创建块"工具按钮 🖺，选择绘制好的元器件符号，制作成块，将其命名为"NPN 三极管"。

图 10-29　移动多段线　　　　　图 10-30　绘制连接线　　　　　图 10-31　镜像图形

6. 绘制电位器

01 单击"绘图"工具栏上的"多线"工具按钮 ，绘制箭头的水平线，如图 10-32 所示。

02 单击"绘图"工具栏上的"矩形"工具按钮 ，捕捉任意点为起点，绘制 2×8 的矩形，如图 10-33 所示。

03 单击"修改"工具栏上的"移动"工具按钮 ，将多段线箭头线移动到矩形左边中点上，如图 10-34 所示。

图 10-32　绘制箭头线　　　　　图 10-33　绘制矩形　　　　　图 10-34　移动多段线

04 单击"绘图"工具栏上的"直线"工具按钮 ，在矩形上下两边中点分别绘制长度为 4 的直线，如图 10-35 所示。

05 单击"修改"工具栏上的"旋转"工具按钮 ，选中图 10-35 所示的图形，将其旋转-90°，如图 10-36 所示。

06 单击"绘图"工具栏上的"直线"工具按钮 ，捕捉箭头线另一端点，绘制长度为 4 的水平直线，如图 10-37 所示。

07 单击"绘图"工具栏上的"创建块"工具按钮 ，选择绘制好的元器件符号，制作成块，将其命名为"可变电阻"。

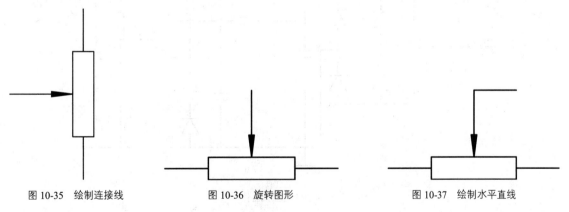

图 10-35　绘制连接线　　　　　图 10-36　旋转图形　　　　　图 10-37　绘制水平直线

至此，电路图中所用到的元器件电气符号已经绘制完成。至于电阻、电容及接地符号，在前面章节中已经绘制好并制作成了块，使用时直接调用即可。

10.1.3 组合图形

使用上节中已经制作好的块，直接插入图中，进行移动和调整，接下来本节将进行详细的讲解。

1. 插入图块

01 单击"绘图"工具栏上的"插入块"工具按钮 📳，插入上节中已经制作好的块。

02 单击"修改"工具栏上的"移动"工具按钮 ✛，将元器件移动到合适的位置，如图 10-38 所示。

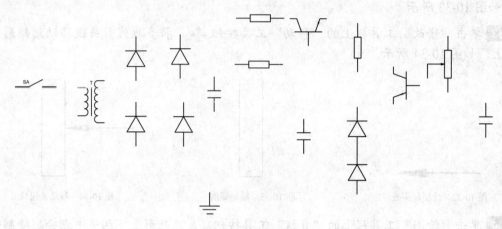

图 10-38　插入和调整块

2. 连接元器件

01 单击"绘图"工具栏上的"直线"工具按钮 ✎，将图中的元器件连接。

02 单击"绘图"工具栏上的"圆"工具按钮 ⊙，绘制直径为 1 的圆，作为输出端口，如图 10-39 所示。

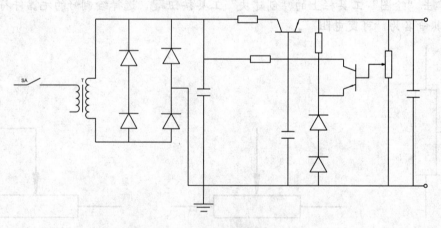

图 10-39　连接元器件

3. 插入连接点

单击"绘图"工具栏上的"插入块"工具按钮 📳，将上节中制作成块的连接点插入电路的交接处，如图 10-40 所示。

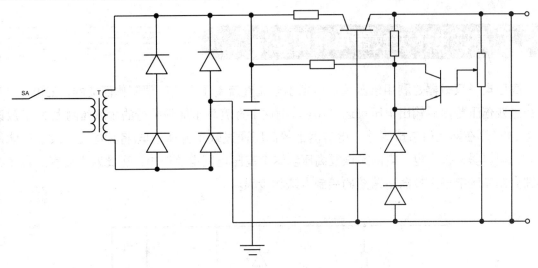

图 10-40　插入连接点

4. 元器件的编号

01 调用"绘图"｜"文字"｜"单行文字"命令 AI，指定文字高度为 1，旋转角度为 0，命令行操作如下：

```
命令：DT
TEXT
当前文字样式："Standard"　文字高度：2.5000　注释性：否　对正：左
指定文字的起点 或 [对正(J)/样式(S)]:
指定高度 <2.5000>: 1
指定文字的旋转角度 <0>:
```

02 单击鼠标左键，在元器件合适的位置输入元件对应的代号及输入的电源电压和输出的正负端，如图 10-41 所示。

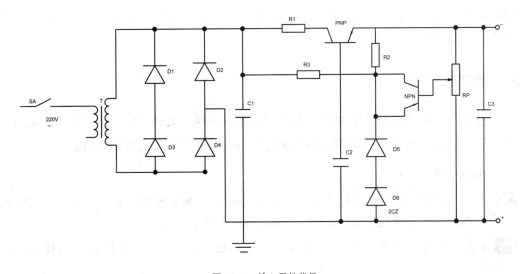

图 10-41　输入元件代号

至此稳压电源电路图已经绘制完成，在键盘上按 Ctrl+S 组合键对文件进行保存。

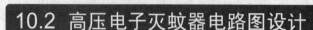
10.2 高压电子灭蚊器电路图设计

高压电子灭蚊器是利用倍压整流得到小电流直流高压电的原理制作而成的，220V 交流电经过四倍压整流后输出电压可达 110V，把这个直流高压加到平行的金属丝网上,网下放诱饵,当蚊子停在网上时造成短路，电容器上的高压通过蚊子身体放电,将其电死。蚊子尸体落下后，电容器又被充电，电网又恢复高压。这个高压电网电流很小，因此对人无害。本节将详细介绍高压电子灭蚊器电路图的绘制方法和步骤。

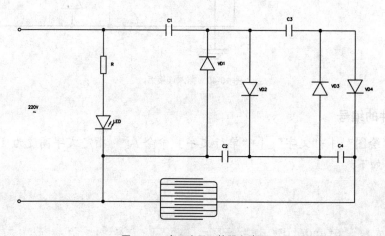

图 10-42　高压电子灭蚊器电路图

10.2.1　设置绘图环境

01 调用"文件"｜"新建"命令，新建图形文件。

02 调用"格式"｜"文字样式"命令，选择 simplex.shx 字体。

03 调用"文件"｜"另存为"命令，打开"图形另存为"对话框，在"文件名"文本框中键入"高压电子灭蚊器电路图"。

10.2.2　绘制电路图

从高压电子灭蚊器电路图中可知，本电路主要由电网、发光二级管、二极管、电阻电容等组成，是一个简单而实用的电路，接下来将详细介绍各个部分的绘制方法。

1.　绘制电网

01 单击"绘图"工具栏上的"直线"工具按钮，垂直方向绘制一条长度为 20 的直线，水平方向绘制一条长度为 15 的直线，如图 10-43 所示。

02 单击"修改"工具栏上的"偏移"工具按钮，将水平直线向下偏移 2，如图 10-44 所示。

03 单击"修改"工具栏上的"偏移"工具按钮，将垂直直线向右偏移 20，如图 10-45 所示。

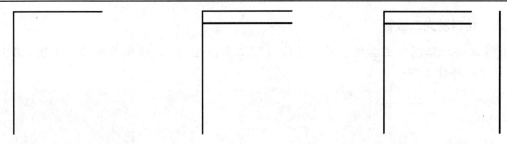

图 10-43　绘制直线　　　　图 10-44　偏移水平直线　　　　图 10-45　偏移垂直直线

04 单击"修改"工具栏上的"偏移"工具按钮，将之前偏移的两条水平直线向下偏移 1，如图 10-46 所示。

05 单击"修改"工具栏上的"移动"工具按钮，把直线水平移动到右边直线上，如图 10-47 所示。

06 单击"修改"工具栏上的"修剪"工具按钮，修剪多余的线段。如图 10-48 所示。

图 10-46　偏移水平直线　　　　图 10-47　移动直线　　　　图 10-48　修剪直线

07 单击"修改"工具栏上的"复制"工具按钮，将修改好的图形向下复制，如图 10-49 所示。

08 单击"修改"工具栏上的"圆角"工具按钮，设置圆角半径为 1，绘制圆角，如图 10-50 所示。命令行操作如下：

```
命令：F
FILLET
当前设置：模式 = 修剪，半径 = 1.0000
选择第一个对象或 [放弃(U)/多段线(P)/半径(R)/修剪(T)/多个(M)]：R
指定圆角半径 <1.0000>：1
选择第一个对象或 [放弃(U)/多段线(P)/半径(R)/修剪(T)/多个(M)]：
选择第二个对象，或按住 Shift 键选择对象以应用角点或 [半径(R)]：
```

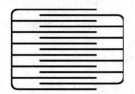

图 10-49　复制图形　　　　　　　　图 10-50　对角圆角

09 单击"绘图"工具栏上的"创建块"工具按钮，选择绘制好的元器件符号，制作成块，将其命名为"电网"。

2. 绘制发光二极管

`01` 单击"绘图"工具栏上的"多段线"工具按钮 ⤵ ，绘制箭头线，如图 10-51 所示。命令行操作如下：

```
命令：PL
PLINE
指定起点：
当前线宽为 0.0000
指定下一个点或 [圆弧(A)/半宽(H)/长度(L)/放弃(U)/宽度(W)]：1
指定下一点或 [圆弧(A)/闭合(C)/半宽(H)/长度(L)/放弃(U)/宽度(W)]：W
指定起点宽度 <0.0000>：0.2
指定端点宽度 <0.2000>：
指定下一点或 [圆弧(A)/闭合(C)/半宽(H)/长度(L)/放弃(U)/宽度(W)]：1
指定下一点或 [圆弧(A)/闭合(C)/半宽(H)/长度(L)/放弃(U)/宽度(W)]：
```

`02` 单击"修改"工具栏上的"旋转"工具按钮 ↻ ，将多段线旋转 150 度，如图 10-52 所示。

`03` 单击"修改"工具栏上的"复制"工具按钮 ⃛ ，复制前面章节中绘制好的二极管，如图 10-53 所示。

图 10-51 绘制箭头线　　　图 10-52　旋转箭头线　　　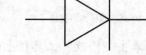

图 10-53　复制二极管

`04` 单击"修改"工具栏上的"移动"工具按钮 ✥ ，将元器件移动到合适的位置，如图 10-54 所示。

`05` 单击"修改"工具栏上的"复制"工具按钮 ⃛ ，向下复制箭头多段线，如图 10-55 所示。

`06` 单击"绘图"工具栏上的"创建块"工具按钮 ⌧ ，选择绘制好的元器件符号，制作成块，将其命名为"发光二极管"。

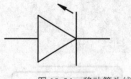

图 10-54　移动箭头线

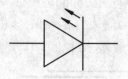

图 10-55　复制箭头线

3. 调用块

`01` 单击"绘图"工具栏上的"插入块"工具按钮 ⌧ ，插入前面章节中制作好的块，如图 10-56 所示。命令行操作如下：

```
命令：I
INSERT
```

指定插入点或 [基点(B)/比例(S)/旋转(R)]:

命令: INSERT

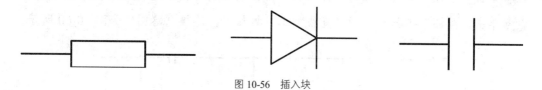

图 10-56 插入块

02 单击"修改"工具栏上的"旋转"工具按钮 ↻，将插入的块旋转到合适的位置，如图 10-57 所示。

图 10-57 旋转块

10.2.3 组合图形

前面已经完成了高压电子灭蚊器电路图中各元器件的绘制，本节将介绍如何将各部分组成一个完整的电路图，具体操作步骤如下：

1. 插入和调整块

01 单击"绘图"工具栏上的"插入块"工具按钮 ，插入之前制作好的块。

02 单击"修改"工具栏上的"移动"工具按钮 ✥，将元器件移动到合适的位置，如图 10-58 所示。

2. 连接元器件

单击"绘图"工具栏上的"直线"工具按钮 ，将元器件进行连接，如图 10-59 所示。

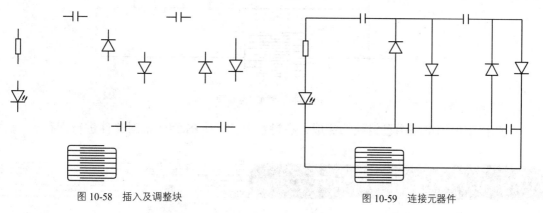

图 10-58 插入及调整块   图 10-59 连接元器件

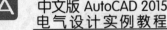

3. 绘制电源输入端及插入连接点

01 单击"绘图"工具栏上的"插入块"工具按钮 ，插入连接点及电源输入端。

02 单击"绘图"工具栏上的"直线"工具按钮 ，连接电路图，如图 10-60 所示。

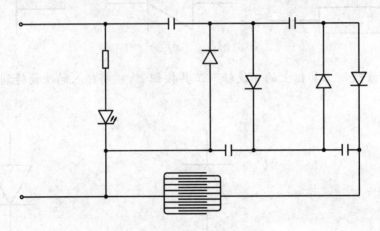

图 10-60　绘制电源端及插入连接点

4. 添加电源电压及元件代号

01 调用"格式"｜"文字样式"命令，选择 simplex.shx 字体。

02 调用"绘图"｜"文字"｜"单行文字"命令 ，输入元器件编号。

03 将输入端 220V 交流电源，电阻 R、电容 C、二级管 VD、发光二极管 LED 的相应代号输入图中，如图 10-61 所示。

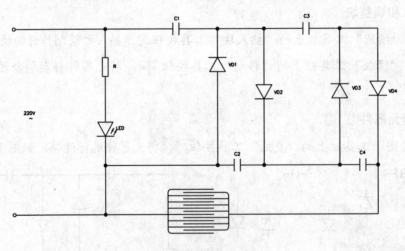

图 10-61　添加文字编号

至此稳压电源电路图已经绘制完成，在键盘上按 Ctrl+S 组合键对文件进行保存。

10.3　电热毯控温电路设计

图 10-62 所示为一个典型的电热毯电路，开关在"1"的位置是低温档。220 V 交流电经二

极管后接到电热毯，因为是半波整流，电热毯两端所加的是约 100 V 的脉动直流电，发热不高，所以是保温或低温状态。开关扳到"2"的位置，220 V 交流电直接接到电热毯上，所以是高温档。本节将详细介绍该电路图的绘制方法和步骤。

10.3.1 设置绘图环境

01 调用"文件"｜"新建"命令，新建图形文件。

02 调用"格式"｜"文字样式"命令，选择 simplex.shx 字体。

03 调用"文件"｜"另存为"命令，打开"图形另存为"对话框，在"文件名"文本框中键入"电热毯控温电路图"。

10.3.2 绘制电路图

从电热毯控温电路图中可知，该电路由电源输入端、双刀开关、发热电网及二极管所组成。接下来将详细介绍本电路图中各元器件的绘制方法。

1. 绘制双刀开关

01 调用"工具"｜"绘图设置"命令，选择"对象捕捉"启用"对象捕捉"，将其全部选择，如图 10-63 所示，单击"确定"即可完成对象类型选择设置。

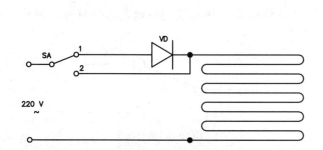

图 10-62 电热毯控温电路图

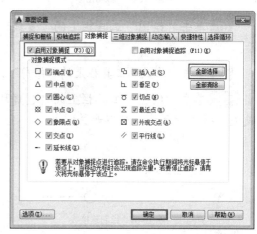

图 10-63 选择对象扑捉类型

02 单击"绘图"工具栏上的"圆"工具按钮⊙，捕捉任意点为圆心，绘制一个直径为 1 的圆，如图 10-64 所示。

03 单击"绘图"工具栏上的"直线"工具按钮╱，捕捉圆的圆心延长线，绘制一条长度为 4 的直线，如图 10-65 所示。

04 单击"修改"工具栏上的"镜像"工具按钮⚗，向右镜像图形，如图 10-66 所示。

图 10-64 绘制圆　　　　　　　图 10-65 绘制直线　　　　　　　图 10-66 镜像图形

05 单击"修改"工具栏上的"移动"工具按钮 ，将镜像的图像向右移动 4，如图 10-67 所示。

06 单击"修改"工具栏上的"复制"工具按钮 ，分别上下复制镜像图形，并删除复制源，如图 10-68 所示。命令行操作如下：

```
命令：CO
COPY
选择对象：找到 1 个
选择对象：找到 1 个，总计 2 个
选择对象：
当前设置：  复制模式 = 多个
指定基点或 [位移(D)/模式(O)] <位移>：
指定第二个点或 [阵列(A)] <使用第一个点作为位移>：2
指定第二个点或 [阵列(A)/退出(E)/放弃(U)] <退出>：2
指定第二个点或 [阵列(A)/退出(E)/放弃(U)] <退出>：
```

图 10-67 移动图形   图 10-68 复制图形

07 单击"绘图"工具栏上的"直线"工具按钮 ，捕捉圆心并相连接，如图 10-69 所示。

08 单击"修改"工具栏上的"修剪"工具按钮 ，修剪多余的线段。如图 10-70 所示。

09 单击"绘图"工具栏上的"创建块"工具按钮 ，选择绘制好的元器件符号，制作成块，将其命名为"双刀开关"。

图 10-69 绘制连接线   图 10-70 修剪线段

2. 绘制发热电网

01 单击"绘图"工具栏上的"直线"工具按钮 ，绘制一条长度为 20 的水平直线。

02 单击"修改"工具栏上的"偏移"工具按钮 ，设置偏移距离为 2 向下绘制两条直线，如图 10-71 所示。

03 单击"绘图"工具栏上的"圆弧"工具按钮 ，在直线端点绘制圆弧，如图 10-72 所示。

图 10-71 偏移直线   图 10-72 绘制圆弧

04 单击"修改"工具栏上的"复制"工具按钮 ，将图形向下复制，如图 10-73 所示。

05 单击"修改"工具栏上的"删除"工具按钮 ，删除多余的线段，如图 10-74 所示。

06 单击"绘图"工具栏上的"创建块"工具按钮 ，选择绘制好的元器件符号，制作成块，将其命名为"发热电网"。

图 10-73 复制图形   图 10-74 修剪图形

10.3.3 组合图形

在前面已经将主要的元器件绘制完成，图中的二极管可直接利用上节中制作好的块插入图中。本节将把绘制好的元器件组合成一张完整的电路图。

1. 插入图块

01 单击"绘图"工具栏上的"插入块"工具按钮 ，插入之前制作好的块。

02 单击"修改"工具栏上的"移动"工具按钮 ，将元器件移动到合适的位置，如图 10-75 所示。

2. 连线及插入电源端点

01 单击"绘图"工具栏上的"直线"工具按钮 ，将元器件进行连接，如图 10-76 所示。

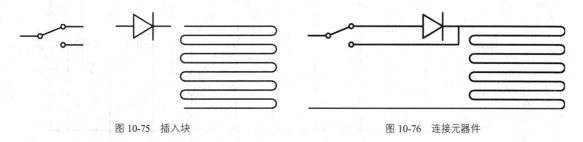

图 10-75 插入块   图 10-76 连接元器件

02 单击"绘图"工具栏上的"插入块"工具按钮 ，插入连接点及端点，如图 10-77 所示。

3. 输入电源电压及元件代号

01 调用"格式"｜"文字样式"命令，选择 simplex.shx 字体。

02 调用"绘图"｜"文字"｜"单行文字"命令，输入元器件编号。

03 将输入端 220V 交流电源、双刀开关 SA、二极管 VD 相应的代号输入图中，如图 10-78 所示。

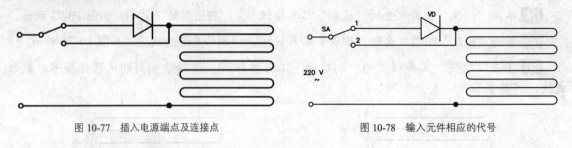

图 10-77　插入电源端点及连接点　　　　　　　　图 10-78　输入元件相应的代号

10.4　气体烟雾报警电路图设计

　　火灾是最经常、最普遍地威胁公众安全的主要灾害之一。人们在用火的同时，不断总结火灾发生的规律，尽可能地减少火灾及其对人类造成的危害。火灾，几乎是和火的利用同时发生的。随着现代社会的不断发展，现代家庭用火、用电量正在逐年增加，火灾发生的频率越来越高。火灾不仅毁坏物质财产，造成社会秩序的混乱，还直接或间接危害生命，给人们的心灵造成极大的危害。每年都有许多人被火灾夺去生命。由于人们的疏忽而发生的火灾与爆炸，不仅造成人员的大量伤亡，还承受着严重的经济损失，一系列火灾造成的严重损失也使得人们意识到了烟雾报警器的意义，大多数发生火灾的房屋都没有安装烟雾报警器，所以烟雾报警器在火灾预防上有重大意义。本节将详细介绍气体烟雾报警电路图的绘制方法和详细步骤。图 10-79 为气体烟雾报警电路图。

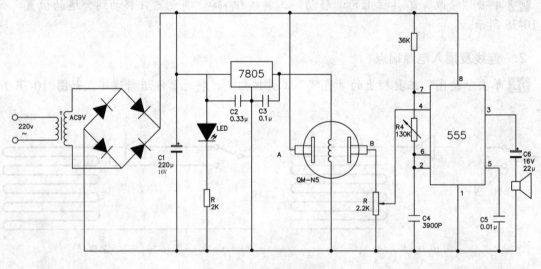

图 10-79　气体烟雾报警电路图

10.4.1　设置绘图环境

01　调用"文件"｜"新建"命令，新建图形文件。

02　调用"格式"｜"文字样式"命令，选择 simplex.shx 字体。

03　调用"文件"｜"另存为"命令，打开"图形另存为"对话框，在"文件名"文本框中键入"气体烟雾报警电路图"。

04 打开前面章节绘制的图形，复制到新建图形中，单击"修改"工具栏上的"删除"工具按钮 ，删除复制的图形，此时之前绘制好的块就可以保存在图块库中，需要使用块时可直接调用。

10.4.2 绘制电路图

从电路图中分析可知，气体烟雾电路图主要由桥式整流电路、烟雾感应电路、报警电路三部分组成，接下来将详细讲解其组成元器件的绘制方法和步骤。

1. 绘制桥式整流桥

整流桥的作用是通过二极管的单向导通的特性将电平在零点上下浮动的交流电转换为单向的直流电，使元器件能正常工作。

01 单击"绘图"工具栏上的"插入块"工具按钮 ，插入两个前面章节中制作好的"二极管"块，如图 10-80 所示。

02 单击"修改"工具栏上的"旋转"工具按钮 ，将插入的块旋转 45°，如图 10-81 所示。

03 单击"修改"工具栏上的"旋转"工具按钮 ，将制作好的块旋转-45°，如图 10-82 所示。

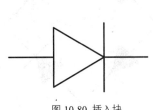

图 10-80 插入块

图 10-81 旋转块 45°

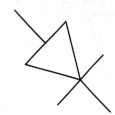

图 10-82 旋转块—45°

04 单击"绘图"工具栏上的"圆"工具按钮 ，捕捉任一点为圆心，绘制一个半径为 14 的圆，如图 10-83 所示。

05 单击"绘图"工具栏上的"正多边形"工具按钮 ，绘制圆的内接 4 边形，如图 10-84 所示。命令行操作如下：

```
命令: POL
POLYGON 输入侧面数 <4>:4
指定正多边形的中心点或 [边(E)]:单击圆心
输入选项 [内接于圆(I)/外切于圆(C)] <I>: I
指定圆的半径:                      //捕捉圆右边圆心延长线与圆交点处单击
```

06 单击"修改"工具栏上的"分解"工具按钮 ，分解圆的内接四边形。

07 调用"格式" | "点样式"命令 ，选择×符号。

08 调用"绘图" | "点" | "定数等分"命令 ，选择矩形上下两边，输入等分数为 5，如图 10-85 所示。

09 单击"修改"工具栏上的"复制"工具按钮 ，将旋转后的二级管复制到圆内接四边形上，如图 10-86 所示。

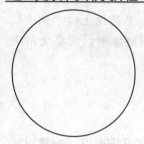
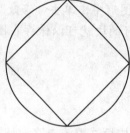
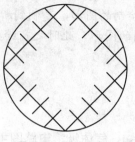

图 10-83　绘制圆　　　图 10-84　绘制圆内接四边形　　　图 10-85　等分四边形　　　图 10-86　复制二极管到内接

四边形上

[10] 单击"修改"工具栏上的"删除"工具按钮 ✏️，选中圆和点样式符号，将其删除，如图 10-88 所示。

[11] 单击"绘图"工具栏上的"图案填充"工具按钮 ▨，在功能区面板上选择对象要填充的图案，如图 10-87 所示。

[12] 选中二极管三角形部分（先分解后选择），按回车键，确定填充三角形，结果如图 10-89 所示。

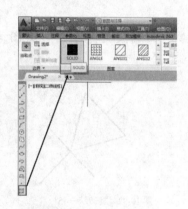
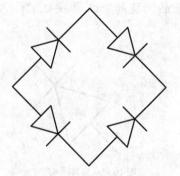
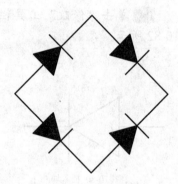

图 10-87　选择要填充的图案　　　　图 10-88　删除点样式和圆　　　　图 10-89　填充图案

[13] 单击"绘图"工具栏上的"创建块"工具按钮 ⬚，选择绘制好的元器件符号，制作成块，将其命名为"整流桥"。

2. 绘制 QM-N5 半导体气敏元件

QM-N5 型气敏元件是以金属氧化物 SnO_2（氧化锡）为主体材料的 N 型半导体气敏元件，当元件接触还原性气体时，其电导率随气体浓度的增加而迅速升高，常用于可燃性气体的检测（CH_4、C_4H_{10}、H_2 等），具有灵敏度高、响应速度快、输出信号大、寿命长、工作稳定可靠等特点。

[01] 单击"绘图"工具栏上的"直线"工具按钮 ✏️，单击任一点，绘制一条长度为 9 的水平直线，如图 10-90 所示。

[02] 调用"格式"｜"点样式"命令，选择×符号。

[03] 调用"绘图"｜"点"｜"定数等分"命令，选择矩形上下两边，输入等分数为 3，如图 10-91 所示。

[04] 单击"绘图"工具栏上的"矩形"工具按钮 ⬚，捕捉左边等分点为起点，绘制 3×6 的矩形，如图 10-92 所示。

图 10-90 绘制直线	图 10-91 等分直线	图 10-92 绘制矩形

单击 "修改" 工具栏上的 "偏移" 工具按钮，设置偏移距为 1，将水平直线向下偏移，如图 10-93 所示。

06 单击 "绘图" 工具栏上的 "直线" 工具按钮，连接水平直线和偏移线，使之成为一个矩形，如图 10-94 所示。

07 单击 "修改" 工具栏上的 "删除" 工具按钮，删除点样式符号，快捷键为 "E"，如图 10-95 所示。

图 10-93 偏移水平直线	图 10-94 连接偏移线	图 10-95 删除点样式符号

08 单击 "修改" 工具栏上的 "旋转" 工具按钮，选择上步骤绘制好的图形，选择偏移直线左端点为 "旋转端点" 输入 90°，按空格结束命令，如图 10-96 所示。命令行操作如下：

```
命令：RO                                              //输入旋转命令快捷键
ROTATE
UCS 当前的正角方向：ANGDIR=逆时针  ANGBASE=0
选择对象：指定对角点：找到 5 个
选择对象：
指定基点：端点
指定旋转角度，或 [复制(C)/参照(R)] <0>：90          //指定旋转角度为 90°
按空格结束
```

09 单击 "修改" 工具栏上的 "镜像" 工具按钮，选择旋转的图形，以垂直方向为镜像轴，镜像图形，如图 10-97 所示。

10 单击 "绘图" 工具栏上的 "创建块" 工具按钮，将旋转图形和镜像图形制作成块。

11 单击 "绘图" 工具栏上的 "圆" 工具按钮，捕捉任一点为圆心，绘制一个半径为 10 的圆，如图 10-98 所示。

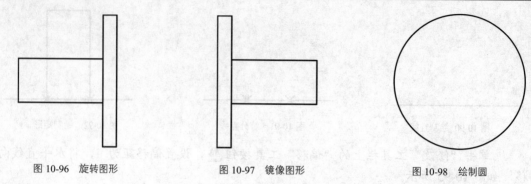

图 10-96　旋转图形　　　　图 10-97　镜像图形　　　　　图 10-98　绘制圆

12 单击"绘图"工具栏上的"直线"工具按钮 ∕，绘制一条圆的直径和过圆心长度为 6 的左右两条水平直线，如图 10-99 所示。

13 单击"修改"工具栏上的"移动"工具按钮 ✛，将前面制作好的块，捕捉偏移直线的中点，移动到直线端点上，如图 10-100 所示。

14 单击"修改"工具栏上的"删除"工具按钮 ✐，删除直线，如图 10-101 所示。

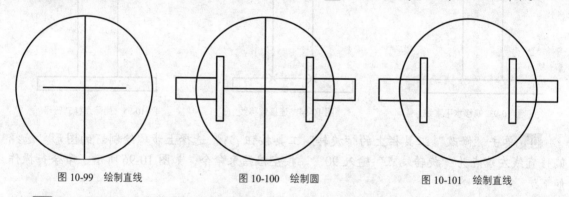

图 10-99　绘制直线　　　　　　图 10-100　绘制圆　　　　　　图 10-101　绘制直线

15 使用前面章节中绘制电感元件符号的方法（使用直线、圆弧、旋转等命令）绘制气敏元器件中间部分，如图 10-102 所示。

16 单击"绘图"工具栏上的"插入块"工具按钮 🔲，选中图形，将绘制好的图形制作成块。

17 单击"修改"工具栏上的"移动"工具按钮 ✛，将制作好的块移动到矩形的中间，如图 10-103 所示。

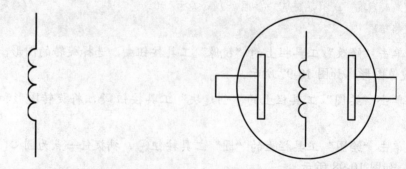

图 10-102　绘制中间插头　　　　　　　　图 10-103　移动插头到圆内

18 单击"绘图"工具栏上的"创建块"工具按钮 🔲，选择绘制好的元器件符号，制作成块，将其命名为"QM-N5"。

3．绘制电解电容

电解电容通常是由金属箔铝、钽作为正电极，金属箔的绝缘氧化层氧化铝、钽五氧化物作为电介质。电解电容以其正电极的不同分为铝电解电容和钽电解电容。铝电解电容的负电极由浸过电解质液（液态电解质）的薄纸、薄膜或电解质聚合物构成，钽电解电容的负电极通常采用二氧化锰。由于均以电解质作为负电极，故称之为电解电容。

01 单击"绘图"工具栏上的"直线"工具按钮，绘制一条长度为 4 的垂直直线，捕捉直线的中点绘制一条为 4 的直线，如图 10-104 所示。

02 单击"修改"工具栏上的"偏移"工具按钮，设置偏移距为 0.4，选中垂直直线，将直线向右偏移，继续使用偏移命令，将垂直直线向右偏移 2、2.4，如图 10-105 所示。

03 单击"绘图"工具栏上的"直线"工具按钮，捕捉右边第一条垂直直线中点绘制长度为 4 的水平直线，如图 10-106 所示。

图 10-104　绘制直线　　　　图 10-105　偏移垂直线　　　　图 10-106　绘制直线

04 单击"绘图"工具栏上的"直线"工具按钮，绘制连接线，如图 10-107 所示。

05 单击"绘图"工具栏上的"图案填充"工具按钮，在功能区中选择 SOLID 图案，对矩形进行填充，如图 10-108 所示。

06 调用"绘图"｜"文字"｜"单行文字"命令，输入电源正极，如图 10-109 所示。

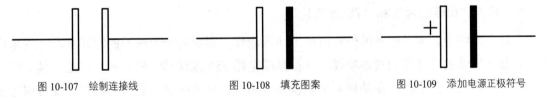

图 10-107　绘制连接线　　　　图 10-108　填充图案　　　　图 10-109　添加电源正极符号

07 单击"绘图"工具栏上的"创建块"工具按钮，选择绘制好的元器件符号，制作成块，将其命名为"电解电容"。

4．绘制喇叭

01 单击"绘图"工具栏上的"矩形"工具按钮，捕捉任一点为起点，绘制 9×4 的矩形，如图 10-110 所示。

02 调用"格式"｜"点样式"命令，选择×符号。

03 调用"绘图"｜"点"｜"定数等分"命令，选择矩形下边，输入等分数为 3，如图 10-111 所示。

04 单击"状态栏"辅助工具区的"正交模式"工具按钮，关闭正交模式。

05 单击"绘图"工具栏上的"直线"工具按钮，捕捉矩形顶点和等分点绘制连接线，如图 10-112 所示。

211

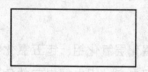

图 10-110　绘制矩形　　　　图 10-111　等分矩形下边　　　　图 10-112　绘制连接线

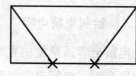

06 单击"绘图"工具栏上的"矩形"工具按钮□，捕捉等分点为起点，绘制 3×-3 的矩形，如图 10-113 所示。

07 单击"修改"工具栏上的"删除"工具按钮✐，删除矩形三边及等样式符号，如图 10-114 所示。

08 单击"修改"工具栏上的"旋转"工具按钮〇，将绘制好的图形旋转 90°，如图 10-115 所示。

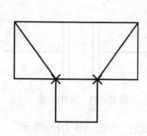

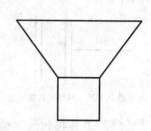

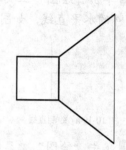

图 10-113　绘制矩形　　　　图 10-114　删除多余线段　　　　图 10-115　旋转图形

09 单击"绘图"工具栏上的"创建块"工具按钮🗔，选择绘制好的元器件符号，制作成块，将其命名为"喇叭"。

5．绘制"555 芯片"和"7805 芯片"

在数字系统中，为了使各部分在时间上协调动作，需要有一个统一的时间基准。用来产生时间基准信号的电路称为时基电路。时基集成电路 555 就是其中的一种。它是一种由模拟电路与数字电路组合而成的多功能的中规模集成组件，只要配少量的外部器件，便可很方便地组成触发器、振荡器等多种功能电路，因此其获得迅速发展和广泛应用。555 定时器成本低，性能可靠，只需要外接几个电阻、电容，就可以实现多谐振荡器、单稳态触发器及施密特触发器等脉冲产生与变换电路。它也常作为定时器广泛应用于仪器仪表、家用电器、电子测量及自动控制等方面。

7805 三端稳压集成电路，有三端稳压集成电路有正电压输出 7805 三端稳压集成电路三端 IC 是指这种稳压用的集成电路，只有三条引脚输出，分别是输入端、接地端和输出端。用 78/79 系列三端稳压 IC 来组成稳压电源所需的外围元件极少，电路内部还有过流、过热及调整管的保护电路，使用起来可靠、方便，而且价格便宜。该系列集成稳压 IC 型号中的 78 或 79 后面的数字代表该三端集成稳压电路的输出电压，因为三端固定集成稳压电路的使用方便，电子制作中经常采用。下面讲解绘制电路图中的表示符号。

01 单击"绘图"工具栏上的"矩形"工具按钮□，捕捉任一点，绘制 20×35 的大矩形，如图 10-116 所示。

02 单击"绘图"工具栏上的"矩形"工具按钮□，捕捉任一点，绘制 15×9 的小矩形，如图 10-117 所示。

03 调用"绘图"｜"文字"｜"单行文字"命令，捕捉矩形，输入芯片符号名称。

04 单击"修改"工具栏上的"移动"工具按钮 ✛，将文字移动到合适的位置，如图 10-118、图 10-119 所示。

图 10-116　绘制大矩形　　　　图 10-117　绘制小矩形　　　　图 10-118　添加芯片名称

6. 绘制发光二级管和变阻器

❑ 绘制发光二极管

01 单击"绘图"工具栏上的"插入块"工具按钮 🖫，打开如图 10-120 所示对话框，插入前面章节绘制好的"二极管"块。

02 单击"修改"工具栏上的"分解"工具按钮 🗗，分解插入的"二极管"块。

03 单击"绘图"工具栏上的"图案填充"工具按钮 🔢，在功能区中选择 SOLID 图案，选择三角形，对三角形进行填充，如图 10-121 所示。

04 单击"绘图"工具栏上的"多线"工具按钮 ⤵，绘制箭头线，如图 10-122 所示。

05 单击"状态栏"辅助工具区的"正交模式"工具按钮 ⊾，关闭正交模式。

06 单击"修改"工具栏上的"复制"工具按钮 ⚙，将箭头线向上复制，如图 10-123 所示。

图 10-119　添加芯片名称

图 10-120　"插入"对话框

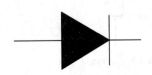

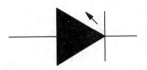

图 10-121　填充三角形　　　　图 10-122　绘制箭头线　　　　图 10-123　复制箭头线

07 单击"修改"工具栏上的"旋转"工具按钮，将绘制好的图形旋转 90°，如图 10-124 所示。

08 单击"绘图"工具栏上的"创建块"工具按钮，选择绘制好的元器件符号创建块，将其命名为"发光二极管"。

❑ 绘制滑动变阻器

01 单击"绘图"工具栏上的"多线"工具按钮，绘制两段箭头线，一段长度为 9，另一段长度为 6，如图 10-125、图 10-126 所示。命令行操作如下：

```
命令：PL
PLINE
指定起点：单击任一点
当前线宽为 0.0000
指定下一个点或 [圆弧(A)/半宽(H)/长度(L)/放弃(U)/宽度(W)]：<正交 开> 7
指定下一点或 [圆弧(A)/闭合(C)/半宽(H)/长度(L)/放弃(U)/宽度(W)]：w
指定起点宽度 <0.0000>：0.5
指定端点宽度 <0.5000>：
指定下一点或 [圆弧(A)/闭合(C)/半宽(H)/长度(L)/放弃(U)/宽度(W)]：2
指定下一点或 [圆弧(A)/闭合(C)/半宽(H)/长度(L)/放弃(U)/宽度(W)]：按空格退出
```

图 10-124 旋转图形　　　图 10-125 绘制长度为 9 的箭头线　　　图 10-126 绘制长度为 6 的箭头线

02 单击"绘图"工具栏上的"插入块"工具按钮，插入前面章节中绘制好的电阻，如图 10-127 所示。

03 单击"修改"工具栏上的"移动"工具按钮，将选中箭头线移动到矩形中点上，如图 10-128 所示。

04 单击"绘图"工具栏上的"创建块"工具按钮，选择绘制好的元器件符号，制作成块，将其命名为"滑动变阻器"。

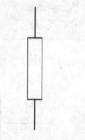

图 10-127 插入块

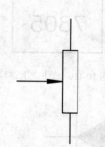

图 10-128 移动箭头线到矩形中点

滑动变阻器是电学中常用的器件之一，它的工作原理是通过改变接入电路部分电阻线的长度来改变电阻，从而逐渐改变电路中的电流大小。滑动变阻器的电阻丝一般是熔点高、电阻大的镍铬合金，金属杆一般是电阻小的金属，所以当电阻横截面积一定时，电阻丝越长，电阻越大，电阻丝越短，电阻越小。滑动变阻器是电路中的一个重要元件，它可以通过移动滑片的位置来改变自身的电阻，从而起到控制电路的作用。在电路分析中，滑动变阻器既可以作为一个定值电阻，也可以作为一个变值电阻。滑动变阻器的构成一般包括接线柱、滑片、电阻丝、金属杆和瓷筒等五部分。滑动变阻器的作用是保护电路，通过改变接入电路部分的电阻来改变电路中的电流的大小和方向，防止爆炸和燃烧，引起化学变化。也可以改变电压，在研究欧姆定律时，起到改变与其串联的用电器两端电压的作用。

❑　绘制变阻箱

`01` 单击"修改"工具栏上的"复制"工具按钮，选中"电阻"块，复制图形。

`02` 单击"修改"工具栏上的"移动"工具按钮，选中箭头线将其移动到矩形上，如图 10-129 所示。

`03` 单击"修改"工具栏上的"旋转"工具按钮，将制作好的块旋转135°，旋转后再使用"移动"工具移动到合适的位置，如图 10-130 所示。

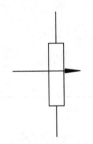

图 10-129　移动箭头线到矩形上

图 10-130　旋转箭头线

`04` 单击"绘图"工具栏上的"创建块"工具按钮，选择绘制好的元器件符号，制作成块，将其命名为"电阻箱"。

变阻箱是通过改变接入电路定值电阻个数和阻值改变电阻大小的仪器。变阻箱有旋钮式和插入式两种。它们都是由一组阻值不同的电阻线装配而成的。调节变阻箱上的旋钮或拔出铜塞，可以不连续地改变电阻的大小，它可以直接读出电阻的数值。电位器其实就是滑动变阻器，其变阻范围可连续地从 $0\,\Omega$ 到某一较大值。而旋钮式变阻箱的变阻范围是不连续的，只能以最小度量值的整数倍变化，一般从 $0.0\,\Omega$ 到 $9999.9\,\Omega$。

10.4.3　组合图形

在前面已经将气体烟雾报警电路图中的元器件基本绘制完成，接下来将用绘制好的元器件组成完整的电路。下面介绍详细的操作方法和步骤。

1. 绘制桥式整流电路图

桥式整流器是利用二极管的单向导通性进行整流的最常用的电路，常用来将交流电转变为直流电。桥式整流是对二极管半波整流的一种改进，半波整流利用二极管单向导通特性，在输入为标准正弦波的情况下，输出获得正弦波的正半部分，负半部分则损失掉。桥式整流器利用四个二极管，两两对接。输入正弦波的正半部分是两只管导通，得到正的输出；输入正弦波的负半部分时，另两只管导通，由于这两只管是反接的，所以输出还是得到正弦波的正半部分。桥式整流器对输入正弦波的利用效率比半波整流高一倍。桥式整流是交流电转换成直流电的第一个步骤。桥式整流器是由多只整流二极管作桥式连接，外用绝缘塑料封装而成，大功率桥式整流器在绝缘层外添加金属壳包封，增强散热。桥式整流器品种多，性能优良，整流效率高，稳定性好，最大整流电流从 0.5A 到 50A，最高反向峰值电压从 50V 到 1000V。以下是绘制方法和步骤：

01 单击"绘图"工具栏上的"插入块"工具按钮🖳，插入之前制作好的元件块。

02 单击"绘图"工具栏上的"直线"工具按钮✒，在元器件下方合适的位置绘制一条水平直线，作为参考线。

03 单击"修改"工具栏上的"移动"工具按钮✥，将元器件移动到合适的位置，如图 10-131 所示。

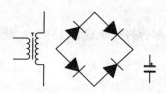

图 10-131　绘制参考线和调整元件位置

04 单击"绘图"工具栏上的"直线"工具按钮✒，绘制元器件直接的连接线，如图 10-132 所示。

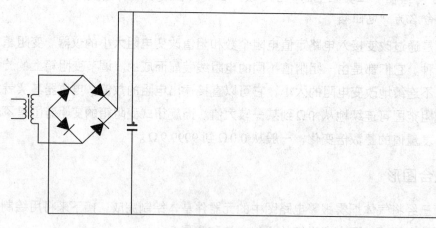

图 10-132　绘制连接线

05 调用"绘图"｜"文字"｜"单行文字"命令，输入一个二极管文字符号"D1"。

06 单击"状态栏"辅助工具区的"正交模式"工具按钮▙，关闭正交模式。

07 单击"状态栏"辅助工具区的"对象捕捉"工具按钮❏，关闭对象捕捉。

08 单击"修改"工具栏上的"复制"工具按钮🗘，每个二极管复制一个文字符号，并双击修改为相应的代号,如图 10-133 所示。

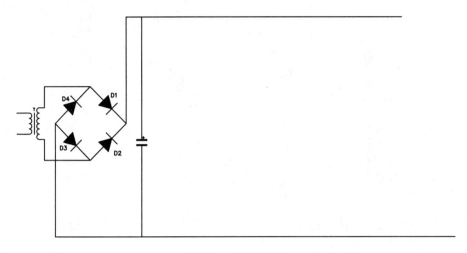

图 10-133 绘制连接线

2. 绘制气敏元件感应电路

01 单击"绘图"工具栏上的"插入块"工具按钮📷,插入之前制作好的元件块。

02 单击"修改"工具栏上的"移动"工具按钮✥,以直线为参考线,将元器件移动到合适的位置,如图 10-134 所示。

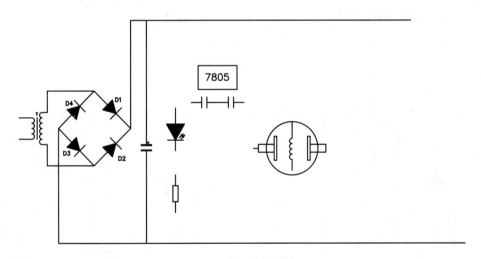

图 10-134 插入块和调整位置

03 单击"状态栏"辅助工具区的"正交模式"工具按钮🔲,打开正交模式。

04 单击"状态栏"辅助工具区的"对象捕捉"工具按钮🔲,打开对象捕捉。

05 单击"绘图"工具栏上的"直线"工具按钮✏,绘制元器件直接的连接线,如图 10-135 所示。

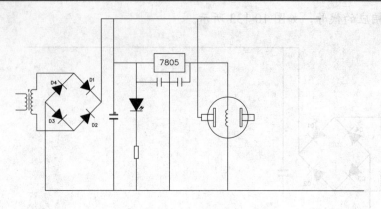

图 10-135　绘制连接线

　　电路图中 7805 三端集成稳压器对气敏元件加热灯丝进行稳压，使报警器能稳定地工作

在 180～260V 的电压范围内。当元件接触还原性气体时，气敏元件电导率随气体浓度的增加

而迅速升高，实现对烟雾的感应和灯光的报警。

3. 绘制控制电路

01 单击"绘图"工具栏上的"插入块"工具按钮，插入之前制作好的元件块。

02 单击"修改"工具栏上的"移动"工具按钮 ，以直线为参考线，将元器件移动
到合适的位置，如图 10-136 所示。

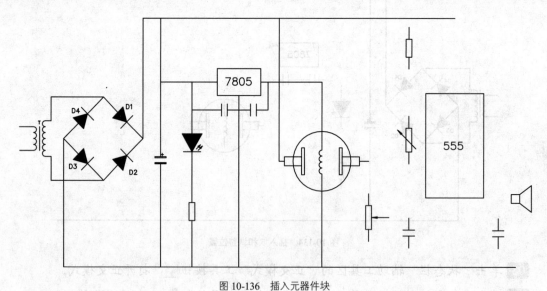

图 10-136　插入元器件块

　　03 单击"绘图"工具栏上的"直线"工具按钮 ，以直线为参考线，绘制元器件直接
的连接线，如图 10-137 所示。

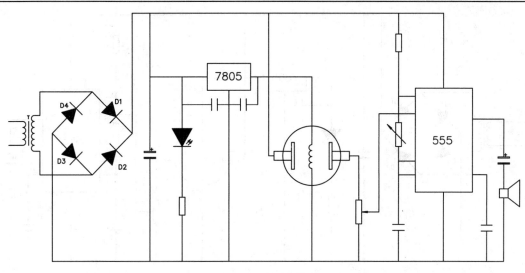

图 10-137　绘制连接线

04 单击"绘图"工具栏上的"插入块"工具按钮🔲，插入前面章节中绘制好的连接点，重复使用该命令，插入其他连接点，如图 10-138 所示。

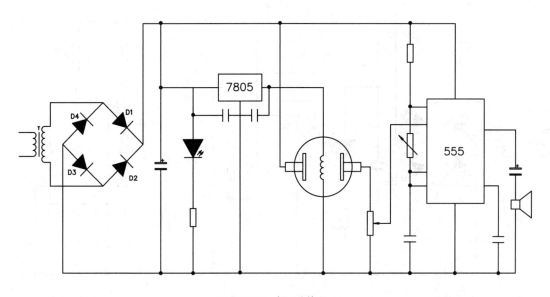

图 10-138　插入连接点

05 单击"绘图"工具栏上的"圆"工具按钮⊙，捕捉任一点为圆心，绘制两个半径为 1 的圆，作为电源输入端。

06 单击"绘图"工具栏上的"直线"工具按钮╱，捕捉变压器两个连接端点，分别绘制两条长度为 9 的直线，作为电源输入端连接线。

07 单击"修改"工具栏上的"移动"工具按钮✛，将两个圆移动到直线端点上。

08 调用"绘图"｜"文字"｜"单行文字"命令，输入电源输入电压，如图 10-139 所示。

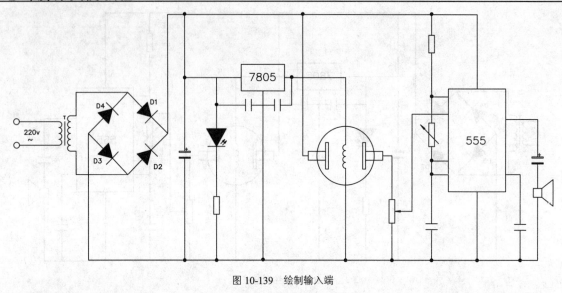

图 10-139　绘制输入端

09 调用"绘图"|"文字"|"单行文字"命令，输入元器件代号、容量，如图 10-140 所示。

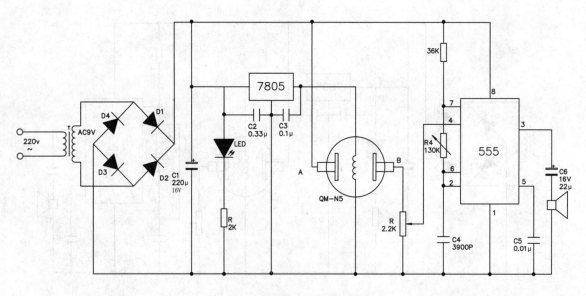

图 10-140　输入元件名称符号

　　分析电路可知，由 555 时基电路组成自激多谐振荡器，并巧妙地利用它的复位端（4 脚）进行触发，这样可节省元件。图中电容 C4、电阻 R3 和 R4 作为振荡器的定时元件，决定着输出矩形波正、负脉冲的宽度。定时器的触发输入端（2 脚）和阈值输入端（6 脚）与电容相连，集电极开路输出端（7 脚）接 R1、R2 相连处，用以控制电容 C 的充、放电。外界控制输入端（5 脚）通过 0.01uF 电容接地。当气敏器件接触到可燃气体时，其阻值降低，使时基电路复位端电位上升，当它电位快达到 1/3 工作电压时就驱动振荡器振荡，使扬声器发出报警信号，具有灵敏度高的特点。7805 三端集成稳压器对气敏元件加热灯丝进行稳压，使报警器能稳定地工作在 180～260V 的电压范围内。电容 C1 用来滤除低频噪声，C2、C3 用来滤除高频噪声，LED 与 R1 用来指示电源开关。

第11章 控制电气图设计

本章导读

　　自动化控制技术对社会的发展起到了巨大的推动作用，可以说，当今社会科技的发展已离不开自动化控制技术的支持。随着社会工业的快速发展，自动化在人们的日常生活中的作用越来越凸显，自动控制技术使人们生活更加方便，对提高人们的生活质量有很大的推动作用。本章将详细介绍几个常用自动控制电路的绘制方法和详细步骤。

本章重点

- 太阳能光控电路图的绘制
- 直流电动机控制电路图的绘制
- 恒压水泵控制电路图的绘制
- 汽车空调控制电路图的绘制

11.1 太阳能光控电路图设计

  随着经济的发展和社会的进步，人们对能源提出了越来越高的要求，寻找新能源已成为当前人类面临的迫切课题。由于太阳能发电具有火电、水电、核电所无法比拟的清洁性、安全性、资源的广泛性和充足性，因此被认为是 21 世纪最重要的能源。图 11-1 为太阳能光控电路图。本节将绘制太阳能路灯控制电路中的光控电路，详细讲解绘制方法和操作步骤。

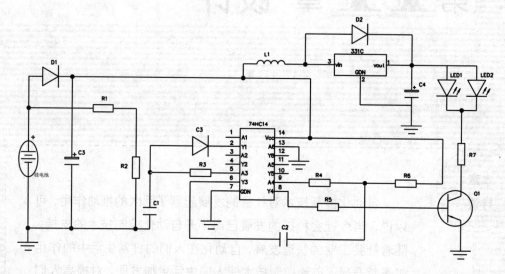

图 11-1　太阳能光控电路图

11.1.1　设置绘图环境

  01 调用"文件"｜"新建"命令，新建图形文件。

  02 调用"格式"｜"文字样式"命令，选择 simplex.shx 字体。

  03 调用"文件"｜"另存为"命令，打开"图形另存为"对话框，在"文件名"文本框中键入"太阳能光控电路图"。

11.1.2　绘制电路图

  从太阳能光控电路图中可知，该电路主要由硅电池、74HC14 芯片、331C 芯片、二极管、三极管、电解电容、电阻及一些发光二级管等组成。本节将详细讲解这些元器件的绘制方法和操作步骤。

  1.　绘制硅电池

  01 单击"绘图"工具栏上的"椭圆"按钮 ⬭，绘制一个椭圆，结果如图 11-2 所示。命令行操作如下：

```
命令：EL
ELLIPSE
```

指定椭圆的轴端点或 ［圆弧(A)/中心点(C)］：　　　　　　　　//单击确定椭圆的起点
指定轴的另一个端点：5
指定另一条半轴长度或 ［旋转(R)］：5

02 单击"绘图"工具栏上的"直线"按钮，过椭圆中心绘制十字相交线，如图 11-3
所示。

03 单击"修改"工具栏上的"偏移"按钮，偏移距离为1，将直线分别左右偏移，
如图 11-4 所示。

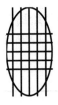

图 11-2　绘制椭圆　　　　　图 11-3　绘制十字交叉线　　　　　图 11-4　偏移直线

04 单击"修改"工具栏上的"修剪"按钮，修剪多余的线段。如图 11-5 所示。

05 调用"绘图"｜"文字"｜"单行文字"命令，添加硅电池正极，如图 11-6 所示。

06 单击"绘图"工具栏上的"创建块"按钮，选择绘制好的元器件符号，制作成
块，将其命名为"硅电池"。

2. 绘制电解电容

01 单击"绘图"工具栏上的"直线"按钮，绘制一条长度为 4 的垂直直线，以直线
为中点绘制向左绘制一条长度为 4 的水平直线，如图 11-7 所示。

图 11-5　修剪多余线段　　　　　图 11-6　添加正极号　　　　　图 11-7　绘制直线

02 单击"修改"工具栏上的"偏移"按钮，将直线向右偏移两条直线，偏移距离
为 0.5 和 1，如图 11-8 所示。

03 单击"绘图"工具栏上的"直线"按钮，将直线与第一条偏移距连接起来，如图
11-9 所示。

04 调用"绘图"｜"文字"｜"单行文字"命令，添加电解电容的正极，如图 11-10
所示。

05 单击"绘图"工具栏上的"创建块"按钮，选择绘制好的元器件符号，将其创
建成块，并命名为"电解电容"。

图 11-8　偏移直线　　　　　　　图 11-9　连接直线　　　　　　图 11-10　添加正极号

3. 绘制 331C 芯片

01 单击"绘图"工具栏上的"矩形"按钮□，捕捉任意点为起点，绘制 15×6 的矩形，如图 11-11 所示。

02 单击"绘图"工具栏上的"直线"按钮✎，捕捉矩形三边中点，绘制条长度为 4 的直线，如图 11-12 所示。

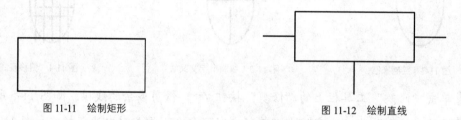

图 11-11　绘制矩形　　　　　　　　　　　图 11-12　绘制直线

03 调用"绘图"｜"文字"｜"单行文字"命令，添加连接端口编号，如图 11-13 所示。

04 调用"绘图"｜"文字"｜"单行文字"命令，添加芯片名称，如图 11-14 所示。

05 单击"绘图"工具栏上的"创建块"按钮🗄，选择绘制好的元器件符号，将其创建成块，并命名为"331C"。

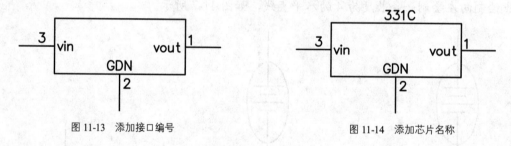

图 11-13　添加接口编号　　　　　　　　　图 11-14　添加芯片名称

4. 绘制 74HC14 芯片

01 单击"绘图"工具栏上的"矩形"按钮□，捕捉任意点为起点，绘制 10×20 的矩形，如图 11-15 所示。

02 单击"修改"工具栏上的"分解"按钮💢，分解矩形。

03 调用"格式"｜"点样式"命令，打开"点样式"对话框，选择"×"符号。

04 单击"绘图"工具栏上的"点""定数等分"按钮⚶，输入等分数为 8，如图 11-16 所示。

05 单击"绘图"工具栏上的"直线"按钮✎，在等分点处分别绘制长度为 4 的水平直线，如图 11-17 所示。

06 单击"修改"工具栏上的"删除"按钮✐，删除点样式符号，如图 11-18 所示。

图 11-15　绘制矩形

图 11-16　等分线段

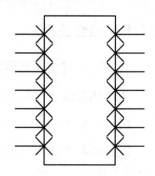

图 11-17 绘制连接线

07 调用"绘图"｜"文字"｜"单行文字"命令，添加连接端口编号，如图 11-19 所示。

08 调用"绘图"｜"文字"｜"单行文字"命令，添加芯片型号，如图 11-20 所示。

09 单击"绘图"工具栏上的"创建块"按钮，选择绘制好的元器件符号，制作成块，将其命名为"74HC14"。

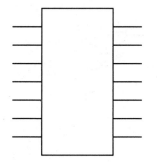

图 11-18　删除点样式符号

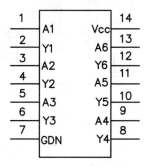

图 11-19　添加端口号

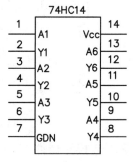

图 11-20　添加芯片名称

5. 绘制三极管

01 单击"绘图"工具栏上的"插入块"按钮，插入 NPN，如图 11-21 所示。

02 单击"修改"工具栏上的"分解"按钮，分解插入的块。

03 单击"绘图"工具栏上的"直线"按钮，连接倾斜线的中点，如图 11-22 所示。

04 单击"绘图"工具栏上的"圆"按钮，捕捉连接线的中点为圆心，绘制一个半径为 5 的圆，如图 11-23 所示。

05 单击"修改"工具栏上的"删除"按钮，删除连接线，如图 11-24 所示。

06 单击"绘图"工具栏上的"创建块"按钮，选择绘制好的元器件符号，制作成块，将其命名为"三极管"。

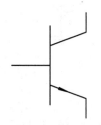

图 11-21　插入块

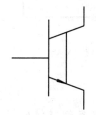

图 11-22　绘制连接线

图 11-23　绘制圆

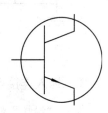

图 11-24　删除连接线

11.1.3 组合图形

上节已经将主要元器件绘制完成，接下来组合各元器件，使之连接成一个完整的电路图。

1. 插入块

01 单击"绘图"工具栏上的"插入块"按钮，插入之前制作好的块。

02 单击"修改"工具栏上的"旋转"按钮，将插入的块旋转到合适的位置，如图 11-25 所示。

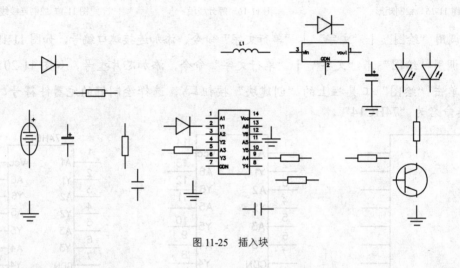

图 11-25　插入块

2. 连接元器件

01 按下键盘上的"F8"快捷键，选择正交模式。

02 单击"绘图"工具栏上的"直线"按钮，连接元器件，如图 11-26 所示。

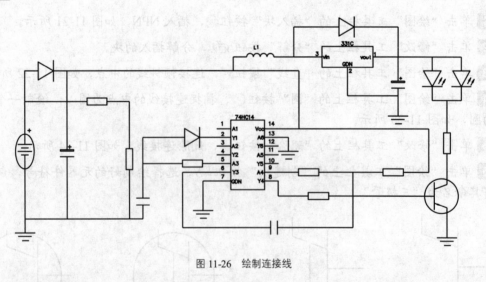

图 11-26　绘制连接线

3. 插入连接点

单击"绘图"工具栏上的"插入块"按钮，在直线交接处插入连接点，如图 11-27 所示。

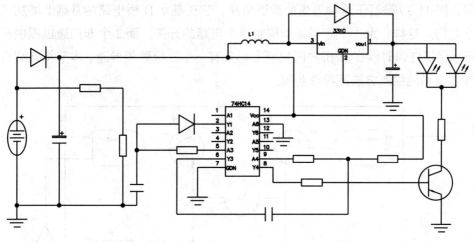

图 11-27 插入连接点

4．添加注释文字

01 调用"绘图"｜"文字"｜"单行文字"命令，输入元器件名称编号，如图 11-28 所示。

02 稳压电源电路图已经绘制完成，在键盘上按 Ctrl+S 组合键对文件进行保存。

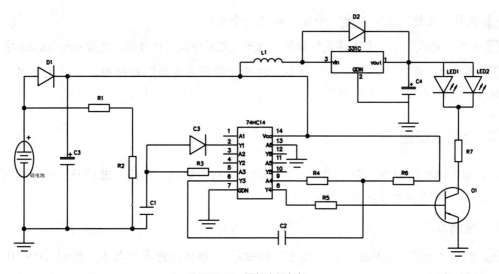

图 11-28 添加注释文字

11.2 直流电动机控制电路设计

H 桥式电动机驱动电路包括 4 个三极管和一个电动机。要使电动机运转，必须导通对角线上的一对三极管。根据不同三极管对的导通情况，电流会从左至右或从右至左流过电动机，从而控制电动机的转向。驱动电动机时，保证 H 桥上两个同侧的三极管不会同时导通非常重要，如果三极管 Q1 和 Q2 同时导通，那么电流就会从正极穿过两个三极管直接回到负极。此时，电路中除了三极管外没有其他任何负载，因此电路上的电流就可能达到最大值，甚至烧坏三极管。图 11-29 是基于这种考虑的改进电路，它在基本 H 桥电路的基础上增加了 4 个与门和 2 个非门。这样，用一个信号就能控制整个电路的开关。而 2 个非门通过提供一种方向输入，可以保证任何时候在 H 桥的同侧腿上都只有一个三极管能导通。本节将详细介绍直流电动机控制电路的绘制方法及操作步骤。

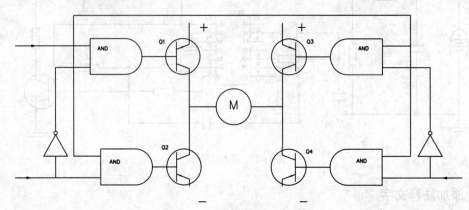

图 11-29　直流电动机控制电路

11.2.1　设置绘图环境

01 调用"文件"｜"新建"命令，新建一个文件。

02 调用"格式"｜"文字样式"命令，打开"文字样式"对话框，选择 simplex.shx 字体。

03 调用"文件"｜"另存为"命令，打开"图形另存为"对话框，在"文件名"文本框中键入"直流电动机控制电路图"。

11.2.2　绘制电路图

从直流电动机控制电路图中可知，该电路主要有电动机、与门、非门及三极管组成。本节将详细介绍其绘制方法及操作步骤。

1．绘制与门

01 单击"绘图"工具栏上的"矩形"按钮□，捕捉任意点为起点，绘制 20×10 的矩形，如图 11-30 所示。

02 单击"绘图"工具栏上的"直线"按钮／，捕捉矩形中点绘制一条垂直线，如图 11-31 所示。

03 单击"绘图"工具栏上的"圆"按钮⊙，捕捉直线中点为圆心，绘制一个半径为 5 的圆，如图 11-32 所示。

图 11-30　绘制矩形

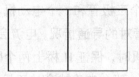

图 11-31　绘制直线

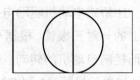

图 11-32　绘制圆

04 单击"修改"工具栏上的"分解"按钮 ，分解矩形。

05 单击"修改"工具栏上的"偏移"按钮 ，将矩形上边向下偏移 2，下边向上偏移 2，如图 11-33 所示。

06 单击"绘图"工具栏上的"直线"按钮 ，捕捉偏移线，绘制两条水平向右的水平直线，如图 11-34 所示。

07 单击"修改"工具栏上的"修剪"按钮 ，修剪多余的线段。如图 11-35 所示。

08 单击"绘图"工具栏上的"创建块"按钮 ，选择绘制好的元器件符号，将其创建成块，并命名为"与门"。

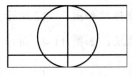
图 11-33 偏移直线

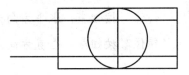
图 11-34 绘制连接线

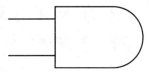
图 11-35 修剪多余线段

2. 绘制非门

01 单击"绘图"工具栏上的"圆"按钮 ，捕捉任意点为圆心，绘制一个半径为 4 的圆，如图 11-36 所示。

02 单击"绘图"工具栏上的"正多边形"按钮 ，绘制圆的内接三角形，如图 11-37 所示。命令行操作如下：

```
命令：POL
POLYGON 输入侧面数 <4>：3
指定正多边形的中心点或 [边(E)]：
输入选项 [内接于圆(I)/外切于圆(C)] <I>：I
指定圆的半径：
```

03 单击"绘图"工具栏上的"直线"按钮 ，捕捉三角形边线中点和顶点绘制直线，如图 11-38 所示。

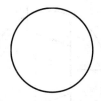
图 11-36 绘制圆

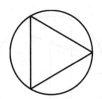
图 11-37 绘制内接三角形

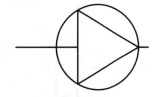
图 11-38 绘制直线

04 单击"绘图"工具栏上的"圆"按钮 ，捕捉顶点直线中点绘制直径为 1 的圆，如图 11-39 所示。

05 单击"修改"工具栏上的"删除"按钮 ，删除圆，如图 11-40 所示。

06 单击"绘图"工具栏上的"创建块"按钮 ，选择绘制好的元器件符号，制作成块，将其命名为"非门"。

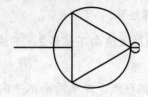

图 11-39　直线中点绘制圆

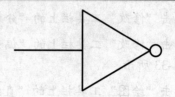

图 11-40　删除圆和直线

3.　绘制三极管

01 单击"绘图"工具栏上的"插入块"按钮，插入前面章节中制作好的三极管，如图 11-41 所示。

02 单击"修改"工具栏上的"镜像"按钮，水平方向为镜像轴，如图 11-42 所示。

03 单击"修改"工具栏上的"镜像"按钮，垂直方向为镜像轴，如图 11-43 所示。

图 11-41　插入块　　　　　　　图 11-42　水平镜像　　　　　　　图 11-43　垂直镜像

04 单击"绘图"工具栏上的"直线"按钮，连接倾斜线的中点，如图 11-44 所示。

05 单击"绘图"工具栏上的"圆"按钮，捕捉连接线的中点为圆心，绘制一个半径为 5 的圆，如图 11-45 所示。

06 单击"修改"工具栏上的"删除"按钮，删除连接线，如图 11-46 所示。

07 单击"绘图"工具栏上的"创建块"按钮，选择绘制好的元器件符号，制作成块，将其命名为"三极管 Q1"。

08 其余的三极管绘制步骤与三极管 Q1 相同。

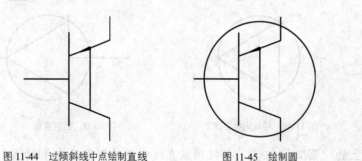

图 11-44　过倾斜线中点绘制直线　　　图 11-45　绘制圆　　　　　图 11-46　删除直线

4.　绘制电动机

01 单击"绘图"工具栏上的"圆"按钮，捕捉任意点为圆心，绘制一个半径为 5 的圆，如图 11-47 所示。

02 调用"绘图" | "文字" | "单行文字"命令，输入 M,如图 11-48 所示。

03 单击"绘图"工具栏上的"创建块"按钮 ![], 选择绘制好的元器件符号, 制作成块, 将其命名为"电动机"。

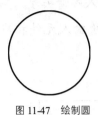

图 11-47 绘制圆

图 11-48 添加电动机符号

11.2.3 组合图形

上节已将直流电动机控制电路中主要元器件绘制好, 本节将介绍如何将各部分组合成一个完整的直流电动机控制图, 具体操作步骤如下:

1. 插入和调整块的位置

01 单击"绘图"工具栏上的"插入块"按钮 ![], 插入前面制作好的块。

02 单击"修改"工具栏上的"复制"按钮 ![], 复制相同的块。

03 单击"修改"工具栏上的"移动"按钮 ![], 将元器件移动到合适的位置, 如图 11-49 所示。

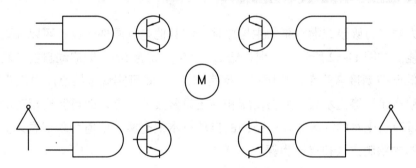

图 11-49 插入块和调整块的位置

2. 连接元器件和插入连接点

01 单击"绘图"工具栏上的"直线"按钮 ![], 连接元器件。

02 单击"绘图"工具栏上的"插入块"按钮 ![], 插入连接点, 如图 11-50 所示。

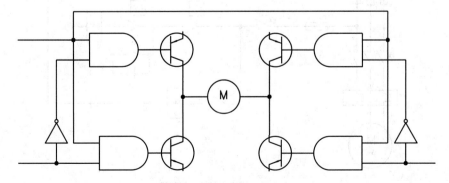

图 11-50 连接元器件和插入连接点

3. 添加文字符号

01 单击"绘图"工具栏上的"插入块"按钮，插入输入端箭头号。

02 调用"绘图"|"文字"|"单行文字"命令，依次输入元件相应的符号，如图 11-51 所示。

03 在键盘上按 Ctrl+S 组合键对文件进行保存。

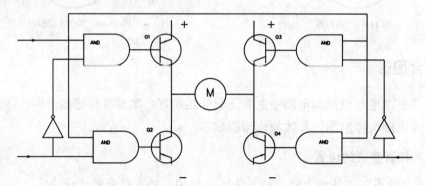

图 11-51　添加文字符号

11.3　恒压水泵控制电路图设计

利用压力表、自吸泵或潜水泵为主控原件，和其他电气原件一起，可以实现相对的恒压供水控制功能。如图 11-52 所示，原理是给 QF 上电，闭合 SA，即启动自控电路（电接点压力表接线：低压控制接常开点，高压控制接常闭点），即可实现电接点压力表设定的低压和高压时，启动水泵和停止水泵。如将低压和高压设置接近一点，即可实现相对的恒压供水控制功能。在没有自来水的地区实现小范围的自动供水很有实用价值和现实意义。本节将详细讲解本电路图的绘制方法和操作步骤。

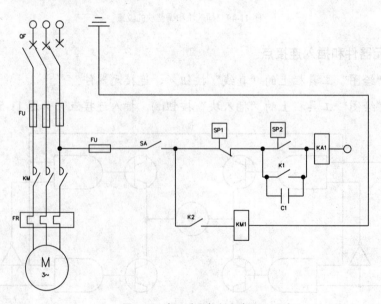

图 11-52　恒压水泵控制电路图

11.3.1 设置绘图环境

01 调用 "文件" | "新建" 命令，新建图形文件。

02 单击 "格式" 工具栏上的 "文字样式"，选择 simplex.shx 字体。

03 调用 "文件" | "另存为" 命令，打开 "图形另存为" 对话框，在 "文件名" 文本框中键入 "恒压水泵控制电路图"。

11.3.2 绘制电路图

从恒压水泵控制电路图中分析可知，该电路图主要由三相电动机、热继电器、熔断器、断路器、压力表、交流接触器、中间继电器以及一些开关电容组成。接下来将讲解其绘制方法和详细步骤：

1. 绘制三相电动机

01 单击 "绘图" 工具栏上的 "圆" 按钮 ⊙，捕捉任意点为圆心，绘制一个半径为 6 的圆，如图 11-53 所示。

02 调用 "绘图" | "文字" | "单行文字" 命令，输入元件名称和型号。如图 11-54 所示。

03 单击 "绘图" 工具栏上的 "创建块" 按钮 ⊡，选择绘制好的元器件符号，将其创建成块，并命名为 "三相电动机"。

图 11-53 绘制圆

图 11-54 添加名称符号

2. 绘制熔断器

01 单击 "绘图" 工具栏上的 "矩形" 按钮 □，捕捉任意点为起点，绘制 6×2 的矩形，如图 11-55 所示。

02 单击 "绘图" 工具栏上的 "直线" 按钮 ╱，捕捉矩形两边中点绘制一条直线，如图 11-56 所示。

03 单击 "绘图" 工具栏上的 "直线" 按钮 ╱，绘制两条长度为 4 的连接线，如图 11-57 所示。

04 单击 "绘图" 工具栏上的 "创建块" 按钮 ⊡，选择绘制好的元器件符号，将其创建成块，并命名为 "熔断器"。

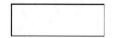

图 11-55 绘制矩形

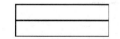

图 11-56 过矩形两边中点绘制直线

图 11-57 绘制连接线

3. 绘制热继电器

01 单击 "绘图" 工具栏上的 "矩形" 按钮□，捕捉任意点为起点，绘制 15×4 的矩形，如图 11-58 所示。

02 单击 "修改" 工具栏上的 "偏移" 按钮 ，将矩形向内偏移，偏移距离为 1，如图 11-59 所示。

03 单击 "修改" 工具栏上的 "分解" 按钮 ，分解内外矩形。

04 调用 "格式" | "点样式" 命令，打开 "点样式" 对话框，选择 "×" 符号。

05 调用 "绘图" | "点" | "定数等分" 命令，选择上下两条直线，输入等分数为 4，如图 11-60 所示。

06 单击 "修改" 工具栏上的 "偏移" 按钮 ，偏移分解的内矩形垂直边，偏移距离为 1，如图 11-61 所示。

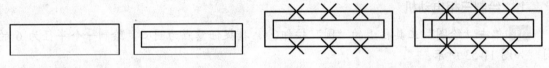

图 11-58　绘制矩形　　　　图 11-59　偏移矩形　　　　图 11-60　等距等分直线　　　　图 11-61　偏移直线

07 单击 "修改" 工具栏上的 "修剪" 按钮 ，修剪多余的线段。如图 11-62 所示。

08 单击 "修改" 工具栏上的 "复制" 按钮 ，向右复制图形，如图 11-63 所示。

09 单击 "修改" 工具栏上的 "删除" 按钮 ，删除点样式符号，如图 11-64 所示。

10 单击 "绘图" 工具栏上的 "创建块" 按钮 ，选择绘制好的元器件符号，将其创建成块，并命名为 "热继电器"。

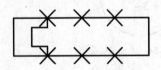 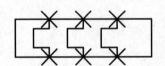 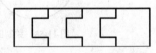

图 11-62　修剪线段　　　　　　图 11-63　复制图形　　　　　　图 11-64　删除点样式符号

4. 绘制交流接触器

01 单击 "绘图" 工具栏上的 "圆" 按钮 ，捕捉任意点为圆心，绘制一个半径为 1 的圆，如图 11-65 所示。

02 单击 "绘图" 工具栏上的 "直线" 按钮 ，捕捉圆心，绘制一条长度为 4 的直线，如图 11-66 示。

03 单击 "修改" 工具栏上的 "旋转" 按钮 ，旋转角度为 30°，如图 11-67 所示。

图 11-65　绘制圆　　　　　　图 11-66　绘制水平直线　　　　　　图 11-67　旋转直线

04 单击"绘图"工具栏上的"直线"按钮，捕捉旋转基点绘制一条长度为 4 的水平直线，如图 11-68 所示。

05 单击"修改"工具栏上的"修剪"按钮，修剪圆，如图 11-69 所示。

06 单击"绘图"工具栏上的"创建块"按钮，选择绘制好的元器件符号，制作成块，将其命名为"交流接触器"。

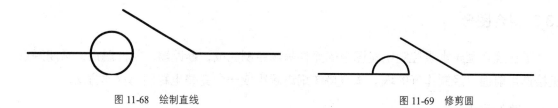

图 11-68　绘制直线　　　　　　　　　　　　　图 11-69　修剪圆

5. 绘制压力表

01 单击"绘图"工具栏上的"矩形"按钮，捕捉任意点为起点，绘制 4×4 的矩形，如图 11-70 所示。

02 调用"绘图"｜"文字"｜"单行文字"命令，输入元器件名称SP1，如图 11-71 所示。

03 单击"修改"工具栏上的"复制"按钮，复制矩形。

04 调用"绘图"｜"文字"｜"单行文字"命令，输入元器件名称SP2，如图 11-72 所示。

05 单击"绘图"工具栏上的"创建块"按钮，选择绘制好的元器件符号，制作成块，将其命名为"压力表 SP1"和"压力表 SP2"。

图 11-70　绘制矩形　　　　图 11-71　添加符号 SP1　　　　图 11-72　添加符号 SP2

6. 绘制中间继电器和控制器 KM1

01 单击"绘图"工具栏上的"矩形"按钮，捕捉任意点为起点，绘制 4×8 的矩形，如图 11-73 所示。

02 调用"绘图"｜"文字"｜"单行文字"命令，输入元器件名称 KM1，如图 11-74 所示。

03 单击"修改"工具栏上的"复制"按钮，复制矩形。

04 调用"绘图"｜"文字"｜"单行文字"命令，输入元器件名称 KA1，如图 11-75 所示。

05 单击"绘图"工具栏上的"创建块"按钮，选择绘制好的元器件符号，制作成块，将其命名为"中间继电器"和"控制器 KM1"。

图 11-73 绘制矩形　　　　　图 11-74 添加符号 KM1　　　　　图 11-75 添加符号 KA1

11.3.3 组合图形

上节已经将恒压水泵控制电路图中的元件基本绘制完成，断路器、常开触点、常闭触点可直接调用前面已经制作好的块。本节将详细讲解组成一个完整电路图的操作方法。

1. 插入元件

01 单击"绘图"工具栏上的"插入块"按钮，插入上节制作好的块。

02 单击"修改"工具栏上的"移动"按钮，将元器件移动到合适的位置，如图 11-76 所示。

2. 连接元器件及插入连接点

01 单击"绘图"工具栏上的"直线"按钮，连接元件。

02 单击"绘图"工具栏上的"插入块"按钮，插入连接点，如图 11-77 所示。

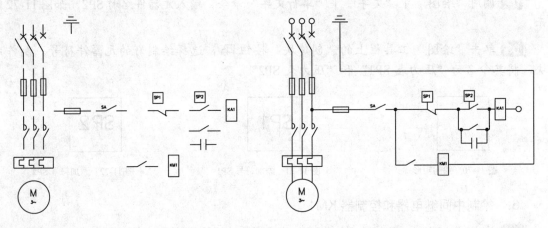

图 11-76 插入和调整元件　　　　　图 11-77 连接元器件和插入连接点

3. 添加文字符号

01 调用"绘图"｜"文字"｜"单行文字"命令，输入元件对应的名称，如图 11-78 所示。

02 在键盘上按 Ctrl+S 组合键对文件进行保存。

11.4 汽车空调控制电路图设计

为保证汽车空调系统正常工作，维持车内所需要的温度，汽车空调系统需要一整套的环境温度控制、送风量控制以及制冷工况的温度控制、压力控制、流量控制和相关的电路。它包括传感器、控制器和执行器等装置。同时，为保证在一些特殊情况下汽车空调系统能正常可靠地工作，系统内还需要设置安全保护装置和电路。

　　汽车安装了空调系统，特别是对于非独立式空调系统，需要消耗发动机的动力和电源，这影响了发动机动力性和经济性，从而会影响了汽车运行的工况。为了保证汽车运行时，空调系统的工作不会严重影响发动机的各种工况，还必须设置汽车工况控制装置和相关电路。

　　汽车空调系统电路是为了保证汽车空调系统各装置之间的相互协调工作，正确完成汽车空调系统的各种控制功能和各项操作，保护系统部件安全工作而设置的，是汽车空调系统的重要组成部分。汽车空调系统电路随着电子技术的应用，由普通机电控制、电子电路控制，逐步发展到微机智能控制，其功能、控制精度和保护措施得到了不断改进和完善。图 11-79 是汽车空调控制电路图，本节将讲解其绘制方法和详细的步骤。

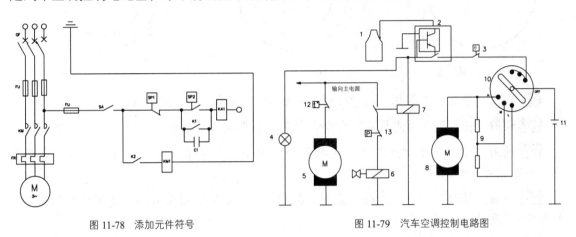

图 11-78　添加元件符号　　　　图 11-79　汽车空调控制电路图

11.4.1　设置绘图环境

01 调用"文件"｜"新建"命令，新建图形文件。

02 调用"格式"｜"文字样式"命令，打开"文字样式"对话框，选择 simplex.shx 字体。

03 调用"文件"｜"另存为"命令，打开"图形另存为"对话框，在"文件名"文本框中键入"汽车空调控制电路图"。

11.4.2　绘制电路图

　　图 11-79 所示是汽车空调控制电路图中，各数字代表的元器件名称如下：

　　1—点火线圈；2—发动机转速检测电路；3—温控器；4—空调工作指示灯；5—凝器风扇电动机；6—电磁离合器；7—继电器；8—蒸发扇电动机；9—调速电阻；10—空调及风机开关；11—蓄电池；12—温度开关；13—压力开关。

　　本节将介绍各个元器件的绘制方法和详细步骤。

237

1. 绘制空调及风机开关

01 单击"绘图"工具栏上的"圆"按钮 ⊙，捕捉任一点为圆心，绘制一个半径为 11 的圆，如图 11-80 所示。

02 单击"修改"工具栏上的"偏移"按钮 ⊿，将圆向内偏移，偏移距为 3，如图 11-81 所示。

03 单击"绘图"工具栏上的"圆"按钮 ⊙，捕捉大圆圆心为圆心，绘制一个半径为 1 的圆，如图 11-82 所示。

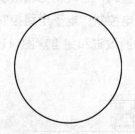 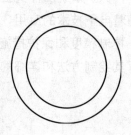 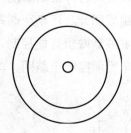

图 11-80　绘制圆　　　　　　　　图 11-81　偏移圆　　　　　　　　图 11-82　绘制小圆

04 单击"修改"工具栏上的"分解"按钮 🗗，分解向内偏移的圆。

05 调用"格式"｜"点样式"命令，打开"点样式"对话框，选择"×"符号。

06 调用"绘图"｜"点"｜"定数等分"命令，选择上下两条直线，输入等分数为 12，如图 11-83 所示。

07 单击"修改"工具栏上的"复制"按钮 🗘，捕捉小圆圆心将其复制到等分点上，如图 11-84 所示。

08 单击"修改"工具栏上的"删除"按钮 🖉，删除点样式符号，如图 11-85 所示。

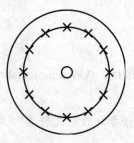 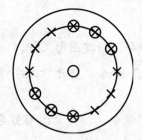 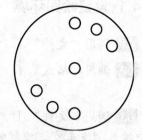

图 11-83　等分圆　　　　　　　　图 11-84　复制小圆　　　　　　　　图 11-85　删除点样式符号

09 单击"绘图"工具栏上的"矩形"按钮 ▭，捕捉任一点为起点，绘制 16×2.5 的矩形，如图 11-86 所示。

10 单击"修改"工具栏上的"分解"按钮 🗗，分解矩形。

11 单击"绘图"工具栏上的"圆"按钮 ⊙，捕捉矩形两边中点为圆心，以矩形边为直径绘制两个圆，如图 11-87 所示。

12 单击"绘图"工具栏上的"直线"按钮 ╱，绘制矩形上下两边中点连接线，如图 11-88 所示。

图 11-86 绘制矩形 图 11-87 绘制圆 图 11-88 绘制中点连接线

13 单击"修改"工具栏上的"移动"按钮 ✛，选择全部图形，捕捉矩形中点连接线，单击小圆心，将图形移动到圆内，如图 11-89 所示。

14 单击"修改"工具栏上的"修剪"按钮 ⊶，修剪多余线段，如图 11-90 所示。

15 单击"修改"工具栏上的"旋转"按钮 ↻，选中图形捕捉矩形中心连接线的中点为旋转中心，将复制到圆内的图形旋转-45°，如图 11-91 所示。

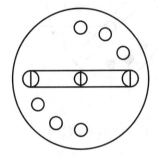 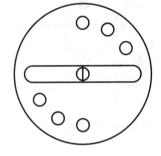 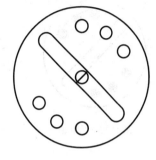

图 11-89 移动图形到圆内 图 11-90 修剪图形 图 11-91 旋转修剪后的图形

16 单击"绘图"工具栏上的"图案填充"按钮 ▨，在功能区选择如图 11-92 所示图案。

17 选中小圆，按空格键，即可完成填充小圆操作，结果如图 11-93 所示。

18 单击"修改"工具栏上的"删除"按钮 ✐，删除矩形连接中点线，如图 11-94 所示。

19 单击"绘图"工具栏上的"圆弧"按钮 ⟲，绘制一段圆弧，如图 11-95 所示。

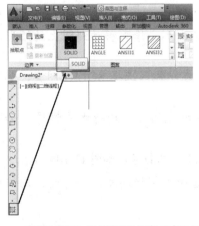 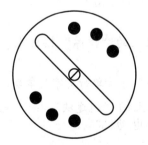 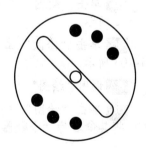

图 11-92 选择填充的图案 图 11-93 填充图案 图 11-94 删除直线

20 单击"绘图"工具栏上的"直线"按钮 ╱，绘制连接线，如图 11-96 所示。

21 调用"绘图"｜"文字"｜"单行文字"命令，输入位置符号，如图 11-97 所示。

22 单击"绘图"工具栏上的"创建块"按钮 ▱，选择绘制好的元器件符号，制作成块，将其命名为"空调及风机开关"。

2. 绘制冷凝器风扇电动机

01 单击"绘图"工具栏上的"矩形"按钮□，捕捉任一点为起点，绘制 11×7 的矩形，如图 11-98 所示。

02 单击"绘图"工具栏上的"圆"按钮⊙，捕捉任一点为圆心，绘制一个半径为 8 的圆，如图 11-99 所示。

03 单击"修改"工具栏上的"移动"按钮✛，将矩形移动到圆上合适的位置，如图 11-100 所示。

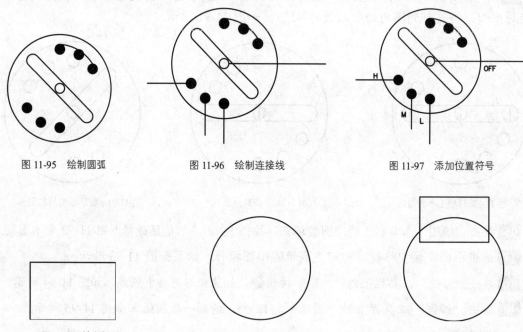

图 11-95　绘制圆弧　　　　　图 11-96　绘制连接线　　　　　图 11-97　添加位置符号

图 11-98 绘制矩形　　　　　图 11-99　绘制圆　　　　　图 11-100 移动矩形与圆上

04 单击"修改"工具栏上的"修剪"按钮⊶，全选图形，修剪移动到圆上的矩形，如图 11-101 所示。

05 单击"绘图"工具栏上的"图案填充"按钮▨，在功能区选择 SOLID 图案，如图 11-102 所示。

06 单击"修改"工具栏上的"镜像"按钮⚎，选中填充的图形进行水平镜像，如图 11-103 所示。

07 调用"绘图"｜"文字"｜"单行文字"命令，输入电动机符号，如图 11-104 所示。

08 单击"绘图"工具栏上的"创建块"按钮▢，选择绘制好的元器件符号，制作成块，将其命名为"冷凝器风扇电动机"。

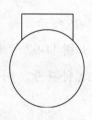 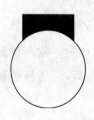 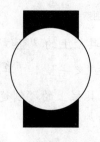 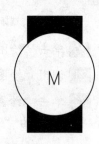

图 11-101 修剪矩形　　　　图 11-102　填充图案　　　　图 11-103　水平镜像填充图案　　　　图 11-104　添加符号

3. 绘制空调继电器

01 单击"绘图"工具栏上的"矩形"按钮□，捕捉任一点为起点，绘制11×4的矩形，如图11-105所示。

02 单击"绘图"工具栏上的"直线"按钮✎，捕捉矩形上下边中点绘制两条长度为4的垂直线，如图11-106所示。

03 单击"修改"工具栏上的"分解"按钮◫，分解矩形。

04 调用"格式" | "点样式"命令，打开"点样式"对话框，选择"×"符号。

05 调用"绘图" | "点" "定数等分"命令，选择矩形上下两边，输入等分数为4，等分矩形上下两边，如图11-107所示。

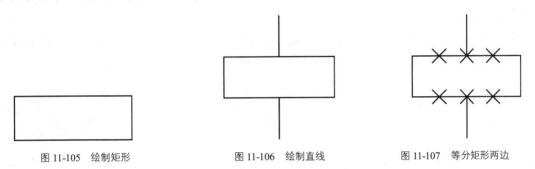

图 11-105　绘制矩形　　　　图 11-106　绘制直线　　　　图 11-107　等分矩形两边

06 单击"状态栏"辅助工具区的"正交模式"按钮┕，关闭正交模式。

07 单击"绘图"工具栏上的"直线"按钮✎，捕捉上下两个等分点，绘制一条斜线，如图11-108所示。

08 单击"修改"工具栏上的"删除"按钮✐，删除点样符号，如图11-109所示。

09 单击"绘图"工具栏上的"创建块"按钮▱，选择绘制好的元器件符号，制作成块，将其命名为"空调继电器"。

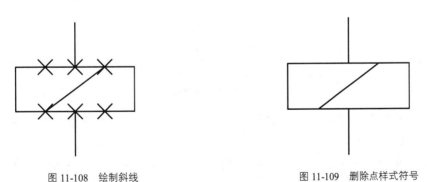

图 11-108　绘制斜线　　　　　　　　　图 11-109　删除点样式符号

4. 绘制电磁离合器

电磁离合器靠线圈的通断电来控制离合器的接合与分离。电磁离合器可分为：干式单片电磁离合器、干式多片电磁离合器、湿式多片电磁离合器、磁粉离合器、转差式电磁离合器等。电磁离合器工作方式又可分为：通电结合和断电结合。电磁离合器具有如下几个特点：

● 高速响应：因为是干式离合器所以扭力的传达很快，动作快捷。

● 耐久性强：散热情况良好，而且使用了高级的材料，即使是高频率，高能量的使用，也十分耐用。

● 组装维护容易：属于滚珠轴承内藏的磁场线圈静止型，所以不需要将中蕊取出，也不必利用电刷，使用简单。

● 动作确实：使用板状弹片，即使有强烈振动亦不会产生松动，耐久性好。

下面介绍电磁离合器的绘制方法，具体操作步骤如下：

01 单击"绘图"工具栏上的"矩形"按钮□，捕捉任一点为起点，绘制 4×2 的矩形，如图 11-110 所示。

02 单击"修改"工具栏上的"分解"按钮🗗，分解矩形。

03 调用"绘图" | "点" | "定数等分"命令，选择矩形上下边，输入等分数为 3，如图 11-111 所示。

04 单击"绘图"工具栏上的"直线"按钮✎，捕捉矩形顶点和等分点，绘制连接直线，如图 11-112 所示。

图 11-110　绘制矩形

图 11-111　等分矩形下边

图 11-112　绘制直线

05 单击"修改"工具栏上的"修剪"按钮-/--，全选图形，按空格键，修剪图形，如图 11-113 所示。

06 单击"修改"工具栏上的"删除"按钮✎，删除多余的线段，如图 11-114 所示。

07 单击"修改"工具栏上的"旋转"按钮⟳，将修改好的图形，旋转 90°，如图 11-115 所示。

图 11-113　修剪图形

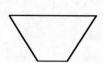

图 11-114　删除多余线段

图 11-115　旋转图形

08 单击"修改"工具栏上的"镜像"按钮◣，选中图形，以垂直方向为镜像轴，垂直镜像图形，如图 11-116 所示。

09 单击"绘图"工具栏上的"直线"按钮✎，捕捉镜像图形一边直线中点，绘制一条长度为 3 的水平直线，如图 11-117 所示。

10 单击"绘图"工具栏上的"插入块"按钮🗗，插入之前制作好的"空调继电器"块。

11 单击"修改"工具栏上的"分解"按钮🗗，分解插入的块。

12 单击"修改"工具栏上的"移动"按钮✛，选中绘制好的图形，选择直线端点为指定基点，捕捉分解矩形一边的中点单击，如图 11-118 所示。

13 单击"绘图"工具栏上的"创建块"按钮🗗，选择绘制好的元器件符号，制作成块，将其命名为"电磁离合器"。

图 11-116　垂直镜像　　　　图 11-117　绘制水平直线　　　　图 11-118　组合图形

5. 绘制点火线圈

点火线圈工作原理：点火线圈通常里面有两组线圈，分别是初级线圈和次级线圈。初级线圈用较粗的漆包线，通常用 0.5～1mm 左右的漆包线绕 200～500 匝左右；次级线圈用较细的漆包线，通常用 0.1mm 左右的漆包线绕 15000～25000 匝左右。初级线圈一端与车上低压电源连接，另一端与开关装置断电器连接。次级线圈一端与初级线圈连接，另一端与高压线输出端连接输出高压电。

点火线圈之所以能将车上低压电变成高电压，是由于有与普通变压器相同的形式，初级线圈比次级线圈的匝数多；但点火线圈工作方式却与普通变压器不一样，普通变压器的工作频率是固定的 50Hz，又称工频变压器，而点火线圈则是以脉冲形式工作的，可以看成是脉冲变压器，它根据发动机不同的转速以不同的频率反复进行储能及放能。

当初级线圈接通电源时，随着电流的增长四周产生一个很强的磁场，铁心储存了磁场能；当开关装置使初级线圈电路断开时，初级线圈的磁场迅速衰减，次级线圈就会感应出很高的电压。初级线圈的磁场消失速度越快，电流断开瞬间的电流越大，两个线圈的匝比越大，则次级线圈感应出来的电压越高。

下面介绍点火线圈的绘制方法，具体操作步骤如下：

01 单击"绘图"工具栏上的"矩形"按钮▭，捕捉任一点为起点，绘制 8×15 的矩形，如图 11-119 所示。

02 单击"修改"工具栏上的"分解"按钮，选中矩形，分解矩形。

03 调用"绘图"｜"点"｜"定数等分"命令，选择分解矩形左右两边和上边输入等分数为 5 和 3，如图 11-120 所示。

04 单击"绘图"工具栏上的"圆弧"按钮，捕捉等分点绘制一段圆弧，如图 11-121 所示。

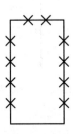
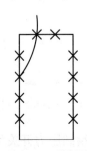

图 11-119　绘制矩形　　　　图 11-120　等分矩形三边　　　　图 11-121　绘制圆弧

05 单击"修改"工具栏上的"镜像"按钮 ⚏ ，选中圆弧，以矩形上边中点为镜像点，垂直镜像圆弧，如图 11-122 所示。

06 单击"修改"工具栏上的"修剪"按钮 ⁄⁄⁄ ，修剪多余的线段。如图 11-123 所示。

07 单击"修改"工具栏上的"删除"按钮 ✐ ，删除点样式符号，如图 11-124 所示。

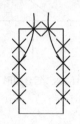

图 11-122　镜像圆弧

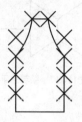

图 11-123　修剪圆弧和矩形

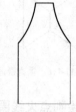

图 11-124　删除点样式符号

08 单击"绘图"工具栏上的"多线"按钮 ⌇ ，绘制水平箭头线，如图 11-125 所示。命令行操作如下：

```
命令：PL                                          //输入多段线的快捷键
PLINE
指定起点：
当前线宽为 0.0000
指定下一个点或 [圆弧(A)/半宽(H)/长度(L)/放弃(U)/宽度(W)]：5
指定下一点或 [圆弧(A)/闭合(C)/半宽(H)/长度(L)/放弃(U)/宽度(W)]：W //启用更改线框命令
指定起点宽度 <0.0000>：0.5                          //指定起始宽度为 0.5
指定端点宽度 <0.5000>：
指定下一点或 [圆弧(A)/闭合(C)/半宽(H)/长度(L)/放弃(U)/宽度(W)]：1
指定下一点或 [圆弧(A)/闭合(C)/半宽(H)/长度(L)/放弃(U)/宽度(W)]：
```

09 单击"修改"工具栏上的"旋转"按钮 ↻ ，选择绘制好的箭头线，以直线端为"旋转基点"旋转 90°，如图 11-126 所示。

10 单击"修改"工具栏上的"移动"按钮 ✛ ，捕捉箭头端点，移动到圆弧上，如图 11-127 所示。

11 单击"绘图"工具栏上的"创建块"按钮 ⊡ ，选择绘制好的元器件符号，制作成块，将其命名为"点火线圈"。

图 11-125　绘制箭头线　　　　　　图 11-126　旋转箭头线　　　　　　图 11-127　移动箭头线

6. 绘制压力开关和温度开关

压力开关采用高精度、高稳定性能的压力传感器和变送电路，再经专用 CPU 模块化信号处理技术，实现对介质压力信号的检测、显示、报警和控制信号输出。温度开关是一种用双金属片作为感温元件的温度开关。电器正常工作时，双金属片处于自由状态，触点处于闭合/断开状态，当温度升高至动作温度值时，双金属元件受热产生内应力而迅速动作，打开/闭合触点，切断/接通电路，从而起到热保护作用。当渐度降到重定温度是触点自动闭合/断开，恢复正常工作状态。接下来讲解其绘制方法：

01 单击"绘图"工具栏上的"插入块"按钮，调用前面章节制作好的块"常闭触点"，如图 11-128 所示。

02 单击"修改"工具栏上的"旋转"按钮，将插入的块旋转 90°，如图 11-129 所示。

03 单击"修改"工具栏上的"镜像"按钮，水平镜像块，如图 11-130 所示。

图 11-128　插入块　　　　　图 11-129　旋转块　　　　　图 11-130　镜像块

04 单击"绘图"工具栏上的"矩形"按钮，捕捉任一点为起点，绘制 3×3 的矩形，如图 11-132 所示。

05 调用"绘图"｜"文字"｜"多行文字"命令，在矩形框内指定两个对角点。在功能区中选择特殊符号，如图 11-131 所示。

06 在矩形框中输入"t°"，如图 11-133 所示。

07 单击"修改"工具栏上的"复制"按钮，复制矩形，在矩形里面添加符号"P"，如图 11-134 所示。

08 单击"绘图"工具栏上的"创建块"按钮，选择绘制好的元器件符号创建块，将其命名为"温度开关和压力开关"。

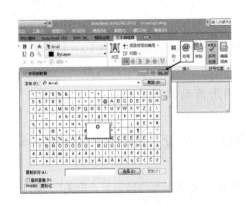

图 11-131　"文字格式"对话框　　　图 11-132　绘制矩形　　　图 11-133　添加温度符号　　　图 11-134　添加压力符号

09 单击"绘图"工具栏上的"直线"按钮 ╱，捕捉已添加符号矩形的一边中点绘制一条长度为 4 的直线，如图 11-135 所示。

10 单击"修改"工具栏上的"移动"按钮 ✛，将上一步绘制好的图形移动到"常闭触点"斜线中点位置上，如图 11-136 所示。

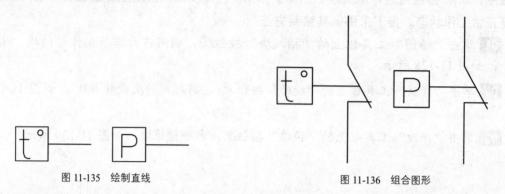

图 11-135 绘制直线

图 11-136 组合图形

7. 绘制温控器

温控开关是一种双金属片作为感温元件的开关。正常工作时，双金属片处于自由状态，触点处于闭合状态；当温度达到设定温度时，双金属元件受热产生内应力而迅速动作，推动动触片，打开触点，切断电路，从而起到控制温度作用。下面介绍其绘制方法：

01 单击"绘图"工具栏上的"插入块"按钮 ，调用前面章节制作好的块"常闭触点"，如图 11-140 所示。

02 单击"修改"工具栏上的"镜像"按钮 ，以水平方向为镜像轴，向右镜像块，如图 11-141 所示。

03 使用绘制"温度开关"和"压力开关"的方法和步骤，绘制的"温控器"如图 11-142 所示。

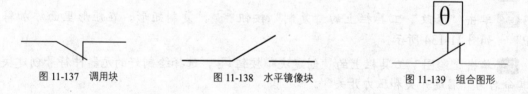

图 11-137 调用块

图 11-138 水平镜像块

图 11-139 组合图形

8. 绘制发动机转速检测电路

01 单击"绘图"工具栏上的"矩形"按钮 □，捕捉任一点为起点，绘制 10×11 的矩形，如图 11-140 所示。

02 单击"绘图"工具栏上的"插入块"按钮 ，调用前面章节绘制好的"三极管"块，如图 11-141 所示。

03 单击"修改"工具栏上的"移动"按钮 ✛，捕捉"三级管"左边端点，移动到矩形中点上，如图 11-142 所示。

04 单击"绘图"工具栏上的"插入块"按钮 ，调用前面章节绘制好的"开关"块，放置于矩形的下边，如图 11-143 所示。

05 单击"绘图"工具栏上的"矩形"按钮 □，捕捉任一点为起点，绘制 18×17 的矩形,如图 11-144 所示。

06 单击"修改"工具栏上的"移动"按钮 ✛，选中前面绘制好的图形，移动到矩形内，如图 11-145 所示。

07 单击"绘图"工具栏上的"直线"按钮 ✎，绘制连接线，如图 11-146 所示。

08 单击"绘图"工具栏上的"创建块"按钮 ▭，选择绘制好的元器件符号，制作成块，将其命名为"发动机转速检测电路"，方便后面组合电路时调用。

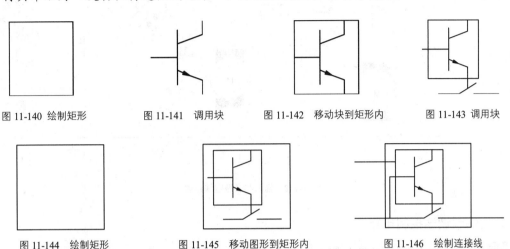

图 11-140　绘制矩形　　　图 11-141　调用块　　　图 11-142　移动块到矩形内　　　图 11-143　调用块

图 11-144　绘制矩形　　　图 11-145　移动图形到矩形内　　　图 11-146　绘制连接线

发动机转速检测电路工作原理：只有当发动机转速高于 $800 \sim 900r/min$ 时，才能接通空调电路。在怠速和转速低于此转速时，自动切断空调继电器回路，使空调无法起动，保证了发动机的正常怠速工况，发动机转速检测电路的转速信号取自点火线圈。

11.4.3 组合图形

前面已经将汽车空调控制电路图大部分组成元器件绘制完成，其他没有绘制的元器件可直接调用前面章节中制作好的块，接下来将详细讲解组合的方法和步骤。

1. 插入和调整块

01 单击"绘图"工具栏上的"插入块"按钮 ⊡，插入之前制作好的块。

02 单击"修改"工具栏上的"移动"按钮 ✛，将元器件移动到合适的位置，如图 11-147 所示。

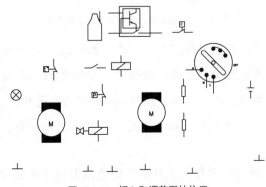

图 11-147　插入和调整图块位置

03 单击"绘图"工具栏上的"直线"按钮 ⁄ ，在插入元器件的下方绘制一条直线，作为参考线，如图 11-148 所示。

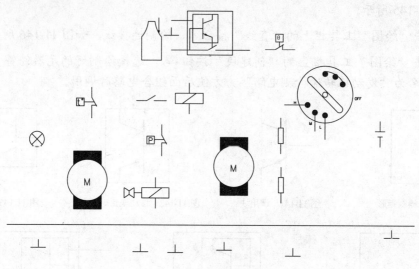

图 11-148 插入和调整图块位置

2. 绘制调速控制电路

01 单击"状态栏"辅助工具区的"正交模式"按钮 ⌐ ，关闭"正交模式"。

02 单击"状态栏"辅助工具区的"对象捕捉"按钮 ⬚ ，打开"对象捕捉"。

03 单击"修改"工具栏上的"移动"按钮 ✣ ，以直线为参考点，将元器件移动到合适的位置，便于绘制连接线，如图 11-149 所示。

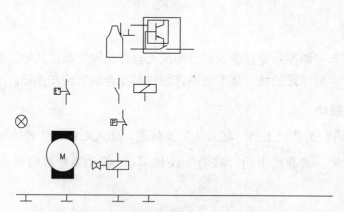

图 11-149 以直线为参考点调整块的位置

04 单击"状态栏"辅助工具区的"正交模式"按钮 ⌐ ，打开正交模式。

05 单击"绘图"工具栏上的"直线"按钮 ⁄ ，绘制元器件之间的连接线。

06 单击"修改"工具栏上的"移动"按钮 ✣ ，移动元器件到连接线上。

07 交替调用"绘图" | "直线"和"修改" | "移动"命令，绘制的连接线电路图，如图 11-150 所示。

调速控制电路原理：接通空调及风机开关，电流从蓄电池流经空调及鼓风机开关后分为两路，一路通过调速电阻到蒸发器风扇电动机。由两个调速电阻组成的调速电路使风机运转有三个速度：当开关旋转至高速时，电流不经电阻直接到电动机，因此这时电动机转速最高；当开关在中时，电流只经一个调速电阻到鼓风电动机，因此电动机转速降低；在低位时，两个电阻串入风机电路，故这时电动机的转速最低。由于汽车空调制冷系统工作时，要及时给蒸发器送风，防止其表面结冰，所以，空调系统电路的设计，必须保证只有在风机工作的前提下，制冷系统才可以启动。上述空调开关的结构和电路原理，也是各种空调电路所遵循的基本原则。

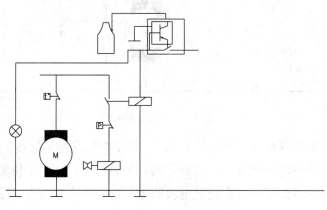

图 11-150　绘制连接线

3．绘制温度检测电路

01　单击"状态栏"辅助工具区的"正交模式"按钮，关闭"正交模式"。

02　单击"状态栏"辅助工具区的"对象捕捉"按钮，打开"对象捕捉"。

03　单击"修改"工具栏上的"移动"按钮，以直线为参考点，将元器件移动到合适的位置，便于绘制连接线，如图 11-151 所示。

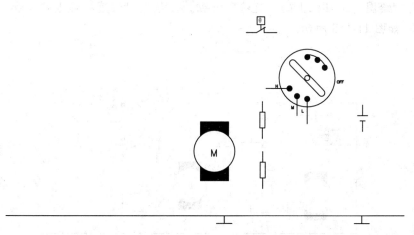

图 11-151　调整元器件位置

04　单击"状态栏"辅助工具区的"正交模式"按钮，打开正交模式。

05　单击"绘图"工具栏上的"直线"按钮，绘制元器件之间的连接线。

06　单击"修改"工具栏上的"移动"按钮，移动元器件到连接线上。

07　交替调用"绘图"｜"直线"和"修改"｜"移动"命令，绘制的"温度控制连接线电路图", 如图 11-152 所示。

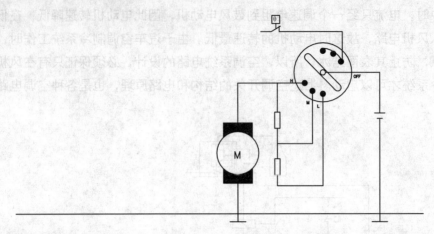

图 11-152　绘制连接线

温度检测电路作为整理电路不可或缺的部分, 温度控制器检测温度, 控制本身开断闭合, 温控器的触点在高于蒸发器设定温度时是闭合的, 如果由于空调的工作使蒸发器表面温度低于设定温度时, 温控器触点断开, 空调继电器断电, 电磁离合器断电, 压缩机停止工作, 指示灯熄灭, 这时蒸发器风扇电动机仍可以继续工作。压缩机停止工作后, 蒸发器温度上升, 当高于设定温度时, 温控器的触点又闭合, 使压缩机再工作, 使蒸发器温度控制在设定的范围内, 保证了系统的正常工作。

4. 组合完整图形

01 单击"修改"工具栏上的"移动"按钮 ✛, 选中"温度检测电路图", 以参考直线为参照线, 调整图形位置。

02 单击"绘图"工具栏上的"直线"按钮 ✎, 绘制"温度检测电路"和"调速控制电路"连接线, 如图 11-153 所示。

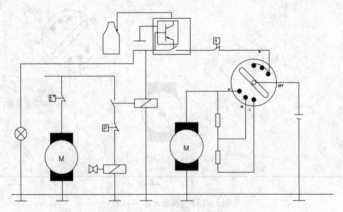

图 11-153　绘制连接线

03 单击"绘图"工具栏上的"插入块"按钮 ☐, 插入之前制作好的"接点"块, 便于识别电路接线的连接点, 如图 11-154 所示。

04 单击"绘图"工具栏上的"多线"按钮 ⌐, 绘制箭头线, 作为与外部连接电路的方向, 如图 11-155 所示。

05 调用 "绘图" | "文字" | "单行文字" 命令, 输入任意一个元器件数字代号和说明文字。

06 单击 "修改" 工具栏上的 "复制" 按钮 ，复制数字代号到各个元器件, 单击修改成相应的数字代号, 如图 11-156 所示。

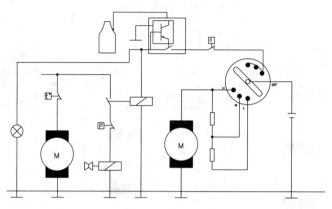

图 11-154　插入连接点

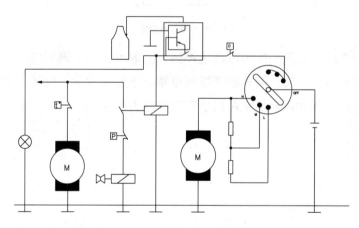

图 11-155　绘制与外部电源连接方向

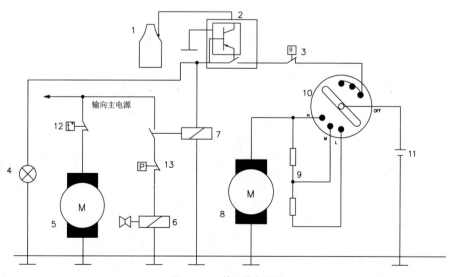

图 11-156　输入数字代号

07 单击"修改"工具栏上的"删除"按钮 ✐，删除参考直线，如图 11-157 所示。

08 按 Ctrl+S 组合键对文件进行保存。

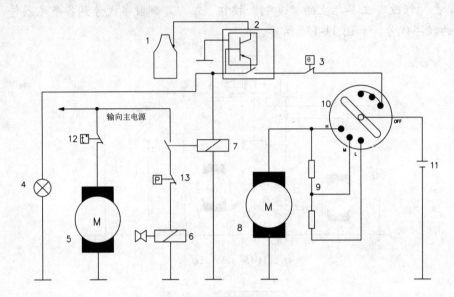

图 11-157　删除参考直线

汽车空调控制电路，常见于国内早期生产的化油器汽车的空调系统，目前仍然有较大的社会保有量。随着社会的发展，汽车空调控制电路将不断地改善，但基本上都是在原有电路图原理上进行改进的，因此对典型电路的研究是非常有价值的。

第12章 通信工程图设计

本章导读

通信工程是人类的语言、文字、图像、数据、符号等信息传输与交换的一种手段。通信网络将生产、分配、交换、消费有机地联系起来，加速了生产和流通过程，给社会带来巨大的经济效益，同时也提高了人们精神文化生活的质量。高速信息流、物流打破了地域限制。由此可见，通信是信息化的重要组成部分，信息化是现代社会的重要标志之一.本章将详细讲解一些常用的通信系统框架图的绘制方法和步骤。

本章重点

- 2G 移动通信系统整体图的绘制
- 高速公路通信系统层次结构图的绘制
- 光纤通信系统构成图的绘制

12.1 2G 移动通信系统整体图设计

移动通信是一种无线通信方式。它指的是信息的发送者和接受者可能处于移动状态下所进行的通信。但是在这里需要指出，无线仅仅是在移动台和基站之间的部分，与真正传输所用何种网络无关。移动通信经历了网络从低速到高速并普及的一个过程。从最直观的体验上看，我们体验了速率、质量上的提升。本节将讲解 GSM（2G 通信）整体系统框架图（图 12-1）的绘制方法和步骤。

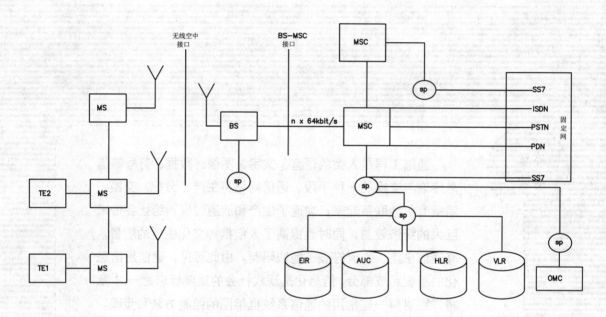

图 12-1 GSM 整体系统框架图

12.1.1 设置绘图环境

01 调用"文件"｜"新建"命令，新建图形文件。

02 调用"格式"｜"文字样式"命令，打开"文字样式"对话框，选择字体为 simplex.shx 字体。

03 调用"文件"｜"另存为"命令，打开"图形另存为"对话框，在"文件名"文本框中键入"GSM 整体系统框架图"。

12.1.2 绘制系统图

从 2G 通信系统框架图中可知，系统图主要由移动台、移动网和固定网组成.本节将详细介绍各部分的绘制方法和步骤。

1. 绘制终端设备 TE

01 单击"绘图"工具栏上的"矩形"工具按钮 ▢，捕捉任意点为起点，绘制 8×6 的矩形，如图 12-2 所示。

02 调用"绘图"｜"文字"｜"单行文字"命令，输入文字"TE1"，如图 12-3 所示。

03 按照步骤 1 的操作方法，再绘制一个同样大小的矩形，调用"绘图"｜"文字"｜"单行文字"命令，输入文字"TE2"，如图 12-4 所示。

04 单击"绘图"工具栏上的"创建块"工具按钮，选择绘制好的元器件符号，制作成块。

	TE1	TE2
图 12-2　绘制矩形	图 12-3　添加设备名称	图 12-4　添加设备名称

2. 绘制移动台 MSM

01 单击"修改"工具栏上的"复制"工具按钮，复制前面绘制的矩形，如图 12-5 所示。

02 调用"绘图"｜"文字"｜"单行文字"命令，输入文字"MS"，如图 12-6 所示。

03 单击"绘图"工具栏上的"创建块"工具按钮，选择绘制好的元器件符号，制作成块。

图 12-5　复制矩形

图 12-6　添加设备名称

3. 绘制天线

01 单击"绘图"工具栏上的"圆"工具按钮，捕捉任意点为圆心，绘制一个半径为 2 的圆，如图 12-7 所示。

02 单击"绘图"工具栏上的"正多边形"工具按钮，绘制一个圆的内接三角形，如图 12-8 所示。命令行操作如下：

```
命令：POL                                    //输入多边形快捷键
POLYGON 输入侧面数 <3>:                        //选择多边形的边数
指定正多边形的中心点或 [边(E)]:
输入选项 [内接于圆(I)/外切于圆(C)] <I>: I        //选择绘制多边形的绘制方式单击
"绘图"工具栏上的"直线"工具按钮，捕捉三角形的顶点，绘制长度为 6 的直线，如图 12-9 所示。
```

03 单击"修改"工具栏上的"分解"工具按钮，选中图形进行分解。

04 单击"修改"工具栏上的"删除"工具按钮，删除多余的线段，如图 12-10 所示。

05 单击"绘图"工具栏上的"创建块"工具按钮，选择绘制好的元器件符号创建块，将其命名为"天线"。

图 12-7 绘制圆   图 12-8 绘制圆内接三角形   图 12-9 绘制直线   图 12-10 修剪多余的线段

4. 绘制信令点

01 单击"绘图"工具栏上的"椭圆"工具按钮，捕捉任意点为中心，绘制椭圆，如图 12-11 所示。命令行操作如下：

```
命令：_ellipse
指定椭圆的轴端点或 [圆弧(A)/中心点(C)]：
指定轴的另一个端点： <正交 开> 5                          //直接输入 5
指定另一条半轴长度或 [旋转(R)]：2
```

02 调用"绘图"|"文字"|"单行文字"命令，输入 SP，如图 12-12 所示。

03 单击"绘图"工具栏上的"创建块"工具按钮，选择绘制好的元器件符号，制作成块，将其命名为"信令点"。

5. 绘制寄存器和维护中心

01 单击"绘图"工具栏上的"椭圆"工具按钮，捕捉任意点为中心，绘制一个长轴为 10\短轴为 4 的椭圆，如图 12-13 所示。

图 12-11 绘制椭圆   图 12-12 添加文字   图 12-13 绘制椭圆

02 单击"绘图"工具栏上的"直线"工具按钮，捕捉椭圆两端点，向下绘制两条长度为 6 的直线，如图 12-14 所示。

03 单击"修改"工具栏上的"复制"工具按钮，将椭圆向下复制，如图 12-15 所示。

04 单击"修改"工具栏上的"修剪"工具按钮，修剪椭圆，如图 12-16 所示。

图 12-14 绘制直线   图 12-15 复制椭圆   图 12-16 修剪椭圆

05 调用"绘图"|"文字"|"单行文字"命令，输入文字"HLR"，如图 12-17 所示。

06 单击"绘图"工具栏上的"创建块"工具按钮，选择绘制好的元器件符号，制作成块，将其命名为"本地用户位置寄存器"。

07 重复步骤 5、6 绘制"外来用户位置寄存器 VLR""参数鉴别中心 AUC""设备维护中心 EIR",如图 12-18、图 12-19、图 12-20 所示。

图 12-17　添加文字符号　　图 12-18　添加文字符号　　图 12-19　添加文字符号　　图 12-20　添加文字符号

6．绘制移动业务交换中心和运行维护中心

01 单击"绘图"工具栏上的"矩形"工具按钮 ▢，捕捉任意点为起点，绘制 10×8 的矩形，如图 12-21 所示。

02 调用"绘图"｜"文字"｜"单行文字"命令，输入文字"MSC"，如图 12-22 所示。

图 12-21　绘制矩形　　　　　图 12-22　添加文字　　　　　图 12-23　绘制矩形

03 单击"绘图"工具栏上的"矩形"工具按钮 ▢，捕捉任意点为起点，绘制 10×5 的矩形，如图 12-23 所示。

04 调用"绘图"｜"文字"｜"单行文字"命令，输入文字"OMC"，如图 12-24 所示。

05 单击"绘图"工具栏上的"创建块"工具按钮 ▧，选择绘制好的元器件符号，制作成块。

06 重复上面的步骤绘制 8×6 矩形作为"基站 BS"，如图 12-25、图 12-26 所示。

图 12-24　添加文字　　　　　图 12-25　绘制矩形　　　　　图 12-26　添加文字

12.1.3　组合图形

蜂窝小区结构：每个小区设有一个基站(BS)，而每个基站对应若干个天线，天线所覆盖的扇区范围即移动台能接受到信号的区域，GSM 还支持室内覆盖，通过功率分配器可以把室外天线的功率分配到室内天线分布系统上，用于满足室内高密度通话要求。接下来将介绍如何组成一个完整的移动通信系统框架图。

1．组合移动台

01 单击"绘图"工具栏上的"插入块"工具按钮 ▧，插入之前制作好的块。

02 单击"修改"工具栏上的"移动"工具按钮 ✥，将元器件移动到合适的位置，如图 12-27 所示。

03 单击 "绘图" 工具栏上的 "直线" 工具按钮 ⁄，绘制连接线，如图 12-28 所示。

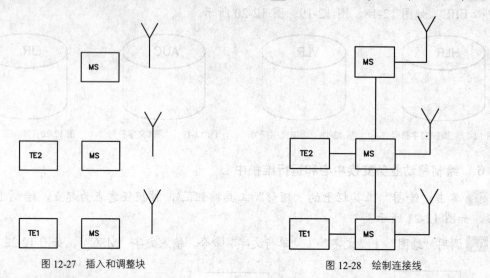

图 12-27　插入和调整块　　　　　　　　　　图 12-28　绘制连接线

2. 绘制 GSM 移动网

01 单击 "绘图" 工具栏上的 "插入块" 工具按钮 🗔，插入之前制作好的块。

02 单击 "修改" 工具栏上的 "移动" 工具按钮 ✛，将元器件移动到合适的位置，如图 12-29 所示。

03 单击 "绘图" 工具栏上的 "直线" 工具按钮 ⁄，绘制连接线，如图 12-30 所示。

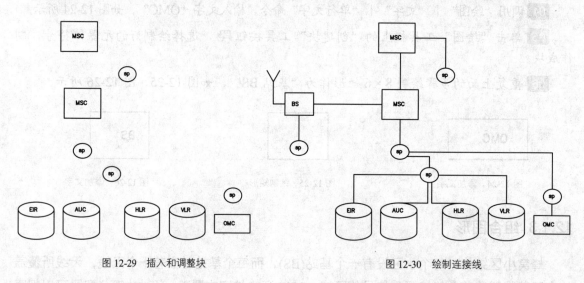

图 12-29　插入和调整块　　　　　　　　　　图 12-30　绘制连接线

3. 添加注释文字

01 单击 "绘图" 工具栏上的 "直线" 工具按钮 ⁄，绘制引出线。

02 调用 "绘图" | "文字" | "单行文字" 命令，输入文字说明文字，如图 12-31 所示。

03 单击 "绘图" 工具栏上的 "矩形" 工具按钮 ▭，绘制矩形，作为固定网输出端，如图 12-32 所示。

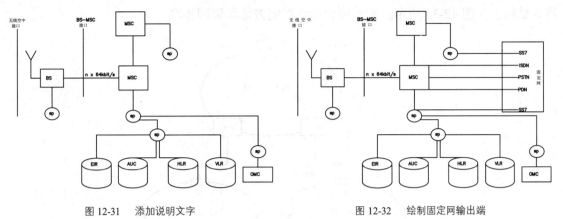

图 12-31　添加说明文字　　　　　　　图 12-32　绘制固定网输出端

4．组合完整的图形

01 单击"修改"工具栏上的"移动"工具按钮，选择部分图形，移动到合适的位置，如图 12-33 所示。

02 在键盘上按 Ctrl+S 组合键对文件进行保存。

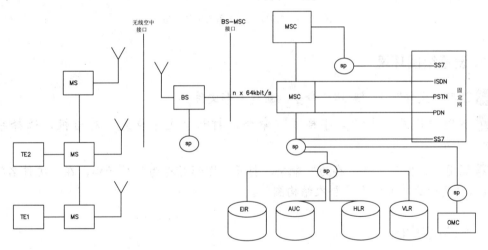

图 12-33　组合成完整的移动通信系统图

12.2　高速公路通信系统层次结构图设计

　　高速公路通信系统是高速公路现代化运营管理的支撑系统，它要实现监控系统和收费系统的数据、语音和图像等信息准确而及时的传输，要保持高速公路管理部门之间业务联络通信的畅通，并要为高速公路内部各部门与外界建立必要的联系。由于联网收费和联网监控的需求，特别是视频图像数据的交互，高速公路通信系统采用了基于 IP 数据网的多级 IP 网络。现代通信网络为分层结构，从功能上将网络分为业务网、传送网和支撑网，这很好的融合了 VoIP 结构（将模拟声音讯号(Voice)数字化，以数据封包(Data Packet)的型式在 IP 数据网络 (IP Network)上做实时传递）。高速公路通信网络分割是基于实际的物理连接来划分的，可分为用户网、接入网、核心网、局域网、接入网和骨干网。高速公路通信专网按此划分为一个三层网络结构，如图 12-34 所示。本节将介绍其绘制方法和详细步骤。

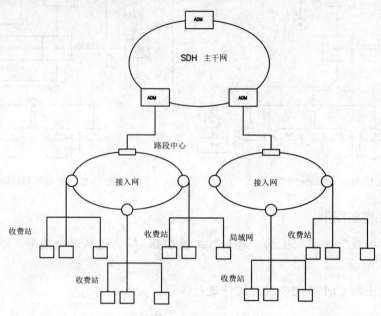

图 12-34　高速公路通信系统层次结构图

12.2.1　设置绘图环境

01 调用"文件"｜"新建"命令，新建图形文件。

02 调用"格式"｜"文字样式"命令，打开"文字样式"对话框，选择字体为 simplex.shx 字体。

03 调用"文件"｜"另存为"命令，打开"图形另存为"对话框，在"文件名"文本框中键入"高速公路通信系统层次结构图"。

12.2.2　绘制结构图

高速公路主干网主要为上传业务和跨本地网业务提供高速信息通道，具有传输容量大、距离跨度大、电路质量要求高、重要性强等特点，现有主干网主要基于同步数字序列(SDH)技术。高速公路通信系统接入网是 SDH 主干网的延伸，是路段的通信平台，适合高速公路通信网的多业务接入。位于低层的是采用常见的以太网方式的计算机局域网，由各收费站的计算机、服务器、路由器所组成。本节将详细讲解各个部分的绘制方法和步骤。

1.　绘制数字序列 SDH 主干网

01 单击"绘图"工具栏上的"矩形"工具按钮 ，捕捉任一点为起点，绘制 5×3 的矩形，如图 12-35 所示。

02 单击"绘图"工具栏上的"直线"工具按钮 ，捕捉矩形中点绘制一条直线，如图 12-36 所示。

03 单击"绘图"工具栏上的"椭圆"工具按钮 ，绘制一个长轴为 25，短轴为 8 的椭圆，如图 12-37 所示。命令行操作如下：

```
命令：EL
ELLIPSE
指定椭圆的轴端点或 [圆弧(A)/中心点(C)]：
指定轴的另一个端点：25
指定另一条半轴长度或 [旋转(R)]：8
```

图 12-35 绘制矩形

图 12-36 绘制直线

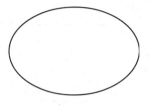

图 12-37 绘制椭圆

04 调用"格式"｜"点样式"命令，打开"点样式"对话框，选择"×"符号。

05 调用"绘图"｜"点"｜"定数等分"命令，选择椭圆输入等分数为 8，如图 12-38 所示。

06 单击"修改"工具栏上的"复制"工具按钮 ，捕捉连接矩形直线的中点，复制三个矩形于椭圆上，如图 12-39 所示。

07 单击"修改"工具栏上的"修剪"工具按钮 ，修剪多余的线段。如图 12-40 所示。

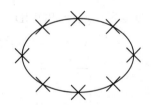

图 12-38 等分椭圆

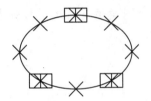

图 12-39 椭圆上插入矩形

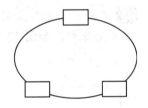

图 12-40 删除多余线段

2．绘制接入网

01 单击"绘图"工具栏上的"矩形"工具按钮 ，捕捉任一点为起点，绘制 3×1 的矩形，如图 12-41 所示。

02 单击"绘图"工具栏上的"直线"工具按钮 ，捕捉矩形中点绘制一条直线，如图 12-42 所示。

03 单击"绘图"工具栏上的"椭圆"工具按钮 ，绘制一个长轴为 20\短轴为 5 的椭圆，如图 12-43 所示。

图 12-41 绘制矩形

图 12-42 绘制直线

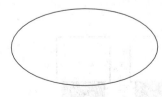

图 12-43 绘制椭圆

04 单击"修改"工具栏上的"移动"工具按钮 ，捕捉直线中点移动到椭圆上，如

图 12-44 所示。

05 单击"绘图"工具栏上的"圆"工具按钮⊘，捕捉椭圆三个顶点为圆心，绘制一个半径为 1 的圆，如图 12-45 所示。

06 单击"修改"工具栏上的"修剪"工具按钮／┅，修剪多余的线段。如图 12-46 所示。

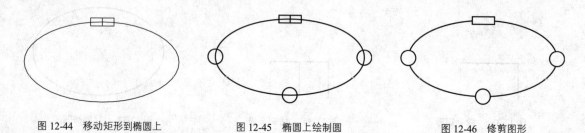

图 12-44 移动矩形到椭圆上   图 12-45 椭圆上绘制圆   图 12-46 修剪图形

3. 绘制收费站局域网

01 单击"绘图"工具栏上的"矩形"工具按钮▭，捕捉任一点为起点，绘制 2.5×2 的矩形，如图 12-47 所示。

02 重复步骤 1 绘制一个 2×1 的矩形，如图 12-48 所示。

03 单击"修改"工具栏上的"移动"工具按钮✛，捕捉小矩形的中点，将其移动到步骤 1 绘制的矩形中点上，如图 12-49 所示。

04 单击"绘图"工具栏上的"图案填充"工具按钮▨，在功能区，选择 SOLID 图案，填充小矩形，如图 12-50 所示。

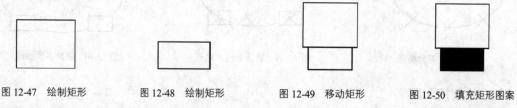

图 12-47 绘制矩形   图 12-48 绘制矩形   图 12-49 移动矩形   图 12-50 填充矩形图案

05 单击"修改"工具栏上的"复制"工具按钮❀，向右复制三个步骤 4 中的图形，如图 12-51 所示。

06 单击"绘图"工具栏上的"直线"工具按钮／，连接图形，如图 12-52 所示。

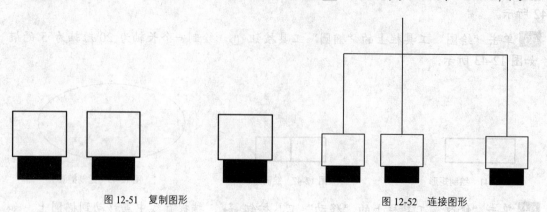

图 12-51 复制图形   图 12-52 连接图形

12.2.3 组合图形

上节中已经将 SDH 主干网、接入网、局域网绘制完，接下来将其组合成一个完整的高速公路移动通信系统结构图。

01 单击"修改"工具栏上的"复制"工具按钮 ，复制 1 个接入网，复制 4 个局域网。

02 单击"修改"工具栏上的"移动"工具按钮 ，将各部分图形移动到合适的位置，如图 12-53 所示。

03 调用"绘图"|"文字"|"单行文字"命令，添加注释文字，如图 12-54 所示。

04 在键盘上按 Ctrl+S 组合键对文件进行保存。

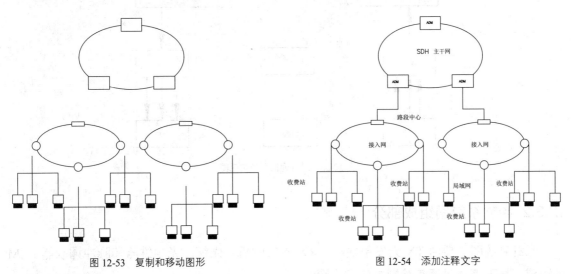

图 12-53　复制和移动图形　　　　　　　　图 12-54　添加注释文字

12.3　光纤通信系统构成图设计

光纤传输系统是数字通信的理想通道。与模拟通信相比较，数字通信有很多的优点，灵敏度高、传输质量好。因此，大容量长距离的光纤通信系统大多采用数字传输方式。在光纤通信系统中，光纤中传输的二进制光脉冲，它由二进制数字信号对光源进行通断调制而产生。而数字信号是对连续变化的模拟信号进行抽样、量化和编码产生的，称为 PCM（Pulse Code Modulation），即脉冲编码调制。这种电的数字信号称为数字基带信号，由 PCM 电端机产生。基的光纤通信系统由数据源、光发送端、光学信道和光接收机组成，如图 12-55 所示。本节将讲解光纤通信系统图的绘制方法和详细步骤。

12.3.1　设置绘图环境

01 调用"文件"|"新建"命令，新建图形文件。

02 调用"格式"|"文字样式"命令，打开"文字样式"对话框，选择字体为 simplex.shx 字体。

03 调用"文件"|"另存为"命令，打开"图形另存为"对话框，在"文件名"文本框中键入"光纤通信系统构成图"。

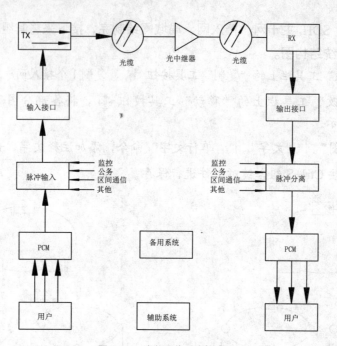

图 12-55　光纤通信系统构成图

12.3.2　绘制系统图组成部分

光纤系统图主要由 TX 光发射端机、RX 光接收机、光缆、光中继器和脉冲调制器 PCM 等组成。接下来将讲解其绘制方法和步骤。

1.　绘制 TX 光发射端机

01 单击"绘图"工具栏上的"矩形"工具按钮□，捕捉任意点为起点，绘制 10×5 的矩形，如图 12-56 所示。

图 12-56　绘制矩形　　　　　　　　　　　　　　图 12-57　绘制箭头线

02 单击"绘图"工具栏上的"多线"工具按钮 ，绘制一条水平线，结果如图 12-57 所示。命令行操作如下：

```
命令：PL
PLINE
指定起点：
当前线宽为 0.0000
指定下一个点或 [圆弧(A)/半宽(H)/长度(L)/放弃(U)/宽度(W)]：5
指定下一点或 [圆弧(A)/闭合(C)/半宽(H)/长度(L)/放弃(U)/宽度(W)]：w
```

指定起点宽度 <0.0000>: 0.5

指定端点宽度 <0.5000>:

指定下一点或 [圆弧(A)/闭合(C)/半宽(H)/长度(L)/放弃(U)/宽度(W)]: 2

03 单击"修改"工具栏上的"复制"工具按钮 ，如图 12-58 所示。

04 调用"绘图"｜"文字"｜"单行文字"命令，输入文字"TX"，如图 12-59 所示。

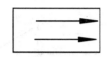

图 12-58　复制箭头线

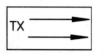

图 12-59　添加文字

2. 绘制光缆

01 单击"绘图"工具栏上的"圆"工具按钮 ，捕捉任一点为圆心，绘制一个半径为 3 的圆，如图 12-60 所示。

02 单击"绘图"工具栏上的"多线"工具按钮 ，绘制箭头线，如图 12-61 所示。

03 单击"修改"工具栏上的"旋转"工具按钮 ，将制作好的块旋转 60°，如图 12-62 所示。

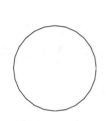

图 12-60　绘制圆

图 12-61　绘制箭头线

图 12-62　旋转箭头线

04 单击"修改"工具栏上的"移动"工具按钮 ，将箭头线移动到圆内，如图 12-63 所示。

05 单击"修改"工具栏上的"复制"工具按钮 ，向下复制箭头，如图 12-64 所示。

06 单击"绘图"工具栏上的"直线"工具按钮 ，捕捉箭头端点，绘制和圆的相交线，如图 12-65 所示。

图 12-63　移动箭头线至圆内

图 12-64　复制箭头线

图 12-65　绘制与圆相交线

3. 绘制光中继器

01 单击"绘图"工具栏上的"圆"工具按钮 ，捕捉任一点为圆心，绘制一个半径为 3 的圆。

02 单击"绘图"工具栏上的"正多边形"工具按钮⬠，绘制一个内接三角形，如图 12-66 所示。

03 单击"绘图"工具栏上的"直线"工具按钮✏，绘制两条连接线，如图 12-67 所示。

04 单击"修改"工具栏上的"删除"工具按钮✐，删除圆。

05 调用"绘图" | "文字" | "单行文字"命令，输入文字"光中继电器"，如图 12-68 所示。

图 12-66　绘制内接三角形　　图 12-67　绘制连接线　　图 12-68　添加文字

4.　其他图块的制作

01 单击"绘图"工具栏上的"矩形"工具按钮▢，捕捉任意点为起点，绘制 10×5 的矩形。

02 调用"绘图" | "文字" | "单行文字"命令，输入说明文字。

12.3.3　组合图形

01 单击"修改"工具栏上的"移动"工具按钮✥，将制作好的图块移动到合适的位置。如图 12-69 所示。

02 单击"绘图"工具栏上的"多线"工具按钮⌇，绘制箭头线。

03 调用"绘图" | "文字" | "单行文字"命令，输入说明文字，如图 12-69 所示。

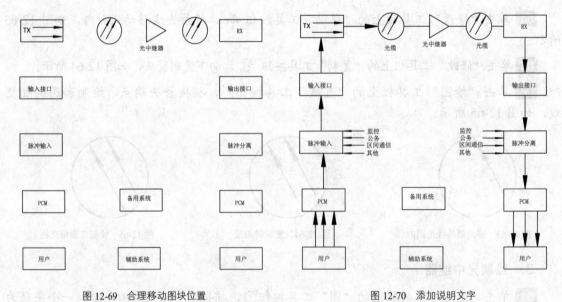

图 12-69　合理移动图块位置　　　　　　　　　　图 12-70　添加说明文字

第13章 机械电气图设计

机械电气在工业中的应用十分广泛，主要用于生产工业、机械工业、航天工业等方面。本章将详细讲解机械工业中常用的车床电路图、汽车行业中用到的点火装置电气图和变频器电气图的绘制方法和步骤。

- 丰田 20R 型发动机磁感应式电子点火系统电气图的绘制
- 变频器电路图的绘制
- CM6132 车床电气图的绘制

13.1 电子点火系统电气图的设计

随着汽车工业的发展，汽油发动机的点火技术也逐渐提高。1886 年，第一辆以四循环内燃机为动力的汽车使用的是磁发电动机点火系统。1907 年，美国首先在汽车上使用蓄电池点火装置，这种用蓄电池和发电动机来提供电能的点火系统采用了点火线圈，通过断电器触点来控制点火线圈初级电流的通断，使次级产生高压。最初的蓄电池点火系统无点火提前角自动调节装置。一直到了 1931 年，美国才首先使用了能根据发动机负荷和转速的变化自动调节点火提前角的真空、离心点火提前调解装置。此后，这种触点式点火装置逐步得到完善，在汽车上得到了广泛的应用，并被称为"传统点火系统"。

随着人们对汽车发动机动力性、经济性及排放控制要求的日益提高，传统点火系统因其触点本身所固有的缺陷也越来越显现出来。

20 世纪 60 年代初期，出现了一种晶体管辅助点火系统。这种点火系统增加了一个电子放大器，使得点火性能得到了较大的提高。晶体管辅助点火系统还保留了触点，不能完全消除由触点本身所造成的一些缺点，因此，很快就被无触点的电子点火系统所取代。

无触点电子点火系统在 20 世纪 60 年代末期开始推广应用至今，在汽车上已基本普及，传统点火系统已经逐渐被淘汰。1976 年，美国通用公司首次将微处理器应用于点火时刻控制，此后，微处理器控制的电子点火系统应用日渐增多，并与汽油喷射、怠速等发动机其他电子控制系统一起，实现了发动机的集中电子控制。

随着汽油发动机汽油喷射系统全面取代化油器，电子点火控制系统在汽车上的使用也必将普及。本节将详细讲解图 13-1 所示的丰田 20R 型发动机磁感应式电子点火系统电气图的绘制方法和操作步骤。

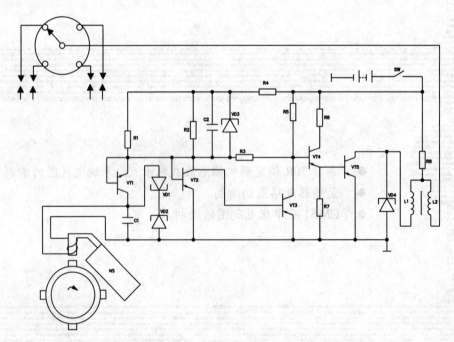

图 13-1　丰田 20R 型发动机磁感应式电子点火系统电气图

13.1.1　设置绘图环境

01 调用"文件"｜"新建"命令，新建图形文件。

02 调用"格式"｜"文字样式"命令，在弹出为"文字样式"对话框中选择 simplex.shx 字体。

03 调用"文件"｜"另存为"命令，打开"图形另存为"对话框，在"文件名"文本框中键入"丰田 20R 型发动机磁感应式电子点火系统电气图"。

13.1.2　绘制线路图

从丰田 20R 型发动机磁感应式电子点火系统电气图中可知，电路图主要由点火信号发生器、火花塞装置、点火线圈、稳压二级管、三极管及一些电阻电容组成。本节将详细讲解组成电路图部分元器件的绘制方法。

1．绘制点火信号发生器

01 单击"绘图"工具栏上的"圆"工具按钮 ⊙，捕捉任一点为圆心，绘制一个半径为 10 的圆，如图 13-2 所示。

02 单击"修改"工具栏上的"偏移"工具按钮 ⊶，将圆向内偏移，偏移距为 2 和 1，如图 13-3 所示。

03 单击"绘图"工具栏上的"矩形"工具按钮 □，捕捉任意点为起点，绘制 3×3 的矩形，如图 13-4 所示。

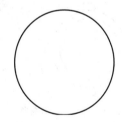

图 13-2　绘制圆

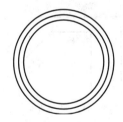

图 13-3　偏移圆

图 13-4　绘制矩形

04 单击"修改"工具栏上的"复制"工具按钮 ⊙，复制三个矩形。

05 单击"修改"工具栏上的"移动"工具按钮 ✛，将矩形移动到圆上，如图 13-5 所示。

06 单击"修改"工具栏上的"修剪"工具按钮 ⊸，修剪矩形和圆。

07 单击"修改"工具栏上的"删除"工具按钮 ✍，删除多余的线段，如图 13-6 所示。

08 单击"绘图"工具栏上的"矩形"工具按钮 □，捕捉任意点为起点，绘制 20×8 的矩形，如图 13-7 所示。

09 单击"修改"工具栏上的"旋转"工具按钮 ⟳，将制作好的块旋转-45°，如图 13-8 所示。

10 单击"绘图"工具栏上的"直线"工具按钮 ╱，绘制长度为 6 的垂直直线、长度为 4 的水平直线、长度为 5 的水平直线，如图 13-9 所示。

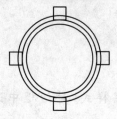

图 13-5　移动矩形到圆上

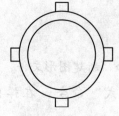

图 13-6　修剪圆和矩形

图 13-7　绘制矩形

11 单击"修改"工具栏上的"旋转"工具按钮🔾，将制作好的块旋转-45°，如图 13-10 所示。

图 13-8　旋转矩形

图 13-9　绘制直线

图 13-10　旋转直线

12 单击"修改"工具栏上的"偏移"工具按钮⬚，偏移旋转直线和垂直直线，偏移距离为 2 和 3，如图 13-11 所示。

13 单击"绘图"工具栏上的"直线"工具按钮✎，将偏移直线连接起来，如图 13-12 所示。

14 单击"修改"工具栏上的"移动"工具按钮✛，将绘制好的图形移动到图 13-6 的正上方，如图 13-13 所示。

图 13-11　偏移直线

图 13-12　连接直线

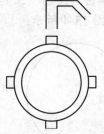

图 13-13　移动直线图形

15 单击"修改"工具栏上的"移动"工具按钮✛，将旋转矩形移动到旋转直线上，如图 13-14 所示。

16 单击"绘图"工具栏上的"圆弧"工具按钮✎，绘制两段圆弧，如图 13-15 所示。

17 单击"绘图"工具栏上的"直线"工具按钮✎，绘制连接线，如图 13-16 所示。

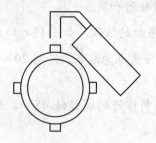

图 13-14　移动矩形

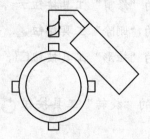

图 13-15　绘制圆弧

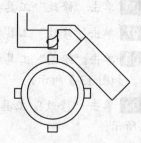

图 13-16　绘制连接线

[18] 单击"绘图"工具栏上的"多线"工具按钮 ，绘制箭头，如图 13-17 所示。

[19] 单击"修改"工具栏上的"旋转"工具按钮 ，将制作好的块旋转-45°，如图 13-18 所示。

[20] 单击"绘图"工具栏上的"圆弧"工具按钮 ，绘制一段圆弧，如图 13-19 所示。

图 13-17　绘制箭头　　　　　图 13-18　旋转箭头　　　　　图 13-19　绘制圆弧

[21] 单击"修改"工具栏上的"移动"工具按钮 ✥，将箭头线移动到圆中，如图 13-20 所示。

[22] 调用"绘图"｜"文字"｜"单行文字"命令，输入文字"NS"，如图 13-21 所示。

[23] 单击"绘图"工具栏上的"创建块"工具按钮 ，选择绘制好的元器件符号创建块，将其命名为"点火信号发生器"。

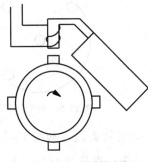

图 13-20　移动箭头线

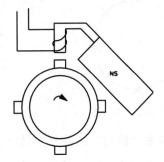

图 13-21　添加文字符号

2．绘制火花塞装置

火花塞的作用是利用高压导线引来的脉冲高压电击穿火花塞两电极间空气，从而产生电火花，以此引燃气缸内的混合气体。由于传统的点火器已不能适应现代汽车向高转速、高压缩比和多缸发展的需要，尤其是近几年来为了减少污染，改善混合气的燃烧情况以及为了节油而燃用稀混合气，都需要提高点火电压和点火能量，而传统的点火器已无法满足这些要求。因此，从 20 世纪 70 年代以来，各国都在探索改进传统点火器的途径，并生产出了多种新型的电子点火系统。新型电子点火系统没有触点，无需维护，可使维修工作大大减少。由于电子点火系统能产生更高的初级电压和火花能量，从而可使发动机起动容易、工作可靠，并具有减少排气、污染、节约能源的优点，所以，传统的点火器正在被无触点电子点火装置所取代。接下来将讲解火花塞装置的绘制方法和详细步骤。

[01] 单击"绘图"工具栏上的"圆"工具按钮 ◎，捕捉任一点为圆心，绘制一个半径为 10 的圆，如图 13-22 所示。

[02] 单击"绘图"工具栏上的"圆"工具按钮 ◎，捕捉大圆圆心绘制一个半径为 1 的小圆，如图 13-23 所示。

[03] 调用"格式"｜"点样式"命令，打开的"点样式"对话框中选择"×"符号。

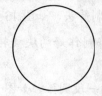

图 13-22　绘制大圆

图 13-23　绘制小圆

04 调用"绘图"｜"点"｜"定数等分"命令，选择大圆，输入等分数为 8，如图 13-24 所示。

05 单击"修改"工具栏上的"复制"工具按钮，复制 4 个小圆。

06 单击"修改"工具栏上的"移动"工具按钮，将圆移动到等分符号上，如图 13-25 所示。

07 单击"修改"工具栏上的"删除"工具按钮，删除点样式符号，如图 13-26 所示。

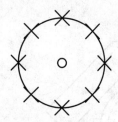

图 13-24　等分圆

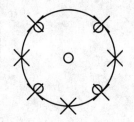

图 13-25　复制小圆

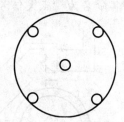

图 13-26　删除点样式符号

08 单击"绘图"工具栏上的"多线"工具按钮，绘制箭头线，如图 13-27 所示。

09 单击"修改"工具栏上的"旋转"工具按钮，将箭头线旋转 45°，如图 13-28 所示。

10 单击"修改"工具栏上的"旋转"工具按钮，将箭头线旋转 90°，如图 13-29 所示。

图 13-27　绘制箭头线

图 13-28　旋转箭头线 45°

图 13-29　旋转箭头线 90°

11 单击"修改"工具栏上的"复制"工具按钮，复制箭头线，如图 13-30 所示。

12 单击"修改"工具栏上的"移动"工具按钮，将 45° 旋转箭头线移动到圆内，如图 13-31 所示。

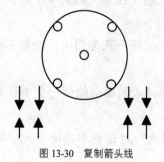

图 13-30　复制箭头线

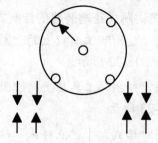

图 13-31　移动斜箭头线到圆上

13 单击"绘图"工具栏上的"直线"工具按钮 ![直线], 绘制连接线, 如图 13-32 所示。

14 单击"修改"工具栏上的"移动"工具按钮 ![移动], 移动图形到合适的位置。

15 单击"绘图"工具栏上的"直线"工具按钮 ![直线], 绘制连接线, 如图 13-33 所示。

16 单击"绘图"工具栏上的"创建块"工具按钮 ![创建块], 选择绘制好的元器件符号创建块, 将其命名为"火花塞装置"。

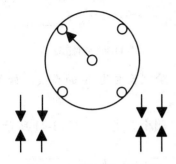

图 13-32　绘制斜箭头连接线

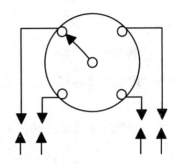

图 13-33　绘制直线连接线

3. 绘制点火线圈

由于汽油自燃温度高, 难以被压燃, 因此汽油发动机设置了点火系, 采用电火花点燃可燃混合气。点火系的作用是将汽车电源供给的低压电转变为高压电, 并按照发动机的做功顺序与点火时间的要求适时、准确地配送给各缸的火花塞, 在其间隙处产生点火花, 点燃气缸内的可燃混合气。点火线圈将电源提供的 12V 低压电转变成能击穿火花塞电极间隙的高压电。点火线圈主要由铁心初级绕组、次级绕组、胶木盖、瓷座、接线柱和外壳等组成。接下来将讲解绘制其电气符号的方法和步骤。

01 单击"绘图"工具栏上的"直线"工具按钮 ![直线], 绘制一条长度为 4 的直线, 接着在绘制一条长度为 2 的直线。

02 单击"绘图"工具栏上的"圆"工具按钮 ![圆], 捕捉长度为 2 的直线中点为圆心, 绘制一个半径为 1 的圆, 如图 13-34 所示。

03 单击"修改"工具栏上的"修剪"工具按钮 ![修剪], 修剪多余的线段。如图 13-35 所示。

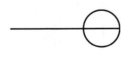

图 13-34　绘制圆

图 13-35　修剪线段

04 单击"修改"工具栏上的"复制"工具按钮 ![复制], 向右复制 3 个半圆, 如图 13-36 所示。

05 单击"绘图"工具栏上的"直线"工具按钮 ![直线], 绘制一条长度为 4 的直线, 如图 13-37 所示。

图 13-36　复制半圆

图 13-37　绘制连接直线

06 单击"绘图"工具栏上的"直线"工具按钮 ![直线], 绘制一条长度为 4 的直线, 如图 13-38 所示。

07 单击"修改"工具栏上的"镜像"工具按钮 ⚏，以直线端点为镜像端点，水平镜像图形，如图 13-39 所示。

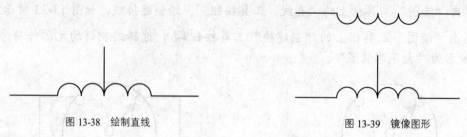

图 13-38　绘制直线　　　　　　　　　图 13-39　镜像图形

08 单击"绘图"工具栏上的"直线"工具按钮 ╱，绘制长度为 8 的直线，如图 13-40 所示。

09 单击"修改"工具栏上的"删除"工具按钮 ✎，删除直线，如图 13-41 所示。

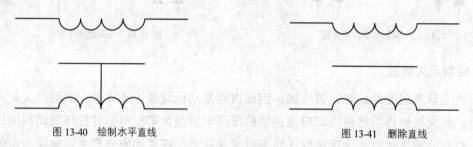

图 13-40　绘制水平直线　　　　　　　图 13-41　删除直线

10 单击"修改"工具栏上的"旋转"工具按钮 ⟳，将图 13-41 旋转 90°，如图 13-42 所示。

11 调用"绘图"|"文字"|"单行文字"命令，输入"L1""L2"，如图 13-43 所示。

12 单击"绘图"工具栏上的"创建块"工具按钮 ▱，选择绘制好的元器件符号，制作成块，将其命名为"点火线圈"。

图 13-42　旋转图形　　　　　　　　　图 13-43　添加文字

4. 电源符号的绘制

01 单击"绘图"工具栏上的"直线"工具按钮 ╱，绘制一条长度为 2 的垂直直线。

02 单击"绘图"工具栏上的"直线"工具按钮 ╱，捕捉垂直直线的中点绘制长度为 4 的水平直线，如图 13-44 所示。

03 单击"修改"工具栏上的"偏移"工具按钮 ⟳，将垂直直线向右偏移，偏移距为 2，如图 13-45 所示。

04 单击"修改"工具栏上的"缩放"工具按钮 ⬚，以直线中点为中心，缩放比例为

2，如图 13-46 所示。命令行操作如下：

```
命令：_scale
选择对象：找到 1 个
选择对象：                     //选择最右边垂直直线
指定基点：                     //以直线中点为基点
指定比例因子或 [复制(C)/参照(R)]：2   //输入缩放比例因子
```

图 13-44　绘制水平直线　　　　图 13-45　偏移垂直直线　　　　图 13-46　缩放偏移直线

05 单击"绘图"工具栏上的"直线"工具按钮 ，绘制三段长度为 0.5 的虚线，如图 13-47 所示。

06 单击"修改"工具栏上的"镜像"工具按钮 ，以中间虚线为镜像轴，水平镜像左边图形，如图 13-48 所示。

07 单击"绘图"工具栏上的"创建块"工具按钮 ，选择绘制好的元器件符号，制作成块，将其命名为"电源"。

图 13-47　绘制虚线　　　　　　　　　　图 13-48　镜像图形

5．稳压二级管的绘制

01 单击"绘图"工具栏上的"圆"工具按钮 ，捕捉任一点为圆心，绘制一个半径为 4 的内接圆，如图 13-49 所示。

02 单击"绘图"工具栏上的"正多边形"工具按钮 ，绘制一个圆的内接三角形，如图 13-50 所示。

03 单击"绘图"工具栏上的"直线"工具按钮 ，绘制左边长度为 6、右边长度为 4 的水平直线，如图 13-51 所示。

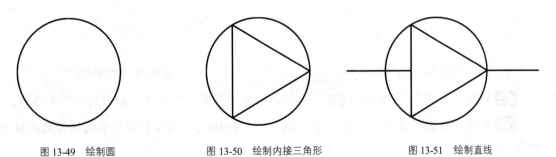

图 13-49　绘制圆　　　　　图 13-50　绘制内接三角形　　　　图 13-51　绘制直线

04 单击"绘图"工具栏上的"直线"工具按钮 ，捕捉三角形顶点上下绘制长度为 3 的直线，如图 13-52 所示。

05 单击"修改"工具栏上的"删除"工具按钮 ✎，删除圆，如图 13-53 所示。

06 单击"绘图"工具栏上的"直线"工具按钮 ∕，分别捕捉直线端点，向左绘制长度为 1 的直线，如图 13-54 所示。

07 单击"绘图"工具栏上的"创建块"工具按钮 ⏍，选择绘制好的元器件符号，制作成块，将其命名为"稳压二级管"。

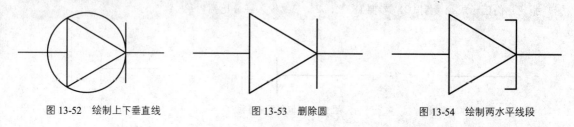

图 13-52　绘制上下垂直线　　　　图 13-53　删除圆　　　　图 13-54　绘制两水平线段

13.1.3　组合图形

在前面已经将主要的器件绘制完成，图中没有绘制的元器件可直接利用前面章节中制作好的块，方法是调用"插入" | "块"命令，将需要的元器件图块插入到图中。接线来将绘制好的元器件，组合成一张完整的电路图。

01 单击"绘图"工具栏上的"插入块"工具按钮 ⏍，插入之前制作好的块。

02 单击"修改"工具栏上的"移动"工具按钮 ✛，将元器件移动到合适的位置，如图 13-55 所示。

03 单击"修改"工具栏上的"移动"工具按钮 ✛，将元器件移动到合适的位置。

04 单击"绘图"工具栏上的"直线"工具按钮 ∕，绘制连接线，如图 13-56 所示。

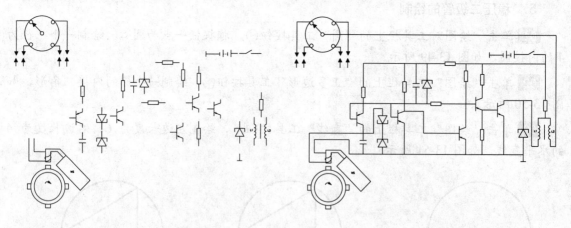

图 13-55　插入制作好的块　　　　　　图 13-56　绘制连接线

05 调用"工具" | "绘图设置"命令，勾选"启用对象捕捉"和"交点"复选框。

06 单击"绘图"工具栏上的"插入块"工具按钮 ⏍，插入前面章节制作好的连接点，如图 13-57 所示。

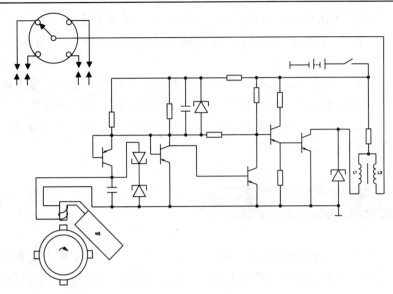

图 13-57　插入连接点

07 调用"绘图"｜"文字"｜"单行文字" 命令，输入文字输入元件表示符号，如图 13-58 所示。

08 在键盘上按 Ctrl+S 组合键对文件进行保存。

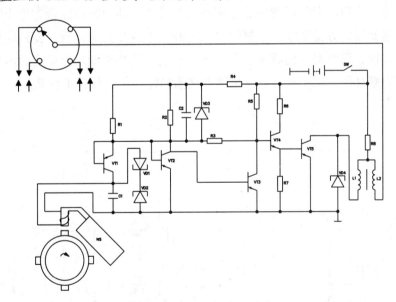

图 13-58　添加元件说明文字

至此，丰田 20R 型发动机磁感应式电子点火系统电气图已经绘制完成，电路图中各元器件的作用如下：

- VT1——发射极与集电极相连，相当于一个二极管，起温度补偿作用。
- VT2——触发管，起信号检测作用。
- VT3、VT4——起放大作用，将 VT2 输出放大以驱动 VT5。
- VT5——大功率管，控制初级电流的通断。
- VD1、VD2——反向串联后与信号发生器传感线圈并联，高转速时，使传感线圈输出的正向和负向电压稳定在某一数值，保护 VT2 不受损害。

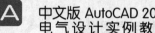

- VD3——与 R4 组成稳压电路，稳定 VT1、VT2 的电源电压。
- VD4——在当 VT5 管截止时，将初级绕组的自感电动势限制在某一值内，保护 VT5 管。
- C1——消除点火信号发生器传感线圈输出电压波形上的毛刺，防止误点火。
- C2——与 R4 组成阻容吸收电路，吸收瞬时过电压，防止误点火。
- R3——正反馈电阻，作用是加速 VT2（即 VT5）的翻转，从而减少 VT5 的翻转时间，降低 VT5 的温升。

13.2　变频器电路图设计

　　变频器（Variable-Frequency Drive，VFD）是应用变频技术与微电子技术，通过改变电动机工作电源频率的方式来控制交流电动机的电力控制设备。变频器主要由整流（交流变直流）、滤波、逆变（直流变交流）、制动单元、驱动单元、检测单元、微处理单元等组成。变频器靠内部 IGBT（绝缘栅双极型晶体管）的开断来调整输出电源的电压和频率，根据电动机的实际需要来提供其所需要的电源电压，进而达到节能、调速的目的。另外，变频器还有很多的保护功能，如过流、过压、过载保护等。随着工业自动化程度的不断提高，变频器也得到了非常广泛的应用。变频调速能够应用在大部分的电动机拖动场合，由于它能实现精确的速度控制，因此可以方便地控制机械传动的上升、下降和变速运行。变频应用可以大大地提高工艺的高效性，同时可以比原来的定速运行电动机更加节能。可见变频器在实际中的重要性，本节将讲解如图 13-59 所示的变频器电路图的绘制方法和详细步骤。

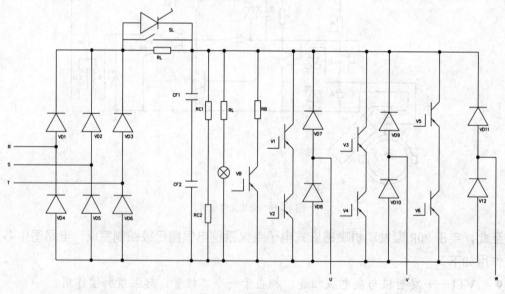

图 13-59　变频器电路图

13.2.1　设置绘图环境

01 调用"文件"｜"新建"命令，新建图形文件。

02 调用"格式"|"文字样式"命令，选择字体为 simplex.shx 字体。

03 复制上节绘制好的图形，粘贴到新建图形文件中。

04 单击"修改"工具栏上的"删除"工具按钮 ✐，删除复制的图形，此时制作好的块已经在新建图形文件中，方便调用。

05 调用"文件"|"另存为"命令，打开"图形另存为"对话框，在"文件名"文本框中键入"变频器电路图"。

13.2.2 绘制变频器电路图

从变频器电路图中可知，本电路主要由二极管、电阻、电容、制动单元 VB、指示灯和晶闸二极管组成。前面章节中绘制过的元件，本节将不在重复绘制，可采用直接调用块的方法。下面介绍部分元器件的绘制方法和步骤。

1. 绘制制动单元 VB

01 单击"绘图"工具栏上的"直线"工具按钮 ✐，绘制一条长度为 8 的垂直直线。

02 调用"格式"|"点样式"命令，选择"×"符号。

03 调用"绘图"|"点"|"定数等分"命令，选择上下两条直线，输入等分数为 3，如图 13-60 所示。

04 单击"绘图"工具栏上的"直线"工具按钮 ✐，捕捉等分点绘制长度为 4 的水平直线，如图 13-61 所示。

05 单击"修改"工具栏上的"旋转"工具按钮 ⟳，将水平直线旋转 45°，如图 13-62 所示。

图 13-60 等分直线

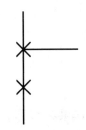

图 13-61 绘制水平直线

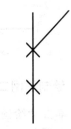

图 13-62 旋转直线

06 单击"绘图"工具栏上的"多线"工具按钮 ⤵，捕捉等分点绘制水平箭头线，如图 13-63 所示。命令行操作如下：

```
命令：PL
PLINE
指定起点：
当前线宽为 0.0000
指定下一个点或 [圆弧(A)/半宽(H)/长度(L)/放弃(U)/宽度(W)]：<正交 开> 1
指定下一点或 [圆弧(A)/闭合(C)/半宽(H)/长度(L)/放弃(U)/宽度(W)]：
指定下一点或 [圆弧(A)/闭合(C)/半宽(H)/长度(L)/放弃(U)/宽度(W)]：W
指定起点宽度 <0.0000>：0.5
```

指定端点宽度 <0.5000>:
指定下一点或 [圆弧(A)/闭合(C)/半宽(H)/长度(L)/放弃(U)/宽度(W)]：1
指定下一点或 [圆弧(A)/闭合(C)/半宽(H)/长度(L)/放弃(U)/宽度(W)]：
指定下一点或 [圆弧(A)/闭合(C)/半宽(H)/长度(L)/放弃(U)/宽度(W)]：2

07 单击"修改"工具栏上的"旋转"工具按钮，将箭头线旋转-45°，如图 13-64 所示。

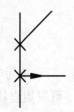

图 13-63 绘制箭头线

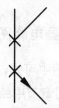

图 13-64 旋转箭头线

08 单击"绘图"工具栏上的"直线"工具按钮，捕捉直线中点绘制长度分别为 2、4、4 的线段，如图 13-65 所示。

09 单击"修改"工具栏上的"删除"工具按钮，删除点样式符号和长度为 2 的直线，如图 13-66 所示。

10 单击"绘图"工具栏上的"创建块"工具按钮，选择绘制好的元器件符号创建块，将其命名为"制动单元 VB"。

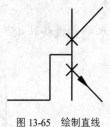

图 13-65 绘制直线

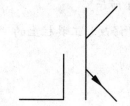

图 13-66 删除点样式符号和直线

2. 绘制晶闸二级管

01 单击"绘图"工具栏上的"圆"工具按钮，捕捉任一点为圆心，绘制一个半径为 4 的圆，如图 13-67 所示。

02 单击"绘图"工具栏上的"正多边形"工具按钮，绘制圆内接三角形，如图 13-68 所示。

03 单击"绘图"工具栏上的"直线"工具按钮，捕捉三角形顶点，上下绘制两条长度为 3 的直线，如图 13-69 所示。

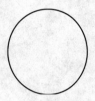

图 13-67 绘制圆

图 13-68 绘制圆内接三角形

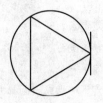

图 13-69 绘制直线

04 单击"绘图"工具栏上的"直线"工具按钮 ✐ ，绘制两条长度为 6 的直线，如图 13-70 所示。

05 单击"修改"工具栏上的"移动"工具按钮 ✥ ，将直线移动到上部直线中点上，如图 13-71 所示。

06 单击"修改"工具栏上的"旋转"工具按钮 ◯ ，将直线旋转 30°，如图 13-72 所示。

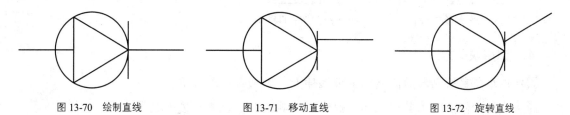

图 13-70　绘制直线　　　　　　图 13-71　移动直线　　　　　　图 13-72　旋转直线

07 单击"绘图"工具栏上的"直线"工具按钮 ✐ ，绘制与倾斜线垂直线段，如图 13-73 所示。

08 单击"绘图"工具栏上的"直线"工具按钮 ✐ ，绘制长度为4的连接线，如图 13-74 所示。

09 单击"修改"工具栏上的"删除"工具按钮 ✐ ，删除圆，如图 13-75 所示。

10 单击"绘图"工具栏上的"创建块"工具按钮 ▱ ，选择绘制好的元器件符号，制作成块，将其命名为"晶闸二极管"。

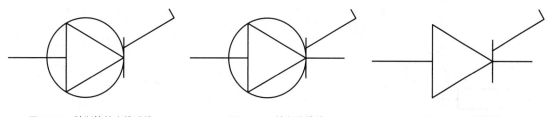

图 13-73　绘制旋转直线垂线　　　　图 13-74　绘制连接线　　　　　图 13-75　删除圆

3. 绘制指示灯

01 单击"绘图"工具栏上的"矩形"工具按钮 ▭ ，捕捉任意点为起点，绘制 4×4 的矩形，如图 13-76 所示。

02 单击"绘图"工具栏上的"直线"工具按钮 ✐ ，绘制矩形对角线，如图 13-77 所示。

图 13-76　绘制矩形　　　　　　　　　图 13-77　绘制矩形对角线

03 单击"绘图"工具栏上的"圆"工具按钮 ⊙ ，捕捉对角线交点为圆心，绘制矩形内接圆，如图 13-78 所示。

04 单击"修改"工具栏上的"修剪"工具按钮 ✂ ，修剪线段，如图 13-79 所示。

05 单击"修改"工具栏上的"删除"工具按钮 ✍ ，删除矩形，如图 13-80 所示。

06 单击"绘图"工具栏上的"创建块"工具按钮 ⬚ ，选择绘制好的元器件符号，制作成块，将其命名为"指示灯"。

图 13-78　绘制矩形内接圆

图 13-79　修剪对角线

图 13-80　删除矩形

4. 调用块的方法

01 打开之前绘制好的图形，全部选择并复制到当前图形中。

02 单击"修改"工具栏上的"删除"工具按钮 ✍ ，删除复制的图形。

03 制作好的块，此时已经存在块图库中，可直接调用。

04 单击"绘图"工具栏上的"插入块"工具按钮 ⬚ ，调用电阻，如图 13-81 所示。

05 单击"修改"工具栏上的"旋转"工具按钮 ⟳ ，将插入的块旋转90°，如图 13-82 所示。

06 单击"绘图"工具栏上的"插入块"工具按钮 ⬚ ，调用电容，如图 13-83 所示。

07 单击"修改"工具栏上的"旋转"工具按钮 ⟳ ，将插入的块旋转90°，如图 13-84 所示。

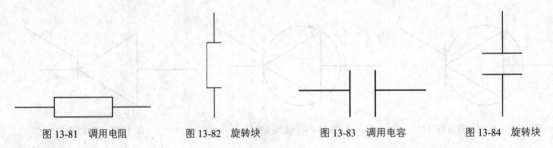

图 13-81　调用电阻　　　　图 13-82　旋转块　　　　图 13-83　调用电容　　　　图 13-84　旋转块

08 单击"绘图"工具栏上的"插入块"工具按钮 ⬚ ，调用开关，如图 13-85 所示。

09 单击"修改"工具栏上的"旋转"工具按钮 ⟳ ，将制作好的块旋转 90 度，如图 13-86 所示。

10 单击"修改"工具栏上的"镜像"工具按钮 ⚊ ，水平为镜像轴镜像图形，如图 13-87 所示。

图 13-85　插入开关　　　　　图 13-86　旋转开关　　　　　图 13-87　镜像开关

13.2.3　组合图形

01 单击"绘图"工具栏上的"插入块"工具按钮📇，将制作好的块插入图中。

02 单击"修改"工具栏上的"移动"工具按钮✛，将元器件移动到合适的位置，如图 13-88 所示。

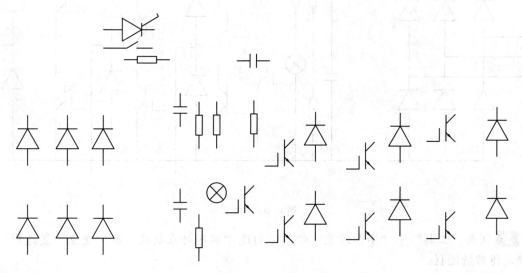

图 13-88　插入和调整元件位置

03 单击"绘图"工具栏上的"直线"工具按钮✏，绘制连接线。

04 单击"修改"工具栏上的"移动"工具按钮✛，将元件移动到连接线上，如图 13-89 所示。

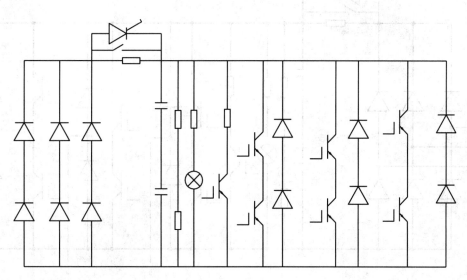

图 13-89　绘制连接线

05 单击"绘图"工具栏上的"直线"工具按钮✏，绘制电源进线端连接线。

06 调用"绘图"|"文字"|"单行文字"命令，添加如图 13-90 所示文字符号。

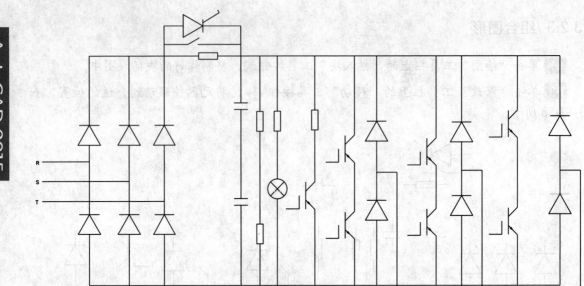

图 13-90　添加文字

07 调用"工具"｜"绘图设置"命令，勾选"启用对象捕捉"和"交点"复选框，单击确定返回绘图区。

08 单击"绘图"工具栏上的"插入块"工具按钮，插入前面章节制作好的连接点，如图 13-91 所示。

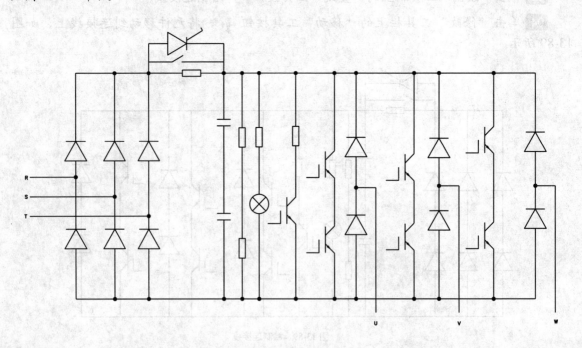

图 13-91　插入连接点

09 调用"绘图"｜"文字"｜"单行文字"命令，输入元件名称，如图 13-92 所示。

10 在键盘上按 Ctrl+S 组合键对文件进行保存。

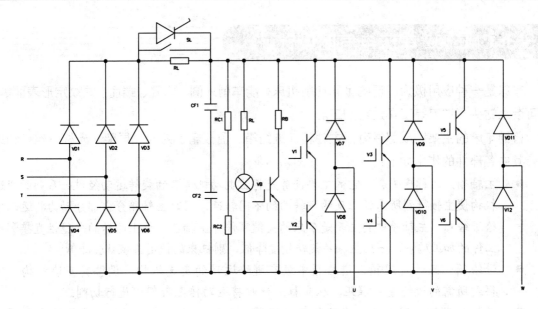

图 13-92 添加注释文字

电路原理及各元器件的作用

交 – 直变换部分：VD1 ~ VD6 组成三相整流桥，将交流变换为直流，如三相线电压为 UL，则整流后的直流电压 UD 为：UD = 1.35UL。

滤波电容器 CF 作用：滤除全波整流后的电压纹波，当负载变化时，使直流电压保持平衡。因为受电容量和耐压的限制，滤波电路通常由若干个电容器并联成一组，又由两个电容器组串联而成，如图中的 CF1 和 CF2。由于两组电容特性不可能完全相同，在每组电容组上并联一个阻值相等的分压电阻 RC1 和 RC2。

限流电阻 RL 作用：变频器刚合上闸瞬间冲击电流比较大，其作用就是在合上闸后的一段时间内，电流流经 RL，限制冲击电流，将电容 CF 的充电电流限制在一定范围内。

SL 作用：当 CF 充电到一定电压，SL 闭合，将 RL 短路。一些变频器使用晶闸管代替。

电源指示 HL 作用：除作为变频器通电指示外，还作为变频器断电后是否有电的指示（灯灭后才能进行拆线等操作）。

制动电阻 RB 作用：变频器在频率下降的过程中，将处于再生制动状态，回馈的电能将存贮在电容 CF 中，使直流电压不断上升，甚至达到十分危险的程度。RB 的作用就是将这部分回馈能量消耗掉。一些变频器此电阻是外接的，都有外接端子（如 DB + 、DB - ）。

制动单元 VB 作用：由 GTR 或 IGBT 及其驱动电路构成。其作用是为放电电流 IB 流经 RB 提供通路。

直 – 交变换部分：逆变管 V1 ~ V6 组成逆变桥，把 VD1 ~ VD6 整流的直流电逆变为交流电。这是变频器的核心部分。

续流二极管 VD7 ~ VD12 作用：电动机是感性负载，其电流中有无功分量，为无功电流返回直流电源提供"通道"；频率下降，电动机处于再生制动状态时，再生电流通过 VD7 ~ VD12 整流后返给直流电路；V1 ~ V6 逆变过程中，同一桥臂的两个逆变管不停地处于导通和截止状态。在这个换相过程中，也需要 VD7 ~ VD12 提供通路。

13.3 CM6132 车床电气图设计

车床是一种应用极为广泛的金属切削机床，能车削外圆、内孔、端面、螺纹定形表面等，并可装上钻头、铰刀等工具进行加工。

普通车床的主要组成部件有：主轴箱、进给箱、溜板箱、刀架、尾架、光杠、丝杠和床身。其中各部件的作用如下：

- 主轴箱：又称床头箱，它的主要任务是将主电动机传来的旋转运动经过一系列的变速机构使主轴得到所需的正反两种转向的不同转速，同时主轴箱分出部分动力将运动传给进给箱。主轴箱中的主轴是车床的关键零件。主轴在轴承上运转的平稳性直接影响工件的加工质量，一旦主轴的旋转精度降低，则机床的使用价值就会降低。
- 进给箱：又称走刀箱，进给箱中装有进给运动的变速机构，调整其变速机构，可得到所需的进给量或螺距，从光杠或丝杠将运动传至刀架以进行切削。
- 丝杠与光杠：用以连接进给箱与溜板箱，并把进给箱的运动和动力传给溜板箱，使溜板箱获得纵向直线运动。丝杠是专门为车削各种螺纹而设置的，在车削工件的其他表面时，只用光杠，不用丝杠。
- 溜板箱：车床进给运动的操纵箱，内装有将光杠和丝杠的旋转运动变成刀架直线运动的机构。通过光杠传动实现刀架的纵向进给运动、横向进给运动和快速移动；通过丝杠带动刀架作纵向直线运动，以便车削螺纹。
- 刀架、尾架和床身：在车削加工中，工件旋转为主运动，它有主轴通过卡盘或顶尖带动，由控制电路实现正反转。在车削时，根据被加工零件的材料性能、车刀材料、零件尺寸精度要求、加工方式及冷却条件等来选择车削速度。这就要求车床主轴能在较大范围内变速，对于普通车床，调速比一般应大于 70。通常车削工作过程中，一般不要求反转，但对于一些特殊的加工需要则使用，如加工螺纹，为避免乱扣，需反转退刀，再进刀继续加工。车床的进给运动是刀架的纵向与横向直线运动，其运动方式有手动和机动控制两种。车削螺纹时，工件的旋转速度与刀具的进给速度应有严格的比例关系。车床纵、横两个方向的进给运动是由主轴箱的输出轴，经交换齿轮、进给箱、光杆传入溜板箱而获得的。车床的辅助运动为溜板箱的快速移动、尾座的移动和工件的夹紧和松开。

图 13-93 所示的 CM6132 车床电路图是车床工业中较典型的应用电路图，本节将详细讲解其绘制方法和步骤。

13.3.1 设置绘图环境

01 调用"文件" | "新建"命令，新建图形文件。

02 调用"格式" | "文字样式"命令 **A**，选择字体为 simplex.shx 字体。

03 复制上节绘制好的图形，粘贴到新建图形文件中。

04 单击"修改"工具栏上的"删除"工具按钮 ✐，删除复制的图形，此时制作好的块已经在新建图形文件中，方便调用。

[05] 调用"文件"｜"另存为"命令，打开"图形另存为"对话框，在"文件名"文本框中键入"CM6132 车床电气图"。

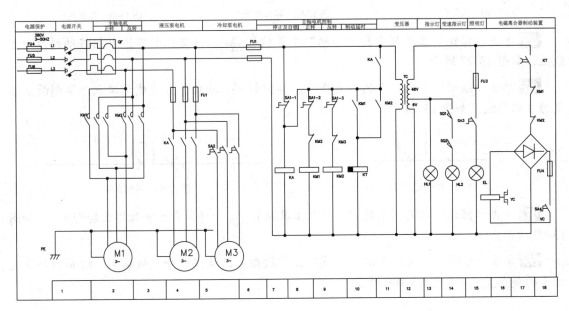

图 13-93　CM6132 车床电气图

13.3.2　绘制车床电路图

分析机床电气控制电路前，首先要了解机床的主要技术性能及机械传动、液压和气动的工作原理，弄清各电动机的安装部位、作用、规格和型号，初步熟悉各种的安装部位、作用以及各操纵手柄、开关、控制按钮的功能和操纵方法，注意了解与机床的机械、液压发生直接联系的各种电器（如行程开关、撞块、压力继电器、电磁离合器、电磁铁等）的安装部位及作用。分析电气控制电路时，要结合说明书或有关的技术资料将整个电气控制电路划分成若干部分逐一进行分析，例如各电动机的起动、停止、变速、制动、保护及相互间的联锁。然后仔细阅读设备说明书，了解电气控制系统的总体结构、电动机等电器的分布状况及控制要求等内容之后，便可以分析电气控制原理图了。

电气控制原理图通常由主电路、控制电路、辅助电路、保护及联锁环节，以及特殊控制电路等部分组成。分析控制电路的最基本方法是查线读图法。本节将介绍各部分电路组成部分的绘制方法和详细步骤。

1．绘制自动释放负荷开关

[01] 单击"绘图"工具栏上的"直线"工具按钮 ，绘制一条长度为 4 的直线，如图13-94 所示。

[02] 调用"格式"｜"点样式"命令，选择"×"符号。

[03] 调用"绘图"｜"点"｜"定数等分"命令，选择刚刚绘制的直线，输入等分数为3，如图 13-95 所示。

[04] 单击"绘图"工具栏上的"矩形"工具按钮 ，捕捉任意点为起点，绘制 1×1 的矩形,如图 13-96 所示。

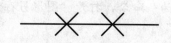

图 13-94　绘制直线　　　　　图 13-95　等分直线　　　　　图 13-96　绘制矩形

[05] 单击"修改"工具栏上的"移动"工具按钮 ✛，捕捉矩形下边中点移动到等分直线上，如图 13-97 所示。

[06] 单击"绘图"工具栏上的"直线"工具按钮 ✐，捕捉等分直线两端点，绘制两条长度为 4 的直线，如图 13-98 所示。

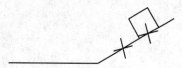

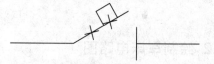

图 13-97　移动矩形到等分点　　　　　　　　图 13-98　绘制直线

[07] 单击"修改"工具栏上的"旋转"工具按钮 ↻，将等分线和矩形旋转 30°，如图 13-99 所示。

[08] 单击"绘图"工具栏上的"直线"工具按钮 ✐，捕捉等分直线端点，绘制两条长度为 1 的垂直直线，如图 13-100 所示。

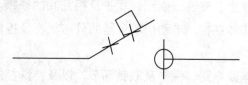

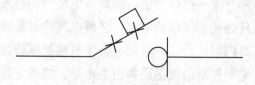

图 13-99　旋转等分线和矩形　　　　　　　图 13-100　绘制直线

[09] 单击"绘图"工具栏上的"圆"工具按钮 ⊘，捕捉直线端点为圆心，绘制一个直径为 1 的圆，如图 13-101 所示。

[10] 单击"修改"工具栏上的"移动"工具按钮 ✛，捕捉圆直径延长线上的点，移动到直线端点的位置，如图 13-102 所示。

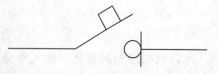

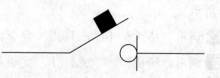

图 13-101　绘制圆　　　　　　　　图 13-102　移动圆到直线端点

[11] 单击"修改"工具栏上的"删除"工具按钮 ✐，删除等分符号，如图 13-103 所示。

[12] 单击"绘图"工具栏上的"图案填充"工具按钮 ▨，选择 SOLID 图案，对矩形进行填充，如图 13-104 所示。

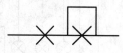

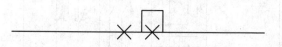

图 13-103　删除等分符号　　　　　　　图 13-104　填充矩形

[13] 单击"修改"工具栏上的"镜像"工具按钮 ⚏，如图 13-105 所示。

14 单击"修改"工具栏上的"镜像"工具按钮，如图13-106所示。

15 单击"绘图"工具栏上的"创建块"工具按钮，选择绘制好的元器件符号，制作成块，将其命名为"自动释放负荷开关"。

图13-105　水平镜像图形　　　　　　　　　图13-106　垂直镜像图形

2. 绘制微动开关

01 单击"绘图"工具栏上的"直线"工具按钮，绘制一条长度为 4 的直线，如图 13-107 所示。

02 调用"格式"｜"点样式"命令，选择"×"符号。

03 调用"绘图"｜"点"｜"定数等分"命令，选择刚刚绘制的直线，输入等分数为 3，如图 13-108 所示。

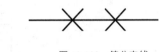

图13-107　绘制直线　　　　　　　　　　　图13-108　等分直线

04 单击"绘图"工具栏上的"直线"工具按钮，捕捉等分点绘制长度为 1 的垂直线，如图 13-109 所示。

05 单击"绘图"工具栏上的"直线"工具按钮，捕捉垂直线端点和直线端点，绘制一条斜线，如图 13-110 所示。

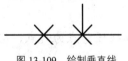 

图13-109　绘制垂直线　　　　　　　　　　图13-110　绘制连接线

06 单击"绘图"工具栏上的"直线"工具按钮，绘制两条长度为 4 的水平直线，如图 13-111 所示。

07 单击"修改"工具栏上的"旋转"工具按钮，将图 13-110 的图形旋转30°，如图 13-112 所示。

图13-111　绘制水平直线　　　　　　　　　图13-112　旋转图形

08 单击"修改"工具栏上的"删除"工具按钮，删除等分符号，如图 13-113 所示。

09 单击"修改"工具栏上的"旋转"工具按钮，将制作好的块旋转 90°，如图 13-114 所示。

10 单击"绘图"工具栏上的"创建块"工具按钮，选择绘制好的元器件符号，制作成块，将其命名为"微动开关"。

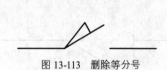

图 13-113　删除等分号

图 13-114　旋转图形

3. 绘制自动开关

01 单击"绘图"工具栏上的"矩形"工具按钮□，捕捉任意点为起点，绘制 12×14 的矩形，如图 13-115 所示。

02 单击"修改"工具栏上的"分解"工具按钮，分解矩形。

03 单击"修改"工具栏上的"偏移"工具按钮，将矩形两边线分别偏移，偏移距为 1.5，如图 13-116 所示。

04 单击"绘图"工具栏上的"直线"工具按钮，捕捉偏移直线的中点绘制直线，如图 13-117 所示。

图 13-115　绘制矩形

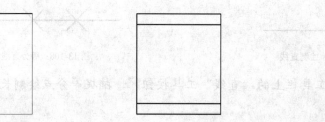

图 13-116　偏移直线

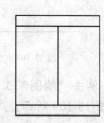

图 13-117　绘制中点直线

05 单击"修改"工具栏上的"偏移"工具按钮，将连接中点的直线向左偏移，偏移距为 3，如图 13-118 所示。

06 单击"绘图"工具栏上的"矩形"工具按钮□，捕捉任意点为起点，绘制 3×2 的矩形，如图 13-119 所示。

07 单击"修改"工具栏上的"分解"工具按钮，分解矩形。

08 单击"绘图"工具栏上的"直线"工具按钮，捕捉矩形的两边中点绘制直线，如图 13-120 所示。

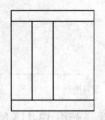

图 13-118　偏移中点直线

图 13-119　绘制矩形

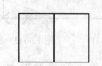

图 13-120　绘制直线

09 单击"修改"工具栏上的"复制"工具按钮，复制 3 个矩形。

10 单击"绘图"工具栏上的"直线"工具按钮，捕捉连接偏移直线的中点向右绘制一条水平直线，如图 13-121 所示。

11 单击"修改"工具栏上的"移动"工具按钮 ✛，捕捉矩形上边中点，移动到上部偏移直线上，如图 13-122 所示。

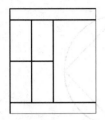
图 13-121　绘制水平直线

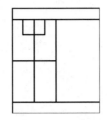
图 13-122　移动矩形

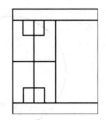
图 13-123　移动矩形于下半偏移线上

12 单击"修改"工具栏上的"移动"工具按钮 ✛，捕捉矩形下边中点，移动到下部偏移直线上，如图 13-123 所示。

13 单击"修改"工具栏上的"移动"工具按钮 ✛，捕捉分解矩形连接中点直线中点，移动到十字相交直线中点，如图 13-124 所示。

14 单击"修改"工具栏上的"修剪"工具按钮 ⊶，修剪三个矩形，如图 13-125 所示。

15 单击"修改"工具栏上的"删除"工具按钮 ✎，删除多余的线段，如图 13-126 所示。

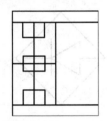
图 13-124　移动矩形与十字交点上

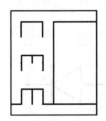
图 13-125　修剪图形

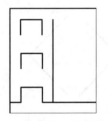
图 13-126　删除多余的线段

16 单击"绘图"工具栏上的"直线"工具按钮 ╱，绘制连接直线，如图 13-127 所示。

17 单击"绘图"工具栏上的"圆弧"工具按钮 ⌒，绘制一段圆弧，如图 13-128 所示。

18 单击"修改"工具栏上的"复制"工具按钮 ⌗，捕捉圆弧的一端点，向下复制两段圆弧，如图 13-129 所示。

19 单击"修改"工具栏上的"修剪"工具按钮 ⊶，修剪多余的线段。如图 13-130 所示。

20 单击"绘图"工具栏上的"创建块"工具按钮 ▢，选择绘制好的元器件符号，制作成块，将其命名为"自动开关"。

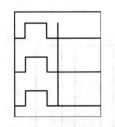
图 13-127　绘制连接直线

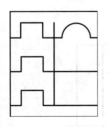
图 13-128　绘制圆弧

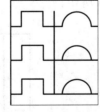
图 13-129　复制圆弧

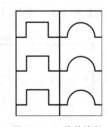
图 13-130　修剪线段

4. 绘制整流桥简化符号

01 单击"绘图"工具栏上的"圆"工具按钮 ⊘，捕捉任一点为圆心，绘制一个半径为 7 的圆，如图 13-131 所示。

02 单击"绘图"工具栏上的"正多边形"工具按钮⬠，绘制圆的内接四边形，如图 13-132 所示。

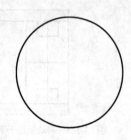

图 13-131　绘制圆

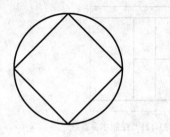

图 13-132　绘制圆的内接四边形

03 单击"修改"工具栏上的"删除"工具按钮✎，删除圆，如图 13-133 所示。

04 单击"绘图"工具栏上的"插入块"工具按钮🔁，插入之前绘制好的二极管符号，如图 13-134 所示。

05 单击"修改"工具栏上的"移动"工具按钮✛，移动二极管，捕捉四边形顶点，将二极管和四边形连接，如图 13-135 所示。

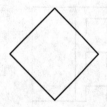

图 13-133　删除圆

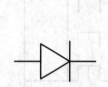

图 13-134　插入二极管

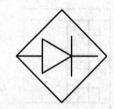

图 13-135　移动二极管于多边形内

5. 绘制延时断开动合触点

01 单击"绘图"工具栏上的"矩形"工具按钮▭，捕捉任意点为起点，绘制 4×4 的矩形，如图 13-136 所示。

02 单击"修改"工具栏上的"分解"工具按钮🗗，分解矩形。

03 单击"修改"工具栏上的"偏移"工具按钮⬄，偏移分解的矩形左右两边直线，偏移距为 1，如图 13-137 所示。

04 单击"修改"工具栏上的"偏移"工具按钮⬄，偏移分解的矩形左右两边直线，偏移距为 1.5，如图 13-138 所示。

图 13-136　绘制矩形

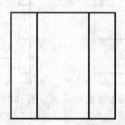

图 13-137　偏移分解矩形的两边

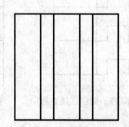

图 13-138　偏移直线

05 单击"绘图"工具栏上的"直线"工具按钮╱，捕捉偏移直线的中点并绘制连接直线，如图 13-139 所示。

06 单击"绘图"工具栏上的"圆弧"工具按钮 ，捕捉连接偏移线直线的中点单击，捕捉连接左边偏移距为 1 的直线端点单击，最后捕捉连接右边偏移距为 1 的直线单击，绘制一段圆弧，如图 13-140 所示。命令行操作如下：

```
命令：A
ARC
圆弧创建方向：逆时针(按住 Ctrl 键可切换方向)。
指定圆弧的起点或 [圆心(C)]：c          //选择圆弧的绘制方式
指定圆弧的圆心：                       //选择水平直线中点
指定圆弧的起点：                       //选择直线左端点
指定圆弧的端点或 [角度(A)/弦长(L)]：   //选择直线右端点
```

07 单击"修改"工具栏上的"修剪"工具按钮 ，选中图形，按空格键进行修剪，如图 13-141 所示。

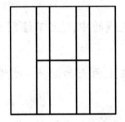
图 13-139　绘制偏移线中点连接线

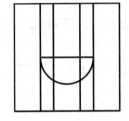
图 13-140　绘制圆弧

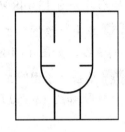
图 13-141　修剪图形

08 单击"修改"工具栏上的"删除"工具按钮 ，删除多余的线段，如图 13-142 所示。

09 单击"修改"工具栏上的"旋转"工具按钮 ，旋转90°，如图 13-143 所示。

10 单击"绘图"工具栏上的"插入块"工具按钮 ，插入之前绘制好的开关符号，如图 13-144 所示。

图 13-142　删除多余线段

图 13-143　旋转图形

图 13-144　插入开关符号

11 单击"修改"工具栏上的"移动"工具按钮 ，将上面步骤绘制好的图形移动到开关的位置，如图 13-145 所示。

12 单击"绘图"工具栏上的"直线"工具按钮 ，绘制两条水平直线，如图 13-146 所示。

13 单击"修改"工具栏上的"修剪"工具按钮 ，修剪多余线段，如图 13-147 所示。

14 单击"绘图"工具栏上的"创建块"工具按钮 🔲，选择绘制好的元器件符号，制作成块，将其命名为"延时断开动合触点"。

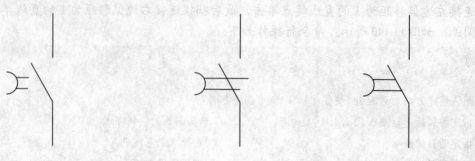

图 13-145　移动图形到开关位置　　　　图 13-146　绘制直线　　　　图 13-147　修剪线段

6. 绘制断电延时时间继电器

01 单击"绘图"工具栏上的"矩形"工具按钮 □，捕捉任意点为起点，绘制一个 8×2 的矩形，如图 13-148 所示。

02 单击"绘图"工具栏上的"直线"工具按钮 ✐，捕捉矩形边线的中点上下绘制长度为 4 的直线，如图 13-149 所示。

03 单击"绘图"工具栏上的"矩形"工具按钮 □，捕捉矩形左上角点为起点，绘制 2×2 的矩形，如图 13-150 所示。

图 13-148　绘制矩形　　　　图 13-149　绘制直线　　　　图 13-150　绘制矩形

04 单击"绘图"工具栏上的"图案填充"工具按钮 🔳，在功能区选择 SOLID 图案，如图 13-151 所示。

05 单击"绘图"工具栏上的"创建块"工具按钮 🔲，选择绘制好的元器件符号，制作成块，将其命名为"延时时间继电器"。

7. 绘制电磁离合器

01 单击"绘图"工具栏上的"直线"工具按钮 ✐，绘制一条长度为 4 的垂直直线。

02 单击"绘图"工具栏上的"直线"工具按钮 ✐，捕捉直线的中点绘制长度为 2 的水平直线，如图 13-152 所示。

03 单击"绘图"工具栏上的"直线"工具按钮 ✐，捕捉垂直直线两端点绘制长度为 1 的直线，如图 13-153 所示。

图 13-151　填充矩形　　　　图 13-152　绘制直线　　　　图 13-153　扑捉两端点绘制直线

04 单击"修改"工具栏上的"偏移"工具按钮 🔲，将端点引出的两条水平线上下偏移，偏移距离为 1，如图 13-154 所示。

05 单击"修改"工具栏上的"移动"工具按钮 ✛，选中移动的直线，输入移动距离为 0.5，如图 13-155 所示。

06 单击"修改"工具栏上的"移动"工具按钮 ✛，选中移动的直线，输入移动距离为 0.5，如图 13-156 所示，

图 13-154　偏移直线　　　　图 13-155　移动直线　　　　图 13-156　移动直线

07 单击"绘图"工具栏上的"直线"工具按钮 ✏，捕捉移动直线的端点上下绘制长度为 2 的直线，如图 13-157 所示。

08 单击"修改"工具栏上的"复制"工具按钮 ⊙，复制图 13-149 中的图形，如图 13-158 所示。

09 单击"修改"工具栏上的"移动"工具按钮 ✛，绘制好的图形，移动到矩形中点上，如图 13-159 所示。

10 单击"绘图"工具栏上的"创建块"工具按钮 🗔，选择绘制好的元器件符号，制作成块，将其命名为"电磁离合器"。

图 13-157　扑捉端点上下绘制直线　　　图 13-158　复制图形　　　图 13-159　移动图形到矩形中点上

8．绘制接地线符号

01 单击"绘图"工具栏上的"直线"工具按钮 ✏，绘制一条长度为 4 的直线，捕捉直线中点绘制长度为 2 的垂直线，如图 13-160 所示。

02 单击 "绘图" 工具栏上的 "直线" 工具按钮 ⁄，捕捉左边直线中点绘制长度为 2 的向下垂直线，如图 13-161 所示。

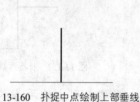

图 13-160 扑捉中点绘制上部垂线

图 13-161 绘制向下垂线

03 单击 "修改" 工具栏上的 "旋转" 工具按钮 ↻，旋转下部垂直直线，旋转角度为 -30°，如图 13-162 所示。

04 单击 "修改" 工具栏上的 "复制" 工具按钮 ⌗，向右复制两条旋转线，如图 13-163 所示。

05 单击 "绘图" 工具栏上的 "创建块" 工具按钮 ⌷，选择绘制好的元器件符号，制作成块，将其命名为 "接地线符号"。

图 13-162 旋转下端直线

图 13-163 复制旋转直线

9. 绘制电动机

01 单击 "绘图" 工具栏上的 "插入块" 工具按钮⌷，插入前面章节中绘制好的电动机，如图 13-164 所示。

02 单击 "修改" 工具栏上的 "分解" 工具按钮 ⌷，分解插入的块。

03 双击分解的 "电动机" 块，直接在上面编辑文字，输入 "M1" 作为主轴电动机符号，如图 13-165 所示。

04 单击 "绘图" 工具栏上的 "创建块" 工具按钮 ⌷，选择修改后的元器件符号，制作成块，将其命名为 "主轴电动机"。

05 双击分解的 "电动机" 块，直接在上面编辑文字，输入 "M2" 作为液压泵电动机符号，如图 13-166 所示。

06 单击 "绘图" 工具栏上的 "创建块" 工具按钮⌷，选择修改后的元器件符号，制作成块，将其命名为 "液压泵电动机"。

07 双击分解的 "电动机" 块，直接在上面编辑文字，输入 "M3" 作为冷却泵电动机符号，如图 13-167 所示。

08 单击 "绘图" 工具栏上的 "创建块" 工具按钮⌷，选择修改后的元器件符号，制作成块，将其命名为 "冷却泵电动机"。

图 13-164 插入块

图 13-165 修改块

图 13-166 双击输入 M2

图 13-167 双击输入 M3

10. 绘制抽头变压器

01 单击"绘图"工具栏上的"插入块"工具按钮 📇，插入之前绘制好的变压器，如图 13-168 所示。

02 单击"修改"工具栏上的"分解"工具按钮 🗗，分解插入的变压器。

03 单击"修改"工具栏上的"删除"工具按钮 🖋，删除变压器左边部分，如图 13-169 所示。

04 单击"修改"工具栏上的"镜像"工具按钮 ⚏，以直线为镜像轴，垂直镜像变压器右边图形，如图 13-170 所示。

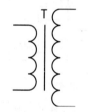

图 13-168 插入变压器块

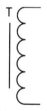

图 13-169 删除变压器左边部分

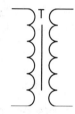

图 13-170 镜像变压器右边图形

05 双击文字 T，直接在上面编辑文字，输入"TC"作为抽头变压器符号，如图 13-171 所示。

06 单击"状态栏"辅助工具区的"正交模式"工具按钮 ⊥，关闭正交模式。

07 单击"状态栏"辅助工具区的"对象捕捉"工具按钮 □，关闭对象捕捉。

08 单击"修改"工具栏上的"移动"工具按钮 ✛，将元器件移动到合适的位置，如图 13-172 所示。

09 单击"状态栏"辅助工具区的"对象捕捉"工具按钮 □，打开对象捕捉。

10 单击"状态栏"辅助工具区的"正交模式"工具按钮 ⊥，打开正交模式。

11 单击"绘图"工具栏上的"直线"工具按钮 ✐，捕捉半圆交点，绘制长度为 4 的直线，如图 13-173 所示。

图 13-171 修改文字

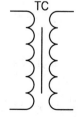

图 13-172 移动文字到合适位置

图 13-173 绘制抽头直线

12 单击"绘图"工具栏上的"创建块"工具按钮 🖳，选择修改后的元器件符号，制作成块，将其命名为"抽头变压器"。

13.3.3 组合图形

CM6132 车床电气控制原理图由主电路、控制电路、辅助电路、保护及联锁环节，以及特殊控制电路等部分组成。下面将详细讲解各部分电路的组合方法和步骤。

1. 绘制保护电路

01 单击"绘图"工具栏上的"插入块"工具按钮 🖳，插入之前绘制好的块，如图 13-174 所示。

02 单击"修改"工具栏上的"移动"工具按钮 ✛，将元器件移动到合适的位置。

03 单击"绘图"工具栏上的"直线"工具按钮 ✐，绘制元器件之间的连线，如图 13-175 所示。

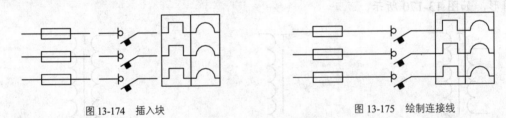

图 13-174　插入块　　　　　　　　　　图 13-175　绘制连接线

04 单击"绘图"工具栏上的"插入块"工具按钮 🖳，插入相应的块，如图 13-176 所示。

05 单击"绘图"工具栏上的"直线"工具按钮 ✐，绘制元件连接线，如图 13-177 所示。

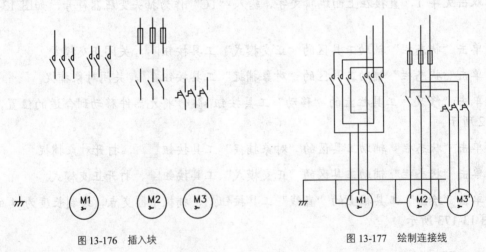

图 13-176　插入块　　　　　　　　　　图 13-177　绘制连接线

06 单击"修改"工具栏上的"修剪"工具按钮 ✄，修剪多余的线段。如图 13-178 所示。

07 单击"修改"工具栏上的"移动"工具按钮 ✛，将绘制好的保护电路和控制电路组合成主电路图。

08 调用"绘图"｜"文字"｜"单行文字"命令，输入文字元器件名称，如图 13-179 所示。

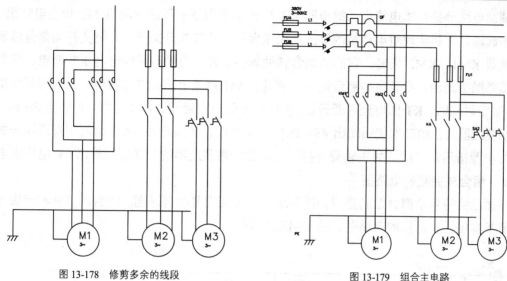

图 13-178　修剪多余的线段　　　　　　图 13-179　组合主电路

主电路分析：由图 13-179 可以看出，三相交流电由自动空气开关 QF 引入，QF 同时为主电动机提供过载、短路、欠电压保护。M1 为主轴电动机，功率为 3kW，M1 由接触器 KM1、KM2 控制正反转，熔断器 FUI 为电动机 M2、M3 提供短路保护，电动机 M2 由中间继电器 KA 控制，M2 的功率为 0.125kW，电动机 M3 由转换开关 SA2 控制，该控制电路没有控制变压器，控制电路直接供 380V 交流电。

2．绘制辅助电路

01 单击"绘图"工具栏上的"插入块"工具按钮，插入辅助电路所需的元件。

02 单击"修改"工具栏上的"移动"工具按钮，将元器件移动到合适的位置。

03 单击"绘图"工具栏上的"直线"工具按钮，绘制连接线。

04 调用"绘图"｜"文字"｜"单行文字"命令，输入元件相应的符号。

05 其他的绘制步骤与绘制主电路相同，绘制的辅助电路，如图 13-180 所示。

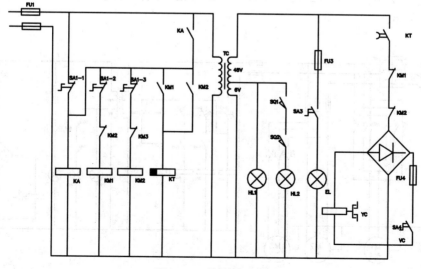

图 13-180　绘制辅助电路

辅助电路分析：本电路中，继电器 KA 的作用是保证液压泵电动机 M2 和主电动机 M1 的顺序起动，并将实现对电动机的零压和欠压保护，将转换开关 SA-1 触头打向接通位置，则接触器 KM1、KM2 失电，它们的动合辅助触头断开，导致时间继电器 KT 断电，它们的动断辅助触头闭合，导致电磁离合器 YC 得电。VC 整流电路提供直流电，到达时间继电器 KT 的整定时间时，KT 断电延时断开触头断开，YC、VC 断电，自动接触。照明电路的电源，由照明变压器 TC 的二次绕组输出 48V 的电压，供电，转换开关 SA-3 为照明灯通断开关，HL1 为电源指示灯，HL2 为主轴变速指示灯，它们由变压器的二次绕组输出 6V 电压供电。

3. 组合成完整的电路图

前面已经将各个部分绘制完成，接下来将组合成完整的电路图。组合的方法和步骤与前面章节基本相同，连接的电路图如图 13-181 所示。

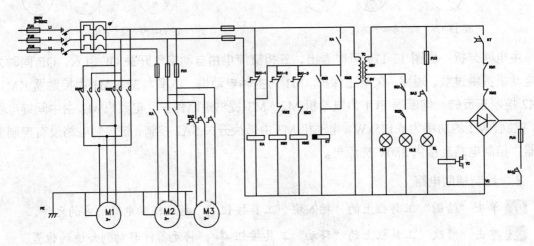

图 13-181　组合完整电路图

01 调用"工具"｜"绘图设置"命令，勾选"启用捕捉对象"和"交点"复选框。

02 单击"绘图"工具栏上的"插入块"工具按钮，插入前面章节制作好的连接点，如图 13-182 所示。

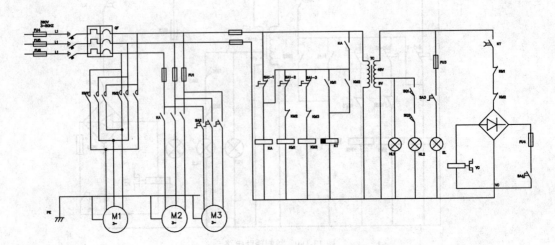

图 13-182　插入连接点

03 单击"绘图"工具栏上的"矩形"工具按钮□，捕捉任一点为起点，绘制 226 × 105 的矩形。

04 单击"修改"工具栏上的"移动"工具按钮 ✛，将绘制好的 CM6132 车床电气图，移动到矩形中，如图 13-183 所示。

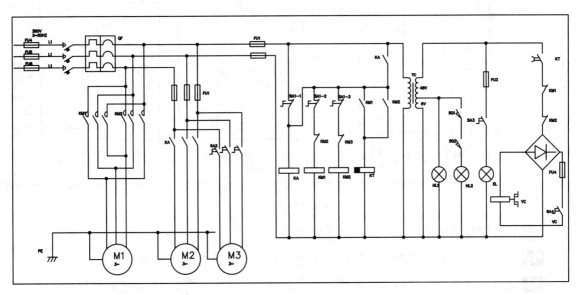

图 13-183　绘制矩形

05 单击"绘图"工具栏上的"矩形"工具按钮□，捕捉矩形左上方顶点，绘制 226 × -4 的矩形,如图 13-184 所示。

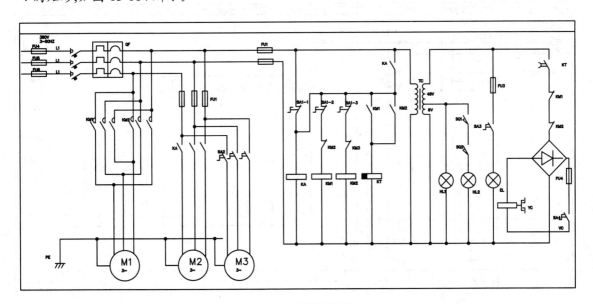

图 13-184　绘制内部矩形

06 单击"修改"工具栏上的"分解"工具按钮 ⓑ，分解内部矩形。

07 单击"绘图"工具栏上的"直线"工具按钮 ∕，绘制表格，如图 13-185 所示。

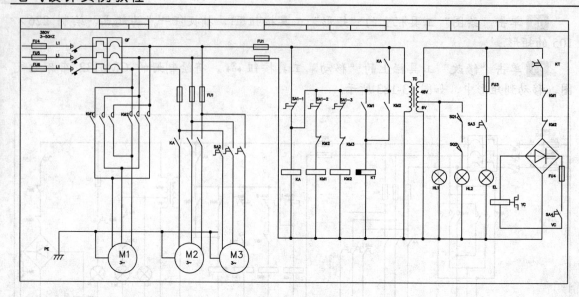

图 13-185　绘制表格

08 调用 "绘图" | "文字" | "单行文字" 命令，添加说明文字。

09 单击 "状态栏" 辅助工具区的 "正交模式" 工具按钮，关闭正交模式。

10 单击 "状态栏" 辅助工具区的 "对象捕捉" 工具按钮，关闭对象捕捉。

11 单击 "修改" 工具栏上的 "移动" 工具按钮，将文字移动到合适的位置，双击修改电源输入端代号，如图 13-186 所示。

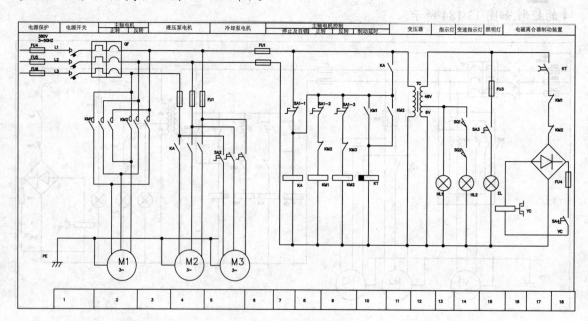

图 13-186　添加说明文字

至此 CM6132 车床电气图已经绘制完毕。

第14章 建筑电气图设计

本章导读

建筑电气是以电能、电气设备和电气技术为手段，创造、维持与改善建筑环境，实现某些功能的一门科学，它是随着技术由初级向高级阶段发展的产物。建筑电气工程是为实现一个或几个具体目的且特性相配合的，由电气装置、布线系统和用电设备电气部分组成的组合。

建筑电气工程施工图主要用来表达建筑中电气工程的构成、布置和功能，描述电气装置的工作原理，提供安装技术数据和使用维护依据。建筑电气施工图的种类很多，主要包括照明工程施工图、变电所工程施工图、动力系统施工图、电气设

本章重点

- 绘制住宅照明配置图
- 绘制酒店强电图
- 绘制弱电图

14.1 住宅照明配置图设计

照明配置图主要介绍住宅楼灯具与开关之间的关系，即两类电气设备之间导线的连接，以及灯具、开关与配电箱之间线路的连接方法等。本节将讲解住宅楼照明配置图的绘制方法。

14.1.1 绘制建筑平面图

建筑电气工程图通常是基于建筑平面图来绘制的。下面将讲解住宅楼建筑平面图的绘制方法和步骤。

1. 绘制轴网

01 新建"轴线"图层，调用 LINE/L "直线"命令，绘制长度为 18000 的竖向直线和长度为 20000 的水平直线，如图 14-1 所示。

02 调用 OFFSET/O "偏移"命令，将刚绘制好的水平直线向下偏移 1200、4000、600、600、1500 和 4800；将竖向直线向右偏移 3000、300、3000、2700、3600 和 3000，结果如图 14-2 所示。

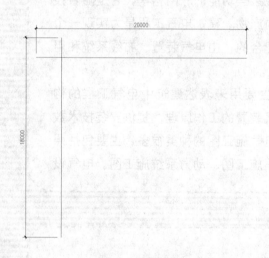

图 14-1　绘制轴线

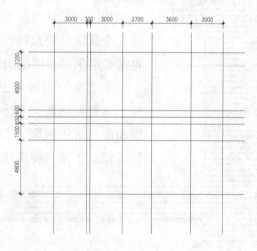

图 14-2　绘制轴网

2. 轴网编号

01 新建"轴号"图层，调用 CIRCLE/C "圆"命令，绘制半径为 400 的圆，如图 14-3 所示。

02 调用 ATTDEF/ATT "定义块属性"命令，打开"属性定义"对话框，设置"属性"标记为 1，提示为"输入编号"，默认为"1"；设置"文字设置"对正为"正中"、文字样式为 COMPLEX、文字高度为 450，如图 14-4 所示；单击"确定"按钮，将属性块"1"放置在圆中合适位置，如图 14-5 所示。

03 调用 BLOCK/B "块定义"命令，打开"块定义"对话框，设置名称为编号1，拾取点为圆心，单击 "选择对象"按钮，选取带编号的圆作为块创建对象，如图 14-6 所示。

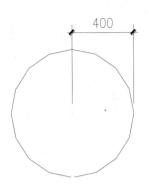

图 14-3　绘制圆

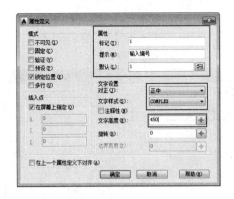

图 14-4　"属性定义"对话框

图 14-5　插入属性

图 14-6　"块定义"对话框

04 调用 LINE/L "直线" 命令，绘制长为 2500 的引线，如图 14-7 所示。

05 调用 INSERT/I "插入图块" 命令，将图块插入到轴网中；调用 COPY/CO "复制" 命令，将编号复制到其它轴线上，如图 14-8 所示。

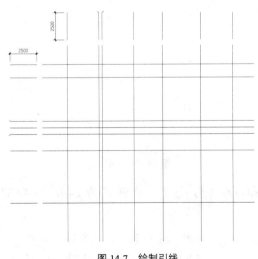

图 14-7　绘制引线

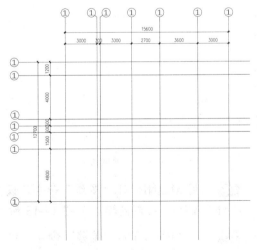

图 14-8　插入属性块

06 双击图块弹出 "编辑属性" 对话框，如图 14-9 所示，将所有编号修改为正确的轴编号，结果如图 14-10 所示。

图 14-9　"编辑属性"对话框

图 14-10　修改编号结果

07 调用"格式"｜"图层"命令，打开"图层特性管理器"，将轴线编号图层关闭。调用 TRIM/TR"修剪"命令，修剪多余部分的轴网，如图 14-11 所示。

3．绘制墙体

01 新建"墙体"图层，调用 MLINE/ML"多线"命令，设置对正(J)为"无（Z）"，比例(S)为 370，样式(ST)为 STANDARD，捕捉轴线交点绘制外墙，如图 14-12 所示。

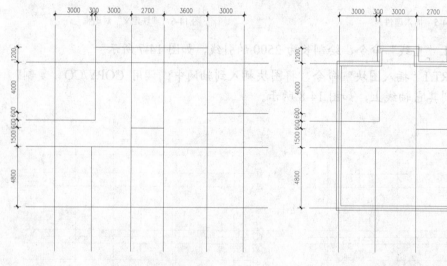

图 14-11　修剪轴网

图 14-12　绘制外墙

02 调用 MLINE/ML"多线"命令，设置对正(J)为"无（Z）"，比例(S)为 240，样式(ST)为 STANDARD，绘制内墙，如图 14-13 所示。

03 调用 OFFSET/O"偏移"命令，绘制隔墙轴线；调用 MLINE/ML"多线"命令，设置对正(J)为"无（Z）"，比例(S)为 120，样式(ST)为"STANDARD"，绘制隔墙，结果如图 14-14 所示。

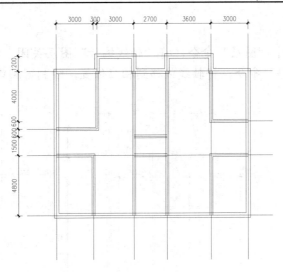

图 14-13 绘制内墙

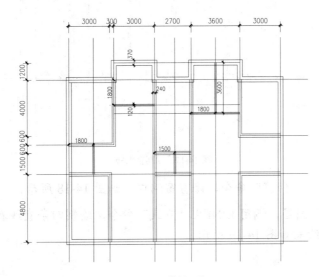

图 14-14 绘制隔墙

04 调用"格式"｜"图层"命令，将"轴网"图层关闭；调用 EXPLODE/X"分解"命令，分解使用多线绘制的墙体，如图 14-15 所示。

05 调用 TRIM/TR"修剪"命令，修剪多余墙线，如图 14-16 所示。

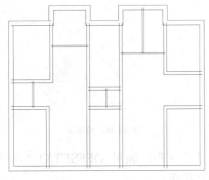

图 14-15 隐藏"轴网"图层

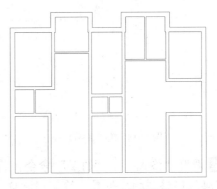

图 14-16 修剪墙线

4. 绘制门窗

[01] 调用 "格式" | "图层" 命令，将 "轴线编号" 图层关闭，将 "轴网" 图层打开。调用 OFFSSET/O "偏移" 命令，将轴线偏移到相应位置，绘制窗洞口，如图 14-17 所示。

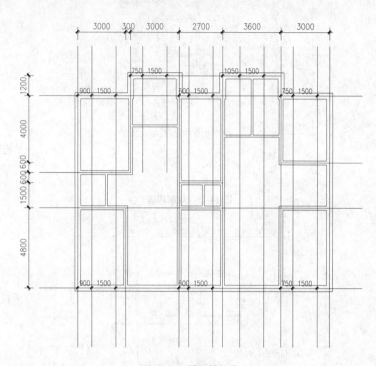

图 14-17 绘制辅助线

[02] 调用 TRIM/TR "修剪" 命令，修剪窗洞口，如图 14-18 所示。

[03] 新建 "门窗" 图层，调用 LINE/L "直线" 命令，绘制四条直线表示的窗户，每条线之间的距离为 123，结果如图 14-19 所示。

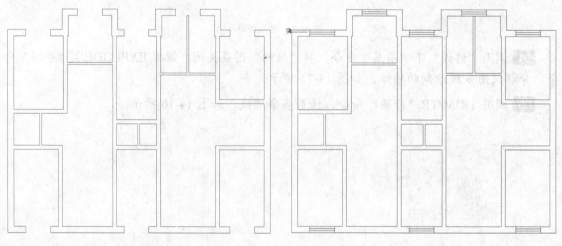

图 14-18 绘制窗洞口   图 14-19 绘制窗

[04] 调用 "格式" | "图层" 命令，将 "轴网" 图层打开。调用 OFFSET/O "偏移" 命令，将轴线偏移到相应位置，绘制门洞口，如图 14-20 所示。

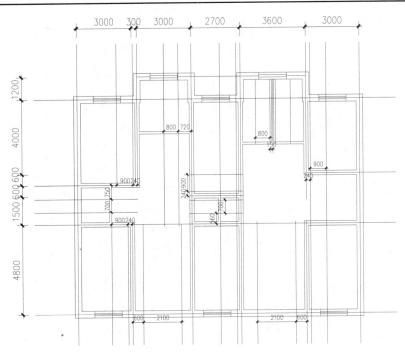

图 14-20 绘制门洞口辅助线

05 调用 TRIM/TR "修剪" 命令，修剪门洞口，如图 14-21 所示。

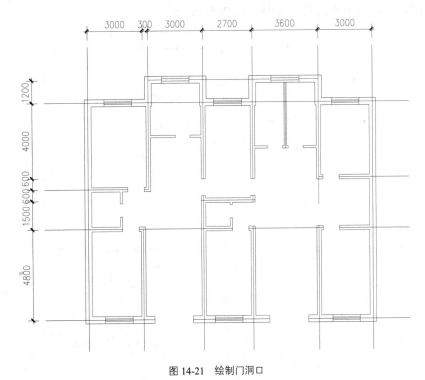

图 14-21 绘制门洞口

5. 绘制阳台

01 新建 "阳台" 图层，调用 LINE/L "直线" 命令，绘制阳台辅助线，如图 14-22 所示。

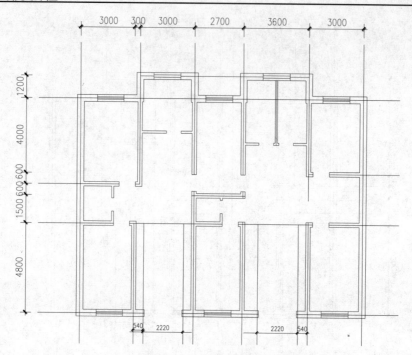

图 14-22　绘制阳台辅助线

调用 MLINE/ML "多线" 命令，设置对正(J)为 "上"，比例(S)为 120，样式(ST)为 "STANDARD"，绘制阳台外墙，如图 14-23 所示。

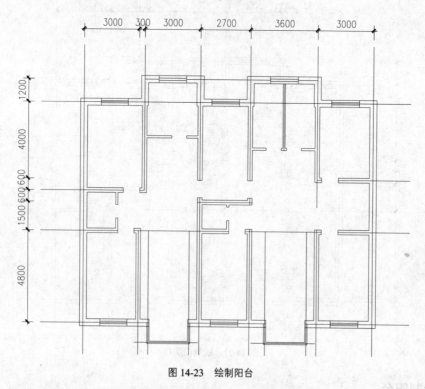

图 14-23　绘制阳台

调用 EXPLODE/X "分解" 命令，分解刚刚用多线绘制的阳台；调用 TRIM/TR "修剪" 命令，修剪阳台，如图 14-24 所示。

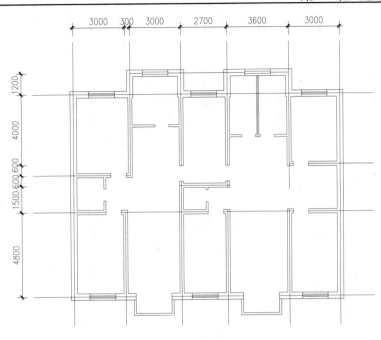

图 14-24　修剪阳台

6．绘制楼梯

[01] 调用 OFFSET/O "偏移" 命令，绘制辅助线，如图 14-25 所示。

[02] 调用 RECTANG/REC "矩形" 命令，绘制长为 160，宽为 1940 的矩形；调用 OFFSET/O "偏移" 命令，将矩形向内偏移 60，结果如图 14-26 所示。

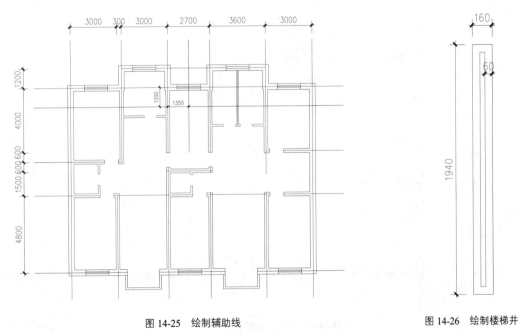

图 14-25　绘制辅助线　　　　　　　　　　　　　图 14-26　绘制楼梯井

[03] 调用 MOVE/M "移动" 命令，将刚刚绘制好的楼梯井移动到相应的位置，如图 14-27 所示。

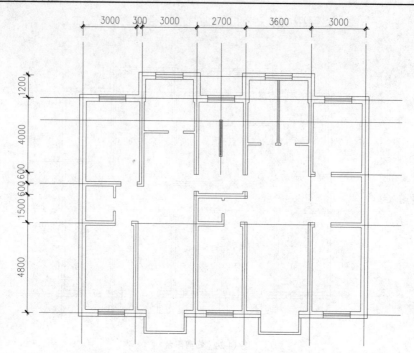

图 14-27　移动楼梯井

04 调用 LINE/L "直线" 命令，绘制楼梯板；调用 ERASE/E "删除" 命令，删除辅助线，如图 14-28 所示。

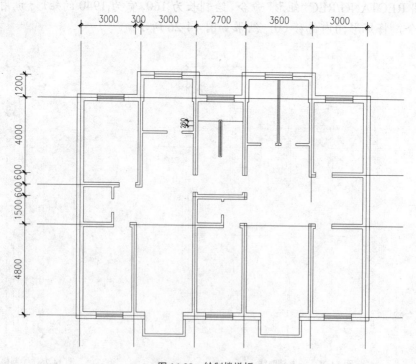

图 14-28　绘制楼梯板

05 调用 OFFSET/O "偏移" 命令，绘制楼梯板，偏移距离为 260，偏移 7 次，结果如图 14-29 所示。

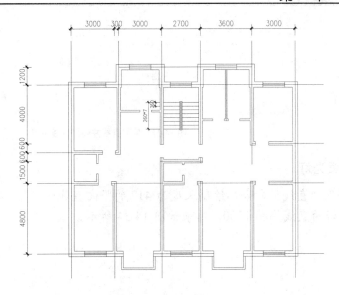

图 14-29　复制楼梯板

06 调用 LINE/L "直线" 命令，绘制方向线；调用 PLINE/PL "多段线" 命令，设置起点宽为 80，长为 400，绘制指示方向线，如图 14-30 所示。

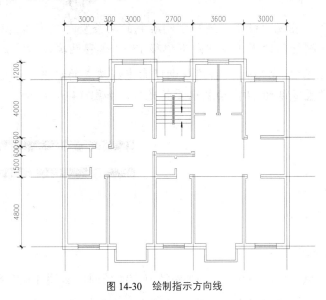

图 14-30　绘制指示方向线

14.1.2　绘制照明设备

1. 绘制单管荧光灯

01 调用 LINE/L "直线" 命令，绘制一条长为 250 的竖向直线，如图 14-31 所示。

02 调用 OFFSET/O "偏移" 命令，将刚绘制好的竖向直线偏移 1200；调用 LINE/L "直线" 命令，连接两条竖向直线的中点，如图 14-32 所示。

03 调用 PLINE/PL "多段线" 命令，设置多段线宽为 70，绘制有宽度的多段线，如图 14-33 所示。单管荧光灯绘制完成。

图 14-31 绘制竖向直线   图 14-32 偏移直线并连接直线中点

2. 绘制双管荧光灯

01 调用 LINE/L "直线"命令，绘制长度为 417 的竖向直线；调用 OFFSET/O "偏移"命令，将刚刚绘制好的直线偏移 1200，结果如图 14-34 所示。

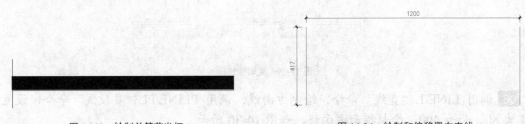

图 14-33 绘制单管荧光灯   图 14-34 绘制和偏移竖向直线

02 调用 LINE/L "直线"命令，连接刚刚绘制的两条竖向直线的上端；调用 OFFSET/O "偏移"命令，将刚刚绘制的水平直线向下偏移 139，偏移两次，结果如图 14-35 所示。

03 调用 ERASE/E "删除"命令，将连接两竖向直线端点的水平直线删除；调用 PLINE/PL "多段线"命令，设置宽度为 50，绘制双管荧光灯，如图 14-36 所示。

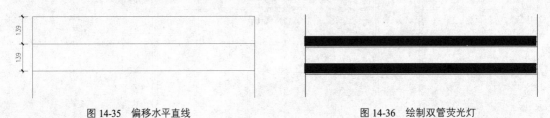

图 14-35 偏移水平直线   图 14-36 绘制双管荧光灯

3. 绘制暗装双极开关

01 调用 CIRCLE/C "圆"命令，绘制半径为 104 的圆，如图 14-37 所示。

02 调用 LINE/L "直线"命令，以圆心为起点绘制长为 340、角度为 45° 的直线，如图 14-38 所示。

图 14-37 绘制圆   图 14-38 绘制斜直线

03 调用 MOVE/M "移动"命令，将斜直线移动到合适的位置，如图 14-39 所示。

04 调用 LINE/L "直线"命令，以斜直线右端点为第一点绘制长度为 100 的垂直线；调用 OFFSET/O "偏移"命令，将刚刚绘制的垂直线沿斜直线偏移 80，结果如图 14-40 所示。

05 调用 HATCH/H "图案填充"命令，在圆内填充 SOLID 图案，如图 14-41 所示。

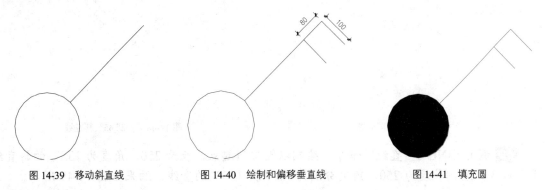

图 14-39　移动斜直线　　　　图 14-40　绘制和偏移垂直线　　　　图 14-41　填充圆

4. 绘制暗装单极开关

01 调用 CIRCLE/C "圆"命令，绘制半径为 104 的圆，如图 14-42 所示。

02 调用 LINE/L "直线"命令，以圆心为起点绘制长为 340，角度为 -135° 的直线，如图 14-43 所示。

图 14-42　绘制圆　　　　　　　　　　图 14-43　绘制斜直线

03 调用 MOVE/M "移动"命令，将斜直线移动到合适的位置，如图 14-44 所示。

04 调用 LINE/L "直线"命令，以斜直线左端点为第一点绘制长度为 100 的垂线，如图 14-45 所示。

05 调用 HATCH/H "图案填充"命令，在圆内填充 SOLID 图案，结果如图 14-46 所示。暗装单极开关绘制完成。

图 14-44　移动斜直线　　　　图 14-45　绘制和偏移垂线　　　　图 14-46　填充圆

5. 绘制防水防尘灯

01 调用 CIRCLE/C "圆"命令，绘制两个半径分别为 250 和 100 的同心圆，如图 14-47 所示。

02 调用 LINE/L "直线" 命令，绘制以圆心为起点，长为 250，角度为 45° 的斜直线，如图 14-48 所示。

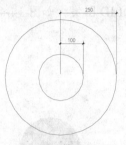

图 14-47 绘制同心圆

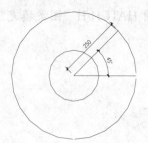

图 14-48 绘制 45° 斜直线

03 调用 LINE/L "直线" 命令，绘制以圆心为起点，长为 250，角度为 135° 的斜直线，重复命令，绘制长度为 250，角度分别为 -45° 和 -135° 的直线，结果如图 14-49 所示。

04 调用 HATCH/H "图案填充" 命令，在半径为 100 的圆内填充 SOLID 图案，如图 14-50 所示。

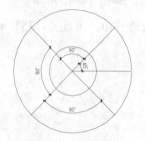

图 14-49 绘制斜直线

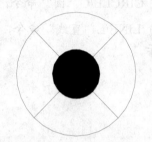

图 14-50 填充圆

6. 绘制顶棚灯

01 调用 LINE/L "直线" 命令，绘制长度为 500 的水平直线，如图 14-51 所示。

02 调用 ARC/A "圆弧" 命令，绘制以直线中点为圆心的圆弧，命令行操作如下。

```
命令: A↙        ARC                        //启动 "圆弧" 命令
圆弧创建方向: 逆时针 (按住 Ctrl 键可切换方向)。
指定圆弧的起点或 [圆心(C)]: c↙            //输入 "C"，激活 "圆心" 选项
指定圆弧的圆心:                            //指定水平直线中点为圆心
指定圆弧的起点:                            //指定水平直线左端点为圆弧的第一点
指定圆弧的端点或 [角度(A)/弦长(L)]:        //指定水平直线右端点为圆弧的右端点，
如图 14-52 所示
```

03 调用 HATCH/H "图案填充" 命令，填充半圆图形，结果如图 14-53 所示。

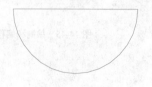

图 14-51 绘制直线

图 14-52 绘制圆弧

图 14-53 填充图形

7. 绘制照明配电箱

01 调用 RECTANG/REC "矩形"命令，绘制长为 240、宽为 600 的矩形，如图 14-54 所示。

02 调用 HATCH/H "图案填充"命令，填充矩形，如图 14-55 所示

图 14-54 绘制矩形

图 14-55 填充矩形

14.1.3 布置照明设备

01 新建"照明设备"图层，调用 MOVE/M "移动"命令，将绘制好的各图形元件移动到相应的位置，如图 14-56 所示。

02 调用 LINE/L "直线"命令，连接照明开关和照明设备，绘制照明线路，如图 14-57 所示。

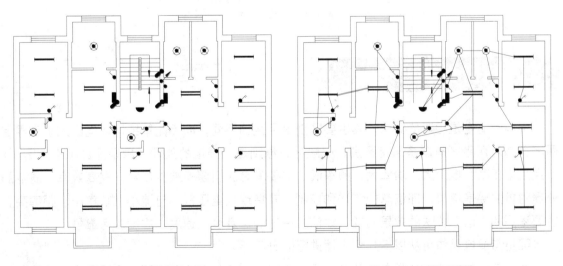

图 14-56 配置图形元件   图 14-57 绘制照明线路

03 调用 STYLE/ST "文字样式"命令，打开"文字样式"对话框；单击"新建"按钮，新建"样式 1"，如图 14-58 所示；设置字体为 simplex.shx，大字体为 gbcbig.shx，字体高度为 450，如图 14-59 所示。

图 14-58　新建文字样式

图 14-59　设置样式参数

04 调用 LINE/L "直线" 命令，绘制标注线；在 "绘图" 工具栏中单击 "多行文字" 按钮 🅰 ，对住宅楼照明配置图添加文字说明，其文字大小为 450，从而完成住宅楼照明配置图的绘制，如图 14-60 所示。

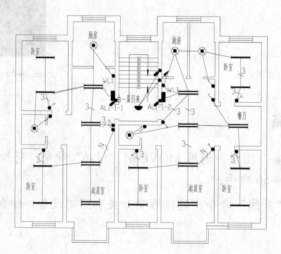

图 14-60　标注文字说明

14.2　酒店强电图设计

强电与弱电是相对的概念，其主要区别是用途的不同，而不能单纯地以电压大小来界定两者关系。两者既有联系又有区别，一般区分原则是：强电的处理对象是能源（电力），其特点是电压高、电流大、功率大、频率低，主要考虑的问题是减少损耗、提高效率；弱电的处理对象主要是信息，即信息的传送和控制，其特点是电压低、电流小、功率小、频率高，主要考虑的是信息传送的效果问题，如信息传送的保真度、速度、广度、可靠性。

强电与弱电具体可从以下几个方面进行区分：

- 交流频率不同：强电的频率一般是 50Hz（赫），称为 "工频"，意思即为工业用电的频率；弱电的频率往往是高频或特高频，以 kHz（千赫）、MHz（兆赫）计。
- 传输方式不同：强电以输电线路传输，弱电的传输有有线与无线之分。无线电则以电磁波传输。
- 功率、电压及电流大小不同：强电功率以 kW（千瓦）、MW（兆瓦）计，电压以 V（伏）、kV（千伏）计，电流以 A（安）、kA（千安）计；弱电功率以 W（瓦）、

mW（毫瓦）计，电压以 V（伏）、mV（毫伏）计，电流以 mA（毫安）、μA（微安）计，因而其电路可以用印刷电路或集成电路构成。

14.2.1 绘制酒店强电图

本节以酒店客房电照系统图为例，讲解强电图的绘制，包括配电箱干线及照明设备支线。在绘图过程中首先应绘制配电箱干路，再绘制各照明设备支路。下面将依次介绍各部分的绘制方法。

1. 绘制配电箱干路

01 调用 LINE/L "直线" 命令，绘制开关，如图 14-61 所示。

02 调用 CIRCLE/C "圆" 命令，绘制半径为 147 的圆；调用 LINE/L "直线" 命令，绘制两条相交直线，长度为 300，角度分别为 45° 和 135°，如图 14-62 所示。

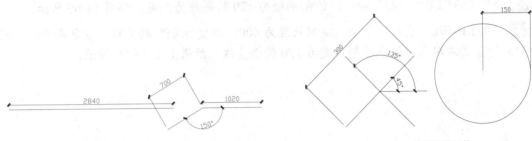

图 14-61 绘制开关大样图   图 14-62 绘制开关元件

03 调用 COPY/CO "复制" 命令，将绘制好的开关元件复制到相应位置，如图 14-63 所示。

图 14-63 绘制开关

2. 绘制照明设备支路和各电气元件

01 调用 LINE/L "直线" 命令，绘制其中一条支路，如图 14-64 所示。

图 14-64 绘制支路

02 调用 LINE/L "直线" 和 CIRCLE/C "圆" 命令，绘制另一支路，如图 14-65 所示。

图 14-65 绘制支路

03 调用 CIRCLE/C "圆" 命令、MLINE/ML "多线" 命令和 PLINE/PL "多段线" 命令(设置线宽为 60)，绘制钥匙开关，如图 14-66 所示。

04 调用 TRIM/TR "修剪" 命令，修剪刚绘制的钥匙开关，如图 14-67 所示。

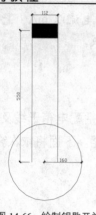

图 14-66　绘制钥匙开关

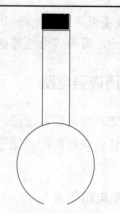

图 14-67　修剪钥匙开关

05　调用 RECTANG/REC "矩形" 命令绘制配电箱，长度为 12320，宽度为 7340，如图 14-68 所示。

06　调用 CIRCLE/C "圆" 命令，绘制半径为 120 的圆作为开关，如图 14-69 所示。

07　调用 LINE/L "直线" 命令，绘制长度为 400、角度为 45° 的直线；重复命令，以刚刚绘制的斜直线右端点为起点绘制长度为 170 的垂直线，结果如图 14-70 所示。

图 14-68　绘制配电箱

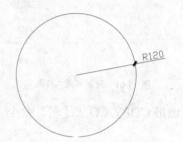

图 14-69　绘制圆

08　调用 HATCH/H "图案填充" 命令，按命令行提示，输入 "T"，打开 "图案填充" 对话框，如图 14-71 所示；设置图案为 ANSI31，比例为 10，填充圆如图 14-72 所示。

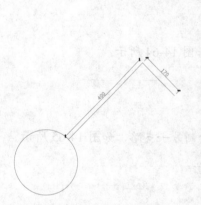

图 14-70　绘制斜直线

图 14-71　"图案填充" 对话框

图 14-72　填充结果

3. 组合图形

01　调用 MOVE/M "移动" 命令，将绘制好的电气元件移动到相应的位置。

02　调用 LINE/L "直线" 命令，补充相关线路，组合结果如图 14-73 所示。

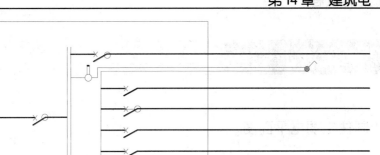

图 14-73 组合图形

14.2.2 添加文字说明

01 创建文字样式。选择菜单栏中的"格式"|"文字样式"命令,打开"文字样式"对话框,创建样式名为"样式1"的文字样式,设置"字体名"为"txt"、"大字体"为"gbcbig""高度"为 250、"宽度因子"为 1,在文字预览中可以预览到相应的文字样式,如图 14-74所示。

图 14-74 "文字样式"对话框

02 添加文字说明。单击"绘图"工具栏中的"多行文字"按钮 A ,在图形中添加文字说明,完成酒店客房电照系统图的绘制,如图 14-75 所示。

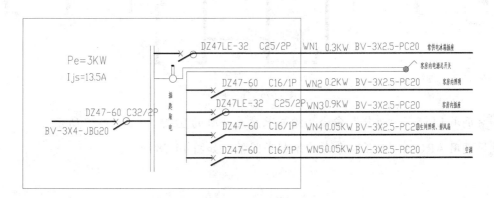

图 14-75 添加文字说明

14.3 弱电图设计

14.3.1 绘制住宅弱电平面图

在建筑电气工程图中，弱电平面图同样是在建筑平面图的基础上进行绘制的。接下来讲解绘制住宅弱电平面图的步骤和方法。

1. 绘制非可视门铃

01 打开文件。打开本书配套光盘中的"素材\第 15 章\15.3.1 弱电平面图对象.dwg"文件，如图 14-76 所示。

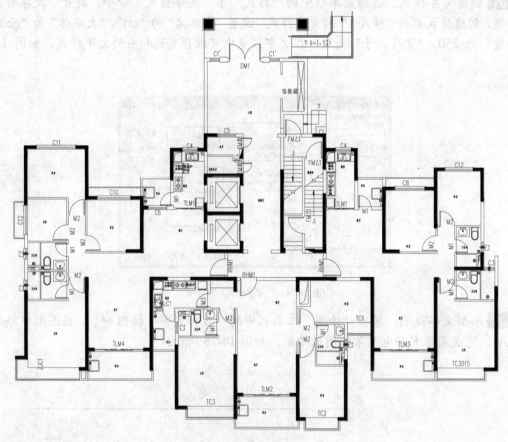

图 14-76 住宅平面图

02 调用 LINE/L "直线"命令，绘制长度为 400 的直线，如图 14-77 所示。

03 调用 ARC/A "圆弧"命令，绘制半圆弧，如图 14-78 所示。

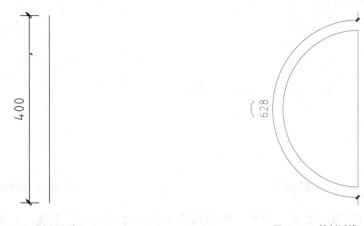

图 14-77　绘制直线　　　　　　　　　　　　　　图 14-78　绘制弧线

04 调用 MLINE/ML "多线" 命令，绘制长度为 200 的多线，如图 14-79 所示。

05 设置图形线宽为 13，如图 14-80 所示，完成非可视门铃的绘制。

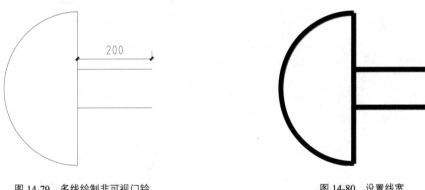

图 14-79　多线绘制非可视门铃　　　　　　　　　　图 14-80　设置线宽

2. 绘制浴霸控开关盒

01 调用 CIRCLE/C "圆" 命令，绘制半径分别为 108 和 188 的圆，如图 14-81 所示。

02 设置线宽为 13，完成浴霸控制开关盒的绘制，如图 14-82 所示。

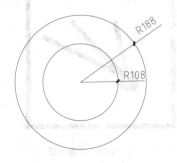

图 14-81　绘制浴霸控制开关盒轮廓

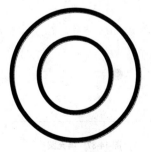

图 14-82　设置线宽

3. 绘制燃气探测器

01 调用 RECTANG/REC "矩形" 命令，绘制边长为 375 的正方形，如图 14-83 所示。

02 调用 CIRCLE/C "圆" 命令，绘制半径为 14 的圆，如图 14-84 所示。

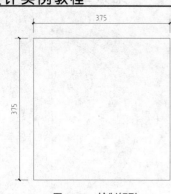

图 14-83　绘制矩形

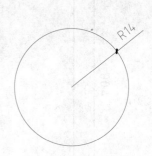

图 14-84　绘制圆

03 调用 LINE/L "直线" 命令，绘制三条以圆心为起点的斜直线，长度分别为 155、212 和 252，角度分别为 102°、135° 和 153°，如图 14-85 所示。

04 调用 MOVE/M "移动" 命令，将绘制好的圆和斜直线移动到矩形中，如图 14-86 所示。

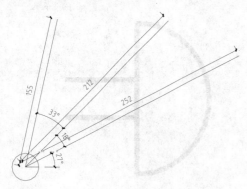

图 14-85　绘制斜直线

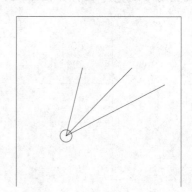

图 14-86　组合图形

05 调用 HATCH/H "图案填充" 命令，在圆内填充 SOLID 图案，如图 14-87 所示。然后设置图形线宽为 13，如图 14-88 所示。

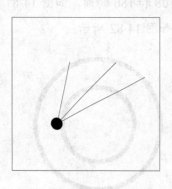

图 14-87　填充圆

图 14-88　设置线宽

4. 绘制电话插座

01 调用 LINE/L "直线" 命令，绘制直线，如图 14-89 所示。

02 调用 STYLE/ST "文字样式" 命令，打开 "文字样式" 对话框，新建 "样式 1"，设置字体为 "simplex"，大字体为 "special"，宽度因子为 "1"，如图 14-90 所示。

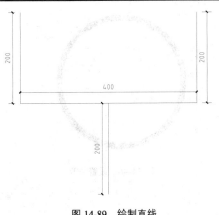

图 14-89 绘制直线

图 14-90 "文字样式"对话框

03 调用 DTEXT/DT "单行文字"命令，设置字体高度为 200，在指定位置输入"TP"，如图 14-91 所示。

04 调用 PLINE/PL "多段线"命令，用多段线绘制电话插座，如图 14-92 所示。

图 14-91 输入文字

图 14-92 多段线绘制电话插座

5. 绘制门磁

01 调用 LINE/L "直线"命令，绘制长度为 218 的线段，如图 14-93 所示。

02 调用 ARC/A "圆弧"命令，绘制半径为 109 的半圆弧，如图 14-94 所示。

图 14-93 绘制直线

图 14-94 绘制圆弧

03 调用 CIRCLE/C "圆"命令，绘制与圆弧同圆心，且半径为 290 的圆，如图 14-95 所示。

04 按 Delete 键，删除垂直直线，并设置圆图形线宽为 13，结果如图 14-96 所示。

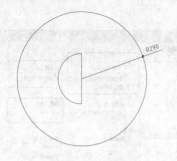

图 14-95　绘制圆

图 14-96　设置线宽

6. 绘制宽带插座

01 调用 LINE/L "直线" 命令，绘制直线，如图 14-97 所示。

02 调用 DTEXT/DT "单行文字" 命令，设置字体高度为 200，在指定位置输入 "TO"。

03 调用 PLINE/PL "多段线" 命令，激活 "宽度" 选项，设置线宽为 13，用多段线绘制宽带插座，如图 14-98 所示。

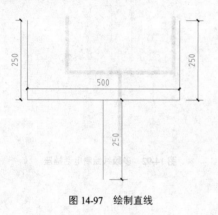

图 14-97　绘制直线

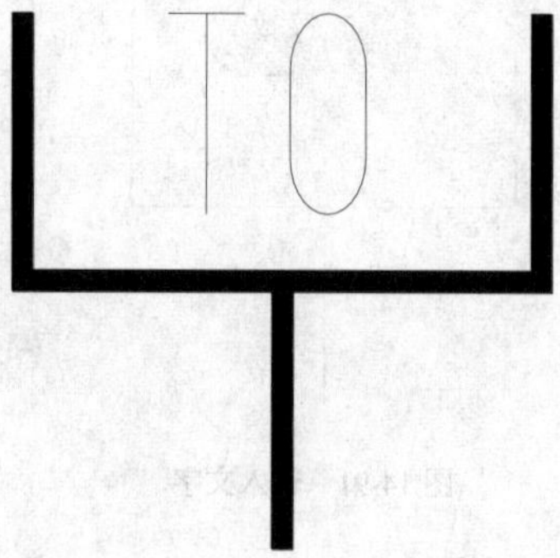

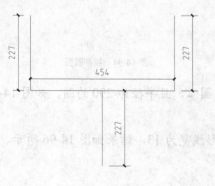

图 14-98　绘制多段线

7. 绘制电视插座

01 调用 LINE/L "直线" 命令，绘制直线，如图 14-99 所示。

02 调用 DTEXT/DT "单行文字" 命令，设置字体高度为 200，在指定位置输入 "TV"。

03 调用 PLINE/PL "多段线" 命令，激活 "宽度" 选项，设置线宽为 13，用多段线绘制电视插座，如图 14-100 所示。

图 14-99　绘制直线

图 14-100　多段线绘制电视插座

8. 绘制门铃按钮

01 调用 RECTANG/REC "矩形" 命令，绘制边长为 625 的正方形，如图 14-101 所示。

02 调用 CIRCLE/C "圆" 命令，绘制三个半径分别为 40、80、210 的同心圆，圆心为刚刚绘制的正方形的中心，如图 14-102 所示。

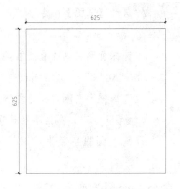

图 14-101 绘制正方形

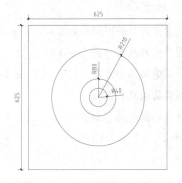

图 14-102 绘制三个同心圆

03 调用 HATCH/H "图案填充" 命令，在半径为 80 的圆内填充 SOLID 图案，如图 14-103 所示。

04 设置图形线宽为 13。完成门铃按钮图例的绘制，如图 14-104 所示。

图 14-103 填充圆

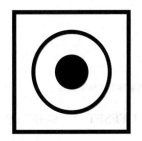

图 14-104 绘制三个同心圆

9. 绘制多媒体箱

01 调用 RECTANG/REC "矩形" 命令，绘制长度为 625、宽度为 375 的矩形，如图 14-105 所示。

02 调用 CIRCLE/C "圆" 命令，以矩形中心为圆心，分别绘制半径为 8、63 和 125 的圆，如图 14-106 所示。

03 设置图形线宽为 20，完成多媒体箱的绘制，如图 14-107 所示。

图 14-105 绘制矩形

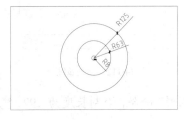

图 14-106 绘制三个同心圆

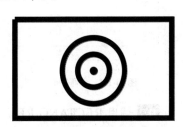

图 14-107 多媒体箱

10. 绘制可视对讲机

01 绘制可视对讲机元件 1。调用 LINE/L "直线" 命令，绘制梯形和辅助直线，如图 14-108 所示。

02 调用 ARC/A "圆弧" 命令，绘制半径为 135 的圆弧，命令行操作过程如下。

```
命令：  ARC✓                                    //启动【圆弧】命令
圆弧创建方向：逆时针(按住 Ctrl 键可切换方向)。
指定圆弧的起点或 [圆心(C)]:                      //选择梯形右侧的直线右端点
指定圆弧的第二个点或 [圆心(C)/端点(E)]:E✓       //输入 "e"，激活端点选项
指定圆弧的端点：                                 //选择梯形左侧直线的左端点
指定圆弧的圆心或 [角度(A)/方向(D)/半径(R)]:R✓   //输入 "R"，激活半径选项
指定圆弧的半径：135✓                            //输入圆弧半径为 135，结果如图
14-109 所示
```

03 绘制可视对讲机元件 2。调用 LINE/L "直线" 命令，绘制长度为 238，宽度为 162 的矩形，如图 14-110 所示。

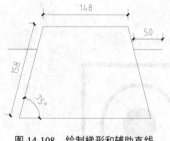

图 14-108　绘制梯形和辅助直线

图 14-109　绘制圆弧

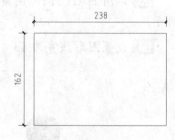

图 14-110　绘制矩形

04 调用 OFFSET/O "偏移" 命令，将矩形长边向外偏移 22，绘制辅助线，如图 14-111 所示。

05 调用 ARC/A "圆弧" 命令，捕捉端点和中点，运用三点画弧线法绘制弧线，如图 14-112 所示。

06 调用 ERASE/E "删除" 命令，删除绘制弧线的辅助线，如图 14-113 所示。

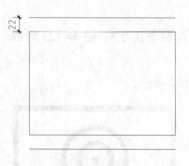

图 14-111　偏移矩形

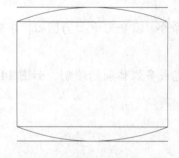

图 14-112　绘制弧线

图 14-113　删除辅助线

07 调用 RECTANG/REC "矩形" 命令，绘制长度为 292、宽度为 260 的矩形，如图 14-114 所示。

08 调用 MOVE/M "移动" 命令，将绘制好的图形移动到矩形正中，如图 14-115 所示。

09 组合可视对讲机。调用 RECTANG/REC "矩形" 命令，绘制长度为 750、宽度为 500 的矩形，如图 14-116 所示。

图 14-114 绘制矩形

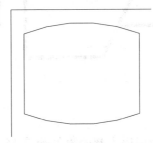

图 14-115 移动图形

图 14-116 绘制矩形

10 调用 MOVE/M "移动" 命令，将绘制好的可视对讲机图形元件移动到矩形相应的位置，如图 14-117 所示。

11 调用 PLINE/PL "多段线" 命令，激活 "宽度" 选项，设置线宽为 20，绘制多媒体箱外轮廓，如图 14-118 所示。

12 多媒体箱内部元件轮廓设置宽度为 13，如图 14-119 所示。完成多媒体箱图例的绘制。

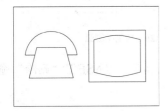

图 14-117 移动图形元件

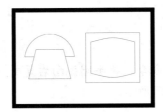

图 14-118 绘制外轮廓

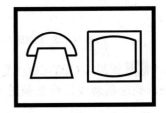

图 14-119 设置线宽

11. 绘制摄像机

01 调用 LINE/L "直线" 命令，绘制两个直角梯形，如图 14-120 所示。

02 调用 CIRCLE/C "圆" 命令，绘制半径为 38 的圆，如图 14-121 所示。

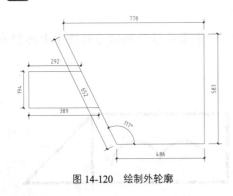

图 14-120 绘制外轮廓

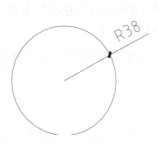

图 14-121 绘制圆

03 调用 COPY/CO "复制" 命令，将复制的圆移动到大梯形相应的位置，如图 14-122 所示。

04 设置外轮廓图形线宽为 23，如图 14-123 所示。

05 调用 HATCH/H "图案填充" 命令，在三个小圆填充为 SOLID，结果如图 14-124 所示。

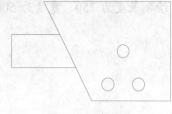

图 14-122 复制圆

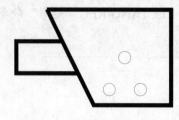

图 14-123 用多段线绘制摄像机

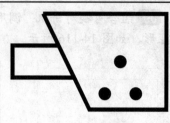

图 14-124 填充圆

12. 绘制磁力锁

01 调用 LINE/L "直线" 命令，绘制磁力锁轮廓，如图 14-125 所示。

02 调用 LINE/L "直线" 命令，绘制长度为 230 的辅助线；调用 ARC/A "圆弧" 命令，绘制半圆弧，如图 14-126 所示。

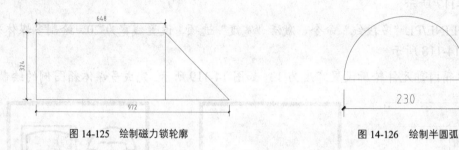

图 14-125 绘制磁力锁轮廓

图 14-126 绘制半圆弧

03 调用 COPY/CO "复制" 命令，将半圆弧向右复制一个；调用 ERASE/E "删除" 命令，删除辅助线，结果如图 14-127 所示。

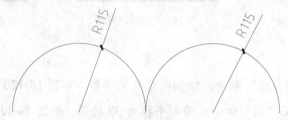

图 14-127 复制圆弧

04 调用 MOVE/M "移动" 命令，将刚绘制的两个半圆弧移动到磁力锁轮廓中的相应位置，如图 14-128 所示。

05 设置图形线宽为 13，如图 14-129 所示。

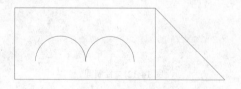

图 14-128 移动图形

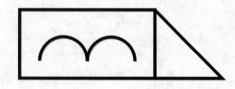

图 14-129 设置线宽

13. 绘制红外幕帘

01 调用 LINE/L "直线" 命令，绘制等腰三角形，腰长为 355，底边长为 422，顶角为 73°，如图 14-30 所示。

02 调用 DTEXT/DT "单行文字" 命令，设置字体高度为 170，在指定位置输入 "IR"；调用 ROTATE/RO "旋转" 命令，将输入的文字旋转 180°，如图 14-31 所示。

03 调用 MOVE/M "移动" 命令，将文字移动到三角形内，完成红外幕帘的绘制，如图 14-132 所示。

图 14-130　绘制等腰三角形

图 14-131　输入文字

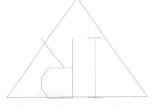

图 14-132　移动文字

14．绘制压敏电阻

01 调用 RECTANG/REC "矩形" 命令，绘制长度为 500、宽度为 300 矩形，如图 14-133 所示。

02 调用 DTEXT/DT "单行文字" 命令，设置字体高度为 190，在指定位置输入 "TVR"，如图 14-134 所示。

03 设置外轮廓线宽为 13，完成压敏电阻图例的绘制，如图 14-135 所示。

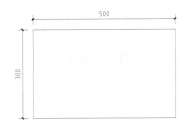

图 14-133　绘制矩形

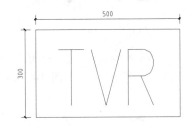

图 14-134　输入文字

图 14-135　设置线宽

15．绘制瞬变电压抑制二极管

01 调用 RECTANG/REC "矩形" 命令，绘制长度为 1173、宽度为 704 矩形，如图 14-136 所示。

02 调用 DTEXT/DT "单行文字" 命令，设置字体高度为 450，在指定位置输入 "TVS"，如图 14-137 所示。

03 设置外轮廓线宽为 13，完成图形的绘制，如图 14-138 所示。

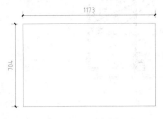

图 14-136　绘制矩形

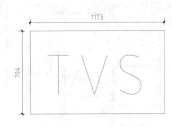

图 14-137　输入文字

图 14-138　设置线宽

16. 组合图形

调用 MOVE/M "移动" 命令，将绘制好的各图形元件移动到住宅平面图中，如图 14-139 所示。

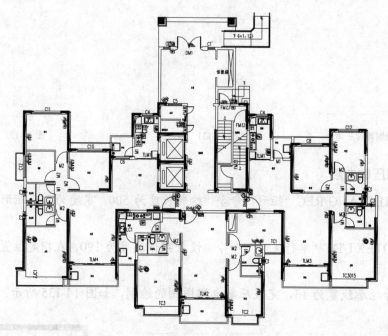

图 14-139　组合图形

调用 PLINE/PL "多段线" 命令，绘制线路，设置线宽为 30；调用 DTEXT/DT "单行文字" 命令，设置字体高度为 280，标注文字说明，如图 14-140 所示。

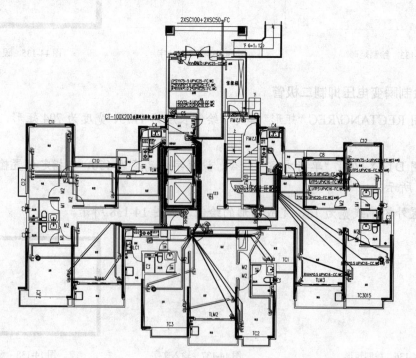

图 14-140　绘制连接线路

14.3.2　绘制可视对讲机单元系统图

1.　绘制系统图元件

❏　绘制电视电话

01　调用 LINE/L "直线" 命令，绘制矩形和直线，如图 14-141 所示。

02　调用 ARC/A "圆弧" 命令，绘制半径为 929 的圆弧，如图 14-142 所示。

03　调用 DTEXT/DT "单行文字" 命令，设置字体高度为 270，在指定位置输入 "TV"；重复命令，设置字体高度为 170，在指定位置输入 "n"，如图 14-143 所示。

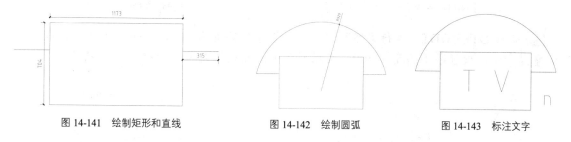

图 14-141　绘制矩形和直线　　　　图 14-142　绘制圆弧　　　　图 14-143　标注文字

2.　绘制住宅楼框架

01　调用 LINE/L "直线" 命令，设置线型为 DASH，绘制长度为 19734 水平直线，如图 14-144 所示。

图 14-144　绘制水平直线

02　调用 COPY/CO "复制" 命令，将刚刚绘制的水平直线向下偏移 8 次，偏移距离为 3044，如图 14-145 所示。

03　调用 RECTANG/REC "矩形" 命令，设置线型为 DOTE，绘制长度为 936，宽度为 24730 的矩形；调用 MOVE/M "移动" 命令，将刚刚绘制的矩形向上移动 1125，如图 14-146 所示。

图 14-145　偏移水平直线　　　　　　图 14-146　绘制矩形

04　调用 RECTANG/REC "矩形" 命令，绘制长宽分别为 2315 和 1610 的矩形以及长宽分别为 1927 和 477 的矩形，如图 14-147 所示；重复命令，绘制长宽分别为 2315 和 2183 的矩形，长宽分别为 1927、477 的矩形，如图 14-148 所示。

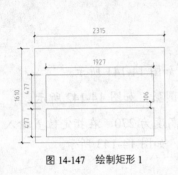

图 14-147 绘制矩形 1

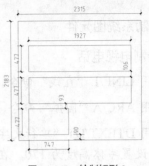

图 14-148 绘制矩形 2

05 调用 DTEXT/DT "单行文字" 命令，设置字体高度为 300，在矩形 1 中输入相关文字；重复命令，设置字体高度为 300，在矩形 2 中输入相关文字，如图 14-149 所示。

图 14-149 输入文字

06 调用 RECTANG/REC "矩形" 命令，绘制长宽分别为 1083 和 515 的矩形以及长宽分别为 961 和 477 的矩形，如图 14-150 所示；调用 DTEXT/DT "单行文字" 命令，设置字体高度为 300，在两矩形中输入相关文字，如图 14-151 所示。

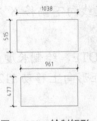

图 14-150 绘制矩形

图 14-151 输入文字

07 调用 MOVE/M "移动" 命令，将刚刚绘制的矩形移动到住宅楼轮廓中的相应位置，如图 14-152 所示。

08 调用 CIRCLE/C "圆" 命令，绘制半径为 145 的圆；调用 HATCH/H "图案填充" 命令，将刚刚绘制的圆填充为 SOLID，结果如图 14-153 所示。

09 调用 DTEXT/DT "单行文字" 命令，设置字体高度为 300，在住宅楼轮廓中标注相应的文字说明；调用 MOVE/M "移动" 命令，将绘制好的图形元件移动到住宅楼中相应的位置，如图 14-154 所示。

10 调用 LINE/L "直线" 命令，绘制连接线路；调用 DTEXT/DT "单行文字" 命令，设置字体高度为 300，添加文字说明，如图 14-155 所示。

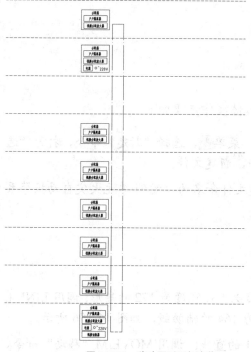

图 14-152　移动图形到相应位置

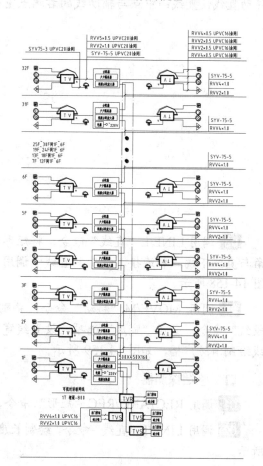

图 14-153　绘制和填充圆

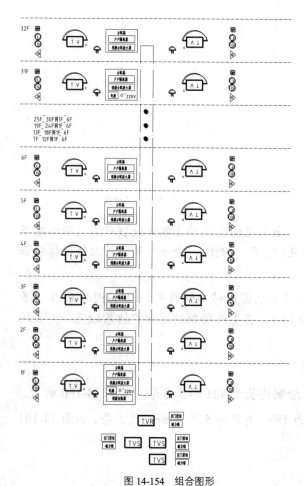

图 14-154　组合图形

可视对讲单元系统图

图 14-155　连接线路和添加文字说明

14.3.3 绘制单元火灾自动报警系统

1. 设置绘图环境

在开始绘图之前，需要对绘图环境进行设置，具体操作步骤如下：

01 打开 AutoCAD2015 软件，单击"应用程序"菜单▲，选择"新建"命令，打开"选择样板"对话框，从中选择"acadiso.dwt"样板文件，新建文件。

02 执行"文件"｜"保存"菜单命令，将新建文件命名为"案例/单元火灾自动报警系统图.dwg"。

2. 绘制单元火灾自动报警系统图元件

❑ 消防广播

01 调用 RECTANG/REC "矩形"命令，绘制长度为 95、宽度为 172 的矩形；调用 LINE/L "直线"命令，以矩形右边中点为起点，绘制长度为 164 的辅助线，如图 14-156 所示。

02 调用 LINE/L "直线"命令，绘制长度为 471 的直线；调用 MOVE/M "移动"命令，移动直线使直线的中点与辅助线的右端点重合，如图 14-157 所示。

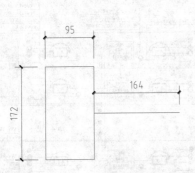

图 14-156　绘制矩形和辅助线

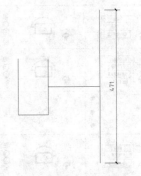

图 14-157　绘制和移动直

03 调用 LINE/L "直线"命令，将矩形右上角与竖向直线的上端点连接起来，矩形右下角与直线下端点相连接，绘制斜直线；调用 ERASE/E "删除"命令，删除辅助线，结果如图 14-158 所示。

04 调用 MOVE/M "移动"命令，将刚刚绘制的图形移动到圆中；调用 PLINE/PL "多段线"命令，激活"宽度"选项，设置线宽为 16.5，在直线绘制的消防广播基础上，用多段线绘制消防广播，如图 14-159 所示。

❑ 感烟探测器

01 调用 RECTANG/REC "矩形"命令，绘制边长为 421 的正方形，如图 14-160 所示。

02 调用 LINE/L "直线"命令，绘制长度为 188，夹角为 53° 的斜直线三条，如图 14-161 所示。

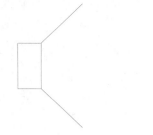

图 14-158　绘制斜直线

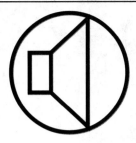

图 14-159　多段线绘制消防广播

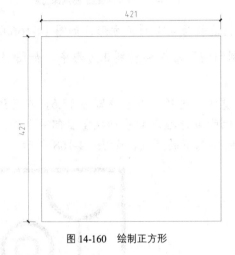

图 14-160　绘制正方形

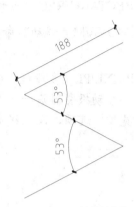

图 14-161　绘制斜直线

03 调用 MOVE/M "移动" 命令，将绘制好的斜直线移动到正方形中，如图 14-162 所示。

04 调用 PLINE/PL "多段线" 命令，激活 "宽度" 选项，设置线宽为 13，在直线绘制的感烟探测器基础上，用多段线绘制感烟探测器，如图 14-163 所示。

图 14-162　移动图形

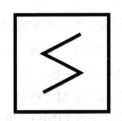

图 14-163　多段线绘制感烟探测器

❑　绘制带电话插座的手动报警器

01 调用 LINE/L "直线" 命令，绘制长度分别为 236 和 97 的竖向直线；调用 ARC/A "圆弧" 命令，绘制半径为 97 的圆弧，如图 14-164 所示；调用 ERASE/E "删除" 命令，删除辅助线。

02 调用 CIRCLE/C "圆" 命令，绘制半径分别为 32 和 75 的同心圆，如图 14-165 所示。

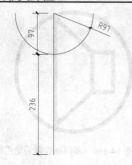

图 14-164　绘制圆弧

图 14-165　多段线绘制感烟探测器

03 调用 RECTANG/REC "矩形" 命令，绘制边长为 421 的正方形，如图 14-166 所示。

04 调用 MOVE/M "移动" 命令，将刚绘制的图形元件移动到正方形中，如图 14-167 所示。

05 调用 PLINE/PL "多段线" 命令，激活 "宽度" 选项，设置线宽为 13.5，在直线绘制的带电话插座的手动报警器基础上，用多段线绘制带电话插座的手动报警器部分元件；重复命令，激活 "宽度" 选项，设置线宽为 9，绘制圆弧以下的直线，如图 14-168 所示

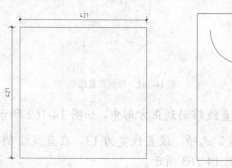

图 14-166　绘制正方形

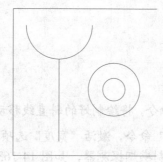

图 14-167　移动图形元件

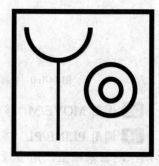

图 14-168　多段线绘制带电话插座的手
动报警器

□　绘制火灾声、光警报器

01 调用 LINE/L "直线" 命令，绘制长度为 253 和 421 的水平直线，长度为 421 的竖向直线，如图 14-169 所示。

02 调用 MOVE/M "移动" 命令，将长度为 421 的水平直线移动，让其中点与竖向直线的下端点重合；调用 LINE/L "直线" 命令，将两水平直线的端点相连，绘制梯形，如图 14-170 所示。

03 调用 RECTANG/REC "矩形" 命令，绘制长度为 101，宽度为 67 的矩形，如图 14-171 所示。

04 调用 LINE/L "直线" 命令，以矩形右上角点为起点向左绘制 34，向上绘制 101，再以长度为 101 的竖向直线的下端点为起点，绘制长度为 139，角度为 104° 的直线；再连接两竖向直线的上端点，结果如图 14-172 所示。

05 调用 CIRCLE/C "圆" 命令，绘制半径为 62 的圆，如图 14-173 所示。

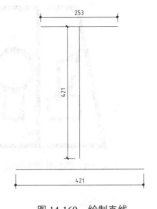

图 14-169 绘制直线

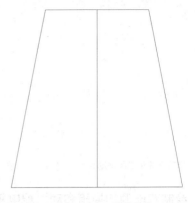

图 14-170 连接直线

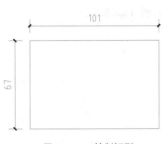

图 14-171 绘制矩形

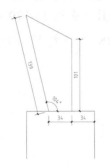

图 14-172 绘制和连接直线

06 调用 LINE/L "直线"命令，以圆心为起点向下绘制长度为 148 的直线；重复命令，绘制长度为 57 的水平直线；调用 MOVE/M "移动"命令，将刚刚绘制的水平直线移动到点与竖向直线的下端点，进行重合，如图 14-174 所示。

07 调用 LINE/L "直线"命令，以下端水平直线两端点为起点绘制两条与圆相交的直线，如图 14-175 所示。

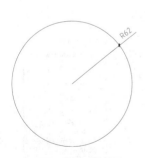

图 14-173 绘制圆

图 14-174 绘制和移动直线

图 14-175 绘制与圆相交直线

08 调用 TRIM/TR "修剪"命令，修剪直线；调用 ERASE/E "删除"命令，删除辅助线，结果如图 14-176 所示。

09 调用 COPY/CO "复制"命令，将以上绘制好的图形复制到梯形中的相应位置，如图 14-177 所示。

10 调用 PLINE/PL "多段线"命令，激活"宽度"选项，设置线宽为 13.5，在直线绘制的火灾声、光警报器基础上，用多段线绘制火灾声、光警报器，如图 14-178 所示。

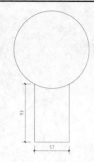

图 14-176　修剪直线和删除辅助线

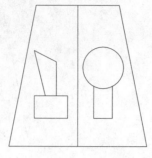

图 14-177　组合图形

图 14-178　多段线绘制火灾声、光警报器

❑　绘制双电源切换箱和动力配电箱

[01]　绘制双电源切换箱。调用 RECTANG/REC "矩形"命令，绘制长度为 842，宽度为 421 的矩形辅助线，如图 14-179 所示。

[02]　调用 LINE/L "直线"命令，绘制矩形对角线，如图 14-180 所示。

图 14-179　绘制矩形辅助线

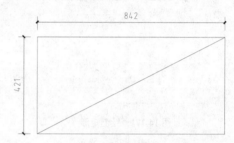

图 14-180　绘制矩形对角线

[03]　调用 PLINE/PL "多段线"命令，设置线宽为 25，在直线绘制的矩形辅助线的基础上用多段线绘制矩形，如图 14-181 所示。

[04]　调用 HATCH/H "图案填充"命令，按命令行提示，打开"图案填充和渐变色"对话框，设置"图案"为 ANSI31，设置"比例"为 200，如图 14-182 所示。

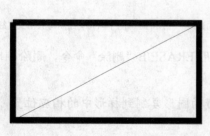

图 14-181　多段线绘制矩形

图 14-182　"图案填充和渐变色"对话框

[05]　调用 HATCH/H "图案填充"命令，将矩形对角线以下部分填充为 ANSI31，填充结

果如图 14-183 所示。

06 绘制动力配电箱。调用 RECTANG/REC "矩形" 命令，绘制长度为 842、宽度为 421 的矩形辅助线；调用 LINE/L "直线" 命令，将矩形两边的中点相连接，如图 14-184 所示。

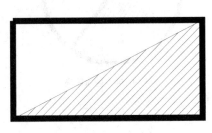

图 14-183 图案填充

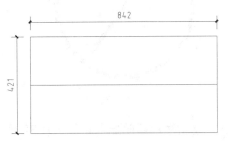

图 14-184 绘制矩形和直线

07 调用 PLINE/PL "多段线" 命令，设置线宽为 25，在直线绘制的矩形辅助线的基础上用多段线绘制矩形，如图 14-185 所示。

08 调用 HATCH/H "图案填充" 命令，将矩形对角线以下部分填充为 ANSI31，填充结果如图 14-186 所示。

❑ 绘制消防栓气泵按钮

09 调用 CIRCLE/C "圆" 命令，绘制半径为 241 的圆，如图 14-187 所示。

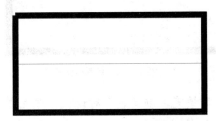

图 14-185 多段线绘制矩形

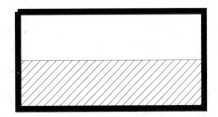

图 14-186 图案填充

10 调用 LINE/L "直线" 命令，绘制斜直线，绘制长度为 241，角度为-53°；重复命令，延长直线与圆相交，如图 14-188 所示。

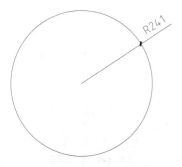

图 14-187 绘制圆

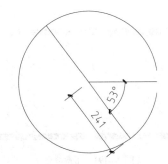

图 14-188 绘制斜直线

11 调用 PLINE/PL "多段线" 命令，设置线宽为 15，在直线绘制的圆辅助线基础上用多段线绘制圆，如图 14-189 所示。

12 调用 HATCH/H "图案填充" 命令，打开 "图案填充和渐变色" 对话框，设置 "图案" 为 ANSI31，"角度" 为 75°，"比例" 为 100，如图 14-190 所示。

图 14-189　绘制圆

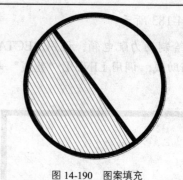

图 14-190　图案填充

□　绘制住户照明配电箱和电度表箱

01　绘制住户照明配电箱。调用 RECTANG/REC "矩形" 命令，绘制长度为 842，宽度为 421 的矩形，如图 14-191 所示。

02　调用 PLINE/PL "多段线" 命令，设置线宽为 25，在直线绘制的矩形辅助线基础上用多段线绘制矩形，如图 14-192 所示。

图 14-191　绘制矩形

图 14-192　绘制斜直线

03　调用 HATCH/H "图案填充" 命令，打开 "图案填充和渐变色" 对话框，设置 "图案" 为 ANSI31，"角度" 为 0°，"比例" 为 200，如图 14-193 所示。

04　绘制电度表箱。调用 RECTANG/REC "矩形" 命令，绘制长度为 840、宽度为 420 的矩形，如图 14-194 所示。

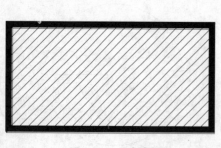

图 14-193　图案填充

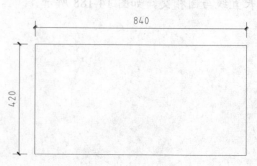

图 14-194　绘制矩形

05　调用 EXPLODE/X "分解" 命令，将刚绘制的矩形分解；调用 OFFSET/O "偏移" 命令，将矩形的左右两边向内偏移 143，如图 14-195 所示。

06　调用 PLINE/PL "多段线" 命令，设置线宽为 25，在直线绘制的矩形辅助线的基础上用多段线绘制矩形外轮廓；调用 PLINE/PL "多段线" 命令，设置线宽为 17，在直线绘制的两竖向直线的基础上用多段线绘制直线，如图 14-196 所示。

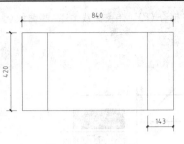

图 14-195 偏移直线

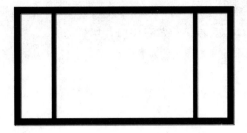

图 14-196 多段线绘制电度表箱

❑ **绘制火灾报警电话机和水泵**

`01` 调用 RECTNAG/REC "矩形"命令，绘制边长为 421 的正方形，如图 14-197 所示。

`02` 调用 RECTANG/REC"矩形"命令，绘制长度为 211、宽度为 126 的矩形；调用 LINE/L "直线"命令，绘制圆弧辅助线，如图 14-198 所示。

图 14-197 绘制大矩形

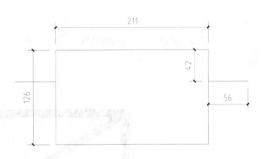

图 14-198 绘制小矩形和圆弧辅助线

`03` 调用 ARC/A "圆弧"命令，绘制长度为 507 的圆弧，如图 14-199 所示。

`04` 调用 MOVE/M "移动"命令，将绘制好的图形移动到大矩形中，如图 14-200 所示。

`05` 调用 PLINE/PL "多段线"命令，设置线宽为 13.5，在直线绘制的火灾报警电话机基础上用多段线绘制火灾报警电话机，如图 14-201 所示。

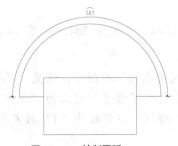

图 14-199 绘制圆弧

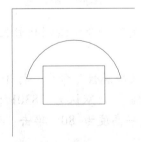

图 14-200 组合图形

图 14-201 多段线绘制火灾报警电话机

`06` 绘制水泵。调用 PLINE/PL "多段线"命令，绘制长度为 468、宽度为 281 的矩形，连接对角线，如图 14-202 所示。

`07` 双击绘制好的多段线，在弹出的菜单中选择"宽度"如图 14-203 所示，结果如图 14-204 所示。命令行操作如下：

```
命令：_pedit
```

输入选项 [闭合(C)/合并(J)/宽度(W)/编辑顶点(E)/拟合(F)/样条曲线(S)/非曲线化(D)/线型生成(L)/反转(R)/放弃(U)]：W

　　指定所有线段的新宽度：13

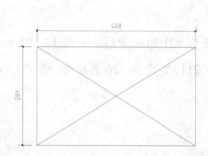

图 14-202　绘制矩形、连接对角线

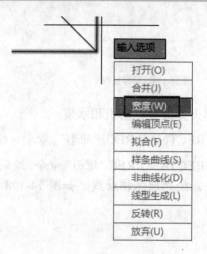

图 14-203　选择宽度

图 14-204　加粗线宽

08 调用 PLINE/PL "多段线"命令，绘制矩形长度为 340，宽度为 204，如图 14-205 所示。

09 调用 ATTDEF/ATT "定义块属性"命令，打开"定义块属性"对话框，设置"属性"标记为"8301"，提示为"输入编号"，默认为"8301"；设置"文字设置"对正为"正中"、文字样式为"STANDARD"、文字高度为 80，单击"确定"按钮，将属性块"1"放置在矩形中相应位置，如图 14-206 所示。

10 调用 BLOCK/B "块定义"命令，打开"块定义"对话框，设置名字为编号 1，拾取点为圆心，单击选择对象按钮选取带编号的圆，如图 14-207 所示。

图 14-205 多段线绘制矩形　　图 14-206 插入属性　　　　　　图 14-207 创建属性块

3. 组合图形

01 打开文件。打开本书配套光盘中的 "素材 \ 第 16 章 \ 16.3.3 楼层信息图对象.dwg" 文件。如图 14-208 所示。

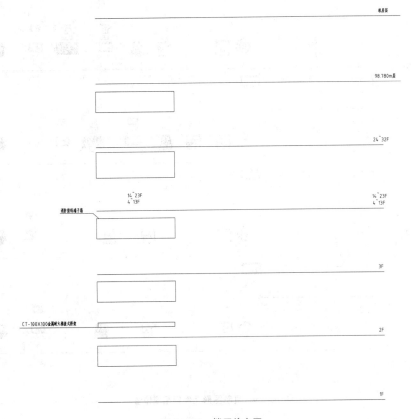

图 14-208 楼层信息图

02 调用 COPY/CO "复制" 命令，将图形元件复制到住宅楼中的相应位置，如图 14-209 所示。

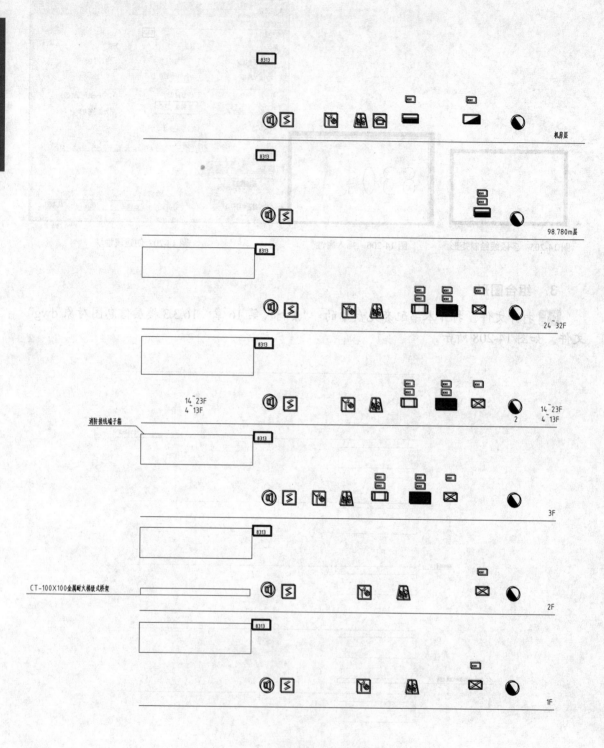

图 14-209　复制图形元件到相应位置

03 调用 PLINE/PL "多段线" 命令，设置线宽为 9，绘制各电气之间的线路图；调用 DTEXT/DT "单行文字" 命令，设置字体高度为 80，添加文字说明，如图 14-210 所示。

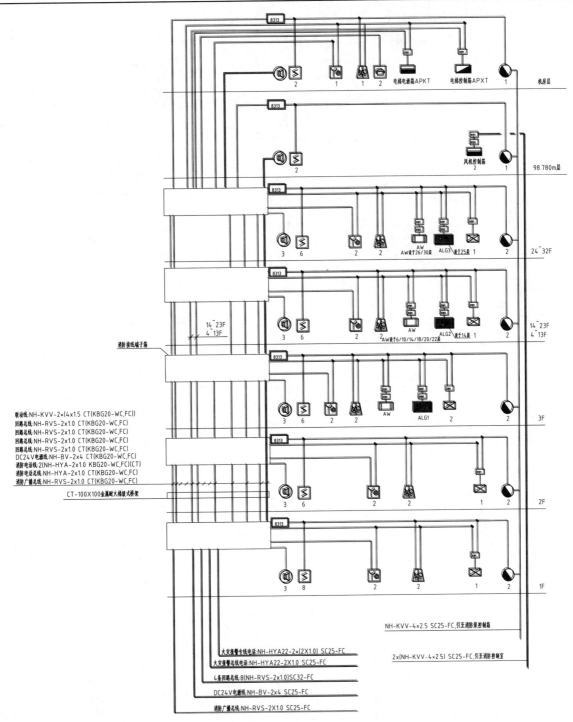

图 14-210　绘制连接线路和添加文字说明